火灾自动报警系统

（第四版）

主　编　孙军田
副主编　陈宇弘

中国人民公安大学出版社
·北　京·

图书在版编目（CIP）数据

火灾自动报警系统/孙军田主编．—4版．—北京：中国人民公安大学出版社，2017.3

ISBN 978-7-5653-2878-7

Ⅰ.①火…　Ⅱ.①孙…　Ⅲ.①火灾自动报警—自动报警系统
Ⅳ.①TU998.1

中国版本图书馆CIP数据核字（2017）第048294号

火灾自动报警系统（第四版）

主编　孙军田

出版发行：中国人民公安大学出版社
地　　址：北京市西城区木樨地南里
邮政编码：100038
经　　销：新华书店
印　　刷：天津嘉恒印务有限公司

版　　次：2017年3月第1版
印　　次：2024年1月第4次
印　　张：19.25
开　　本：787毫米×1092毫米　1/16
字　　数：346千字

书　　号：ISBN 978-7-5653-2878-7
定　　价：72.00元

网　　址：www.cppsup.com.cn　www.porclub.com.cn
电子邮箱：zbs@cppsup.com　zbs@cppsu.edu.cn

营销中心电话：010-83903254
读者服务部电话（门市）：010-83903257
警官读者俱乐部电话（网购、邮购）：010-83903253
法律图书分社电话：010-83905745

《火灾自动报警系统》（第四版）
教材编辑委员会

主　任： 谌再来　王　宇

委　员： 王玉晓　万三星　郭扶江　乔戍望

撰稿人： 孙军田　陈宇弘　王亚楠　郭扶江

张学旭　乔戍望　肖祖德　赵洪海

龙　兴

前　言

这是一本关于火灾自动报警系统的教科书。本书继承了前三版贴近实际的特点，同时最大限度地扬弃了前三版中理论研究的内容，它以智能化消防系统工程实践为切入点，以实践结合理论，以实践总结理论，又以实践验证理论。

本书以国内现行技术规范和要求较高的国际标准为依据，选取有代表性的典型产品为研究对象。第一章（孙军田撰稿）简要概述火灾自动报警系统的类型、构成及其应用范围；第二章（郭扶江、龙兴撰稿）主要剖析不同类型现场探测器件的结构、原理及各类控制器、联动模块的电气原理与联动逻辑；第三章（张学旭撰稿）分类阐述自动喷水、气体灭火、消防应急广播、消防专用电话以及防排烟等常用消防设施联动控制的实现方式与控制原理；第四章（陈宇弘、乔成望撰稿）讲述电气火灾监控、消防设备电源及可燃气体探测报警系统的工作原理及组成；第五章（赵洪海撰稿）主要介绍光纤温度探测、吸气式感烟探测等特定火灾探测报警系统应用；第六章（王亚楠撰稿）主要介绍火灾自动报警系统的竣工验收与维护管理；第七章（肖祖德撰稿）简要介绍消防运维宝云服务平台的功能和特点。

本书适合于消防工程设计与审核人员进行技术培训、各级消防人员在职培训。通过对本书的学习，旨在使读者能够全面了解火灾自动报警系统的历史沿革、设备构成、工作原理、通信方式、联动编程、施工调试、设计以及日常维护管理要领。

本书在编写过程中得到了武警学院陈南教授、深圳市泰和安科技有限公司、消防局警官培训基地及银川市公安消防支队领导的大力支持，在此表示感谢！由于时间仓促，对于本书中存在的问题和不足，恳请读者或专家提出宝贵意见，以改进我们的教学工作，推动我国消防事业的发展和进步。

消防局警官培训基地　孙军田

二〇一八年六月

目　录

第一章　火灾自动报警系统综述

内容提要：本章主要介绍火灾自动报警系统的发展历史、组成、适用范围以及应用设计等方面的内容。

第一节　火灾自动报警系统的发展与标准化认证

内容提要：本节简要介绍国际和国内火灾自动报警系统的发展以及消防电子产品的标准化认证。

一、火灾自动报警系统的发展史简介

早在19世纪末，英国最早利用金属受热膨胀的原理制成感温传感器件自动通报火警。1906年，英国火灾保险公司委员会首次发布了具有规范性质的感温火灾探测器安装技术要求文件。20世纪30年代，人们利用水银对温度敏感的特性制成了第一个定温火灾探测器。这一时期被认为是火灾探测报警发展的第一阶段。但是，这一时期仅仅开发了火灾自动探测报警技术（机械式感温火灾探测器），并未形成完整的火灾自动报警系统。

20世纪40年代末，瑞士西伯乐斯公司发明了离子感烟火灾探测器（电子式感烟火灾探测器），并在此基础上建立了完整的火灾自动报警系统。国际消防界普遍以此作为火灾自动报警系统的新起点。

火灾自动报警系统自问世迄今已有半个多世纪的历史，火灾探测及相关领域取得了令人瞩目的进步。纵观这一发展历程，火灾自动探测报警系统经历了以下三个阶段：

（一）传统火灾自动报警系统阶段

这个阶段的特征为：多线制火灾自动报警系统，探测器为非编码开关量型产品。目前，此类系统主要用于小型工程，系统可靠、造价低。

（二）总线制火灾自动报警系统阶段

这个阶段的特征为：总线制火灾自动报警系统，如四总线制、二总线制系统；探测器为编码开关量型产品。总线制编码信号传输技术普遍应用，使

得自动报警系统的工程造价大大降低。目前，二总线制火灾自动报警系统得到了广泛应用。

（三）智能型火灾自动报警系统阶段

智能型火灾自动报警系统是基于数字信号传输的二总线制系统，探测器为具有独立智能的火灾探测产品。该系统由火灾探测器将所在环境的火灾参数（如烟雾浓度及其变化率、温度及其升温速率等）发送给报警控制器，报警控制器本身是一个计算机处理中心，计算机接到信号后进行分析处理，并与事先存入计算机的标准变化特性曲线相比较，在确认出火灾后立即发出传统的声光报警。由于智能型火灾自动报警系统具备多级智能，因此，具有更高的可靠性和抗误报警能力。

随着信息技术的飞速发展，新一代智能型火灾自动报警系统已经采用了现代多媒体技术，能够利用语音、文字以及平面、立体图形显示系统各类信息；同时采用先进的网络通信技术将各类信息集成在一起，实现集中管理。智能型火灾自动报警系统已经不再是单纯功能的报警设备了，它集火灾报警、消防联动与控制于一体，广泛应用于大型的火灾报警工程中。

（四）建筑消防一体化控制系统阶段

1. 建筑消防一体化控制系统的由来。

《火灾自动报警系统设计规范》（GB 50116-2013）中的火灾自动报警系统目标图（如图 1-1-1 所示）给出的是火灾自动报警系统的发展目标，消防联动控制系统中的各子系统自成系统，消防联动控制器不再直接控制末端设备，而是通过各种消防电气控制装置进行控制。各种消防电气控制装置将逐步成为定型产品，并均应通过消防认证。

《火灾自动报警系统设计规范》（GB 50116-2013）对火灾自动报警系统作出了定义，并明确了火灾自动报警系统具有联动控制功能。现行的火灾自动报警及消防联动控制系统是以建筑设计防火为目的而建立的一套系统，其所包含的消防子系统种类较多，且每个子系统的通信协议、通信模式都不相同，消防联动控制器直接控制末端设备，存在对消防设备的状态信息监控不到位的问题。《火灾自动报警系统设计规范》（GB 50116-2013）中的火灾自动报警系统目标框图实现了集中监控分散管理的目的，解决了现阶段火灾自动报警系统在设计、施工、维护过程中所遇到的问题，这也是火灾自动报警系统发展的必然趋势。

2. 建筑消防一体化控制技术。

建筑火灾自动报警系统一体化控制是通过单一设备（或单一人机界面）实现对整个建筑体或建筑群的各种可探测的火灾危险信号和火灾信号的采集、

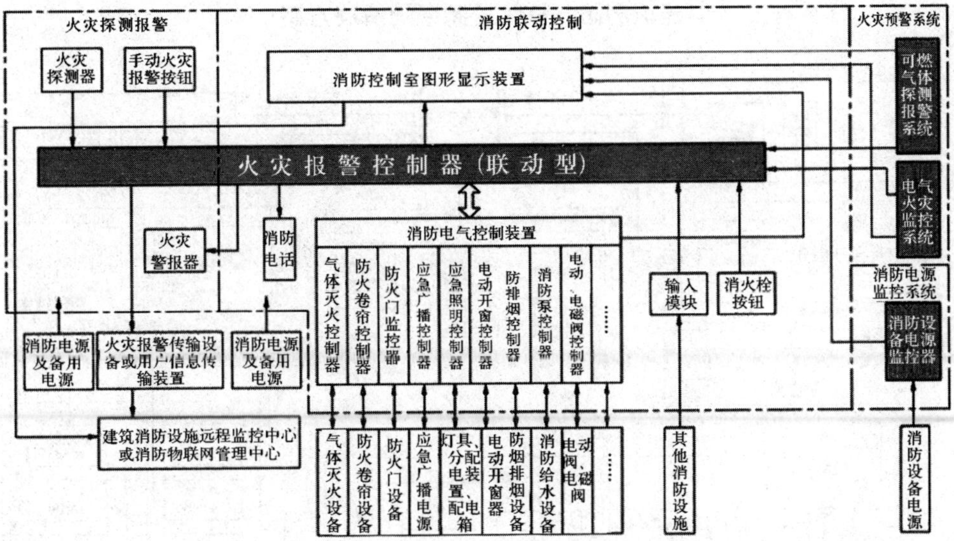

图 1-1-1　火灾自动报警系统目标图

处理、分析、报警，并实施联动控制的技术。图 1-1-2 是建筑火灾自动报警系统一体化控制技术应用图。

真正意义上的消防一体化控制系统应该是一主多从架构的，是现行多子系统并行的火灾报警（联动控制）系统架构的升级和发展，是互联网技术和 IT 技术的不断发展在消防报警技术领域的综合应用，它代表了技术发展的大趋势。本书附录给出了具体某产品的一体化控制解决方案。

二、我国火灾自动报警系统的发展过程

与国际火灾自动报警系统的发展过程类同，我国的消防电子行业，40 多年来经历了从无到有、从小到大、从弱到强的发展过程。

与世界上先进的工业国家相比，我国火灾报警产品起步较晚。20 世纪 70 年代中期，北京自动化仪表二厂引进火灾自动报警技术，并开始生产火灾自动报警系列产品，实现了我国火灾自动报警行业从无到有的“零的突破”。20 世纪 70 年代末期，公安部以及核工业部下达了研制火灾自动报警系统的科研计划。20 世纪 80 年代前期，火灾自动报警系列产品被研制出来，并实现规模化生产，投入市场。最初，火灾自动报警产品大多数为多线制（n+1）和电位信号传输方式，消防联动控制产品基本上是多线制的硬件组合，无灾误报几乎成为当时国内厂商的共同难题。这一阶段的产品由于采用多线制，施工较为困难，技术水平相对较低。

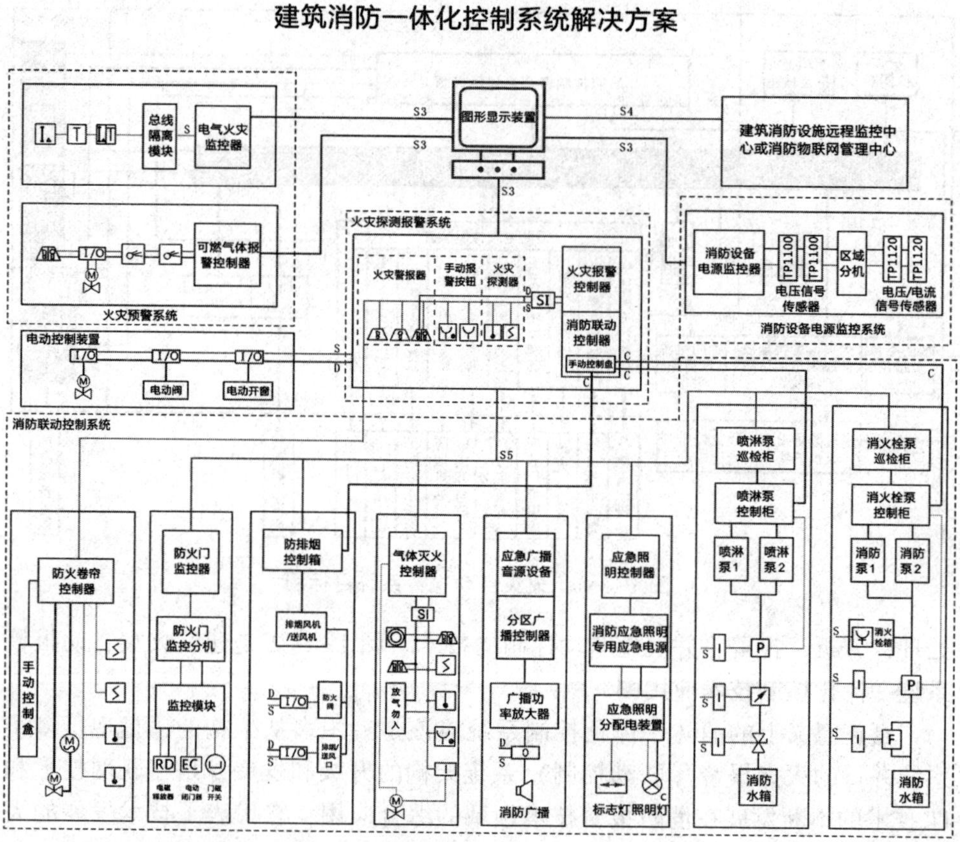

图 1-1-2 建筑火灾自动报警系统一体化控制技术应用图

自 1985 年以后，我国火灾自动报警行业内的厂商由几家猛增到数十家，呈现出“百花齐放、百家争鸣”蓬勃发展的局面。国内部分厂家通过技术引进、联合研制，使产品在技术、质量方面有了改进与提高。20 世纪 90 年代前期，国内新建了很多合资企业和外商独资企业，从事火灾自动报警产品的设计生产和销售；同时，许多国际著名厂商和分包商带着先进产品大量涌入了中国市场。这期间，在我国消防电子界，有一批入行较晚却“后来居上”的新兴企业涌现。它们成立仅仅几年，在科研水平、生产能力、市场占有率诸多方面遥遥领先。这些新兴企业以高起点推出的线制少、稳定性高的总线制火灾报警控制系统，对于入行早的老厂商的传统型探测器、多线制报警控制系统形成强有力的挑战。这种行业内激烈的技术竞争，使我国火灾自动报警产品的技术水平和生产规模向前大大推进了一步。

20 世纪 90 年代后期迄今，是我国火灾自动报警行业发展最快的一个阶段，也是技术含金量较高的一个阶段，而且还是国产品牌占据市场主导地位的一个阶段。这一阶段我国消防电子产业发展迅速，许多过去依赖进口的产品实现了国产化，部分本土企业生产的一般通用型消防报警设备的主要技术指标达到或接近了国际先进水平，达到与进口产品抗衡的程度。中国火灾自动报警行业本土品牌已经完成了从弱到强的发展，本土企业在技术、工艺和管理方面与国外先进水平的差距不断缩小，发展前景良好。

面对高新技术的发展机遇和国内市场国际化的竞争挑战，我国的火灾报警行业面对国际上最具生机的中国市场，必将进一步走向成熟，成为国际市场的一支生力军。

三、关于 UL、FM、LPCB、VDS、CE 等认证的说明

随着我国火灾自动报警与消防联动控制系统的迅猛发展，产品与国际接轨势在必行。行业认证和产品标准化是消防电子设备发展的必由之路。

（一）UL 认证

UL 是美国最大的产品安全检测认证机构，其更多的认证是在民用产品，对于民用产品，UL 认证比 FM 认证更重要。

按 UL 系列标准进行认证，UL 标准自成体系，与其他国外标准不相通。

产品认证后每年 4 次监督审查。

（二）FM 认证

FM 是美国最大的风险保险商，并非美国政府产品安全检测认证机构。FM 认证更多的是工业用产品，对于工业用产品，FM 认证比 UL 认证更重要。

按 FM 标准或规程进行认证，FM 标准与 UL 标准、NFPA 标准有一定联系，FM 标准比 UL 标准要求相对少一些，但两者之间不存在互认或替代。

产品认证后每年 4 次监督审查，FM 自己必须进行 1 次，其他 3 次可认可 UL 的审查。

（三）LPCB 认证

LPCB 是英国防损认证机构，是一家较权威的第三方认证机构。

按 EN54 系列标准认证。EN54 系列标准与 ISO 的消防产品标准基本等效，试验方法及参数与 IEC 标准一致，标准的通用性较强，可得到更多国家的认可。

认证后每年 2 次监督审查。

（四）VDS 认证

VDS 认证是德国一家专业认证机构，针对消防及安防系统产品进行的认证，VDS 与 LPCB 均是火灾探测及报警类产品的指定认证机构（Notified body)。

按 EN54 系列标准认证，EN54 系列标准与 ISO 的消防产品标准基本等效，试验方法及参数与 IEC 标准一致。

认证后需进行监督审核。

（五） CE 认证

CE 标志在欧盟市场属强制性认证标志，这是欧盟法律对产品提出的一种强制性要求。

消防报警系统产品涉及的指令有：73/23/EEC（LVD）低电压指令、89/336/EEC（EMC）电磁兼容指令、89/106/EEC（CPD）建筑指令。前两个指令可通过自我声明形式，当欧盟官方公报中已刊登协调标准并规定生效日期时，必须按要求进行 CPD 指令的第三方如 LPCB 认证。此时，消防产品除了要求满足 EN 有关安全标准及电磁兼容标准（包括抗干扰及骚扰两方面要求）外，还要求满足 EN54 系列标准。

CE 认证的标准为 EN 系列协调标准，内容基本与 ISO、IEC 标准保持协调一致。

第二节　火灾自动报警系统的类型及其构成

内容提要：本节主要介绍火灾自动报警系统的结构形式以及系统主要设备的功能作用。

火灾自动报警系统是探测火灾早期特征、发出火灾报警信号，为人员疏散、防止火灾蔓延和启动自动灭火设备提供控制与指示的消防系统，是火灾探测报警系统及消防联动控制系统的简称。

一、火灾自动报警系统的组成

火灾自动报警系统由火灾探测报警系统、消防联动控制系统、可燃气体探测报警系统及电气火灾监控系统组成。火灾自动报警系统结构组成如图 1-2-1 所示。

系统结构组成简图给出的是一个集中报警系统的构成示意图，它说明了系统中各部分之间的相互关系，在具体工程中，系统构成应由设计人员根据工程实际情况进行配置。

（一） 火灾探测报警系统

火灾探测报警系统是实现火灾早期探测并发出火灾报警信号的系统，一

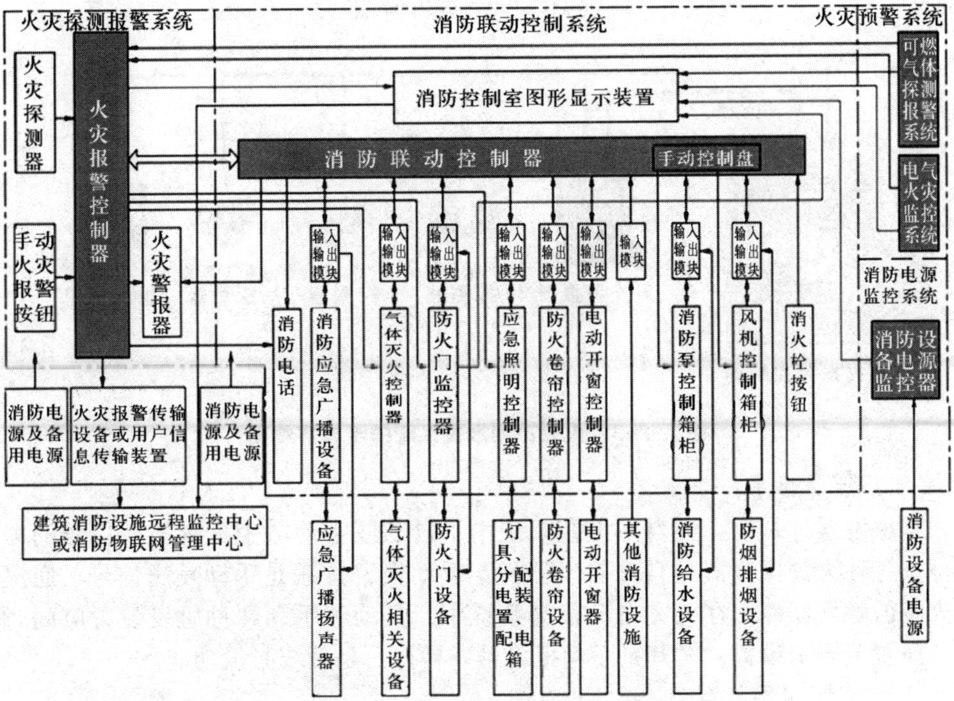

图 1-2-1　火灾自动报警系统结构组成简图

般由火灾触发器件（火灾探测器、手动火灾报警按钮）、声和/或光警报器、火灾报警控制器等组成。

图 1-2-2 是火灾探测报警系统的组成示意图。

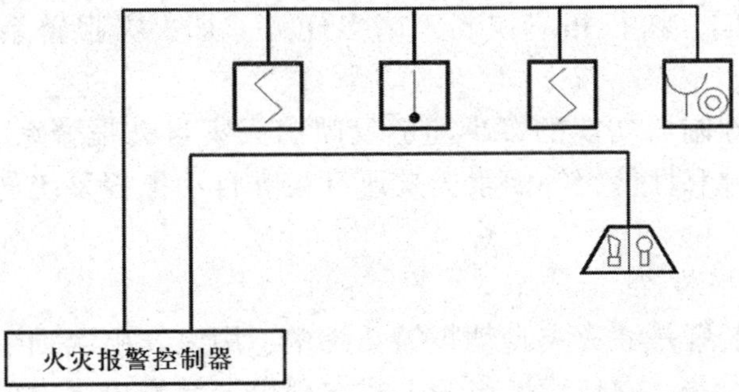

图 1-2-2　火灾探测报警系统的组成示意图

图 1-2-3 是火灾探测报警系统的组成实物图。

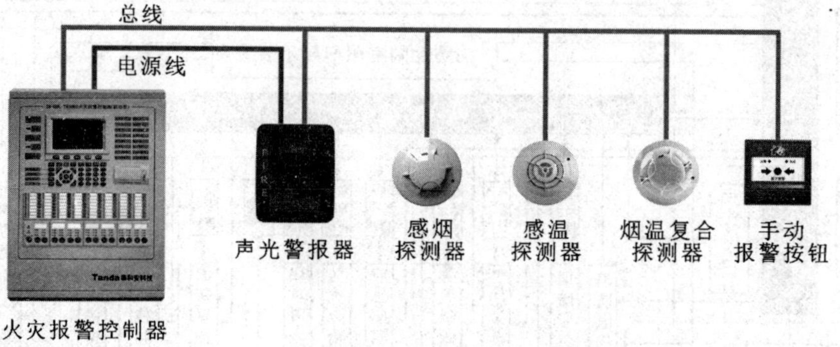

图 1-2-3 火灾探测报警系统的组成实物图

1. 触发器件。

触发器件是在火灾自动报警系统中，自动或手动产生火灾报警信号的器件，各种火灾探测器是自动触发器件，手动报警按钮是手动发送信号、通报火警的触发器件。在火灾自动报警系统中，自动和手动两种触发装置应同时按照规范要求设置，尤其是手动报警可靠易行，是系统必设功能。

2. 火灾报警装置。

火灾报警装置是在火灾自动报警系统中，用以接收、显示和传递火灾报警信号，能发出控制信号并具有其他辅助功能的控制指示设备。

火灾报警控制器就是火灾报警装置中最基本的设备。火灾报警控制器向火灾探测器提供稳定的工作电源，监视探测器及系统自身的工作状态，接收、转换、处理火灾探测器输出的报警信号，发出声光报警，指示、存储报警的具体部位及时间，执行相应控制等诸多任务，是火灾报警系统的核心组成部分。

火灾报警控制器功能的多少能够反映出火灾自动报警系统的技术构成、可靠性、稳定性和性价比等因素，是评价火灾自动报警系统先进性的一项重要指标。

3. 火灾警报装置。

火灾警报装置是在火灾自动报警系统中，用以发出区别于环境声、光的火灾警报信号设备。它以声、光等方式向报警区域发出火灾警报信号，以警示人们迅速采取安全疏散、灭火救灾措施。

4. 电源。

火灾自动报警系统属于消防用电设备，其主电源应采用消防电源，备用电源可采用蓄电池。系统电源除为火灾报警控制器供电外，还为与系统相关的消防控制设备等供电。

（二）消防联动控制系统

消防联动控制系统是火灾自动报警系统中，接收火灾报警控制器发出的火灾报警信号，按预设逻辑完成各项消防功能的控制系统。由消防联动控制器、消防控制室图形显示装置、消防电气控制装置（防火卷帘控制器、气体灭火控制器等）、消防电动装置、消防联动模块、消火栓按钮、消防应急广播设备、消防电话等设备和组件组成，如图 1-2-4 所示。

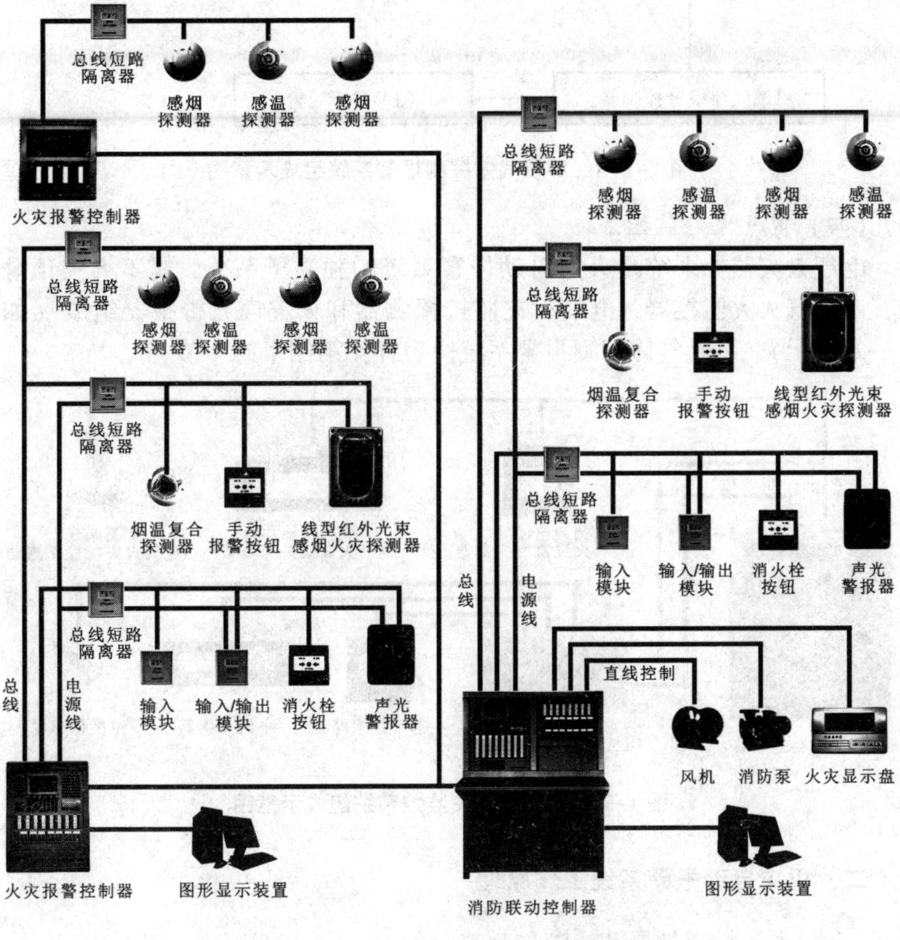

图 1-2-4　消防联动控制系统组成示意图

（三）可燃气体探测报警系统

可燃气体探测报警系统是火灾自动报警系统的独立子系统，属于火灾预警系统，由可燃气体报警控制器、可燃气体探测器和火灾声光警报器组成（如图 1-2-5 所示）。可燃气体探测报警系统内容详见第四章第二节。

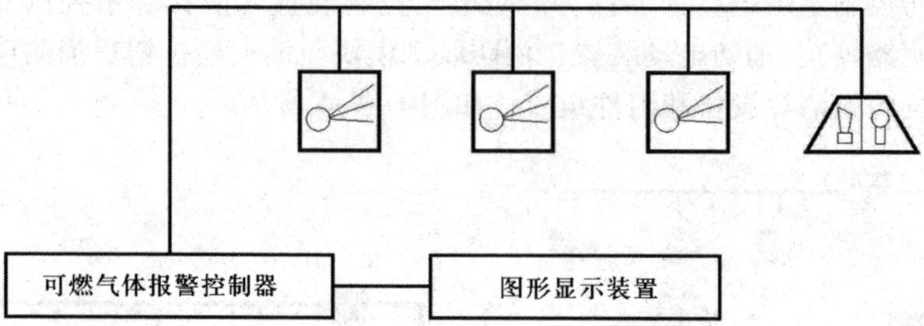

图 1-2-5　可燃气体探测报警系统组成示意图

（四）电气火灾监控系统

电气火灾监控系统是火灾自动报警系统的独立子系统，属于火灾预警系统，由电气火灾监控器、电气火灾监控探测器和火灾声光警报器组成（如图 1-2-6 所示）。可燃气体探测报警系统内容详见第四章第一节。

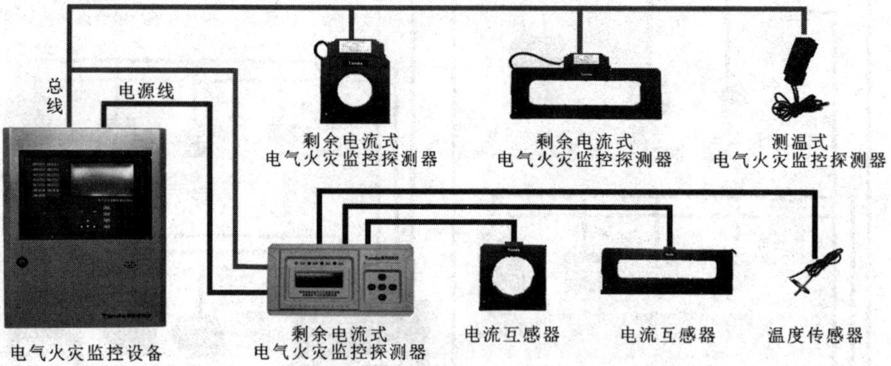

图 1-2-6　电气火灾监控系统组成示意图

二、火灾自动报警系统工作原理

（一）火灾探测报警系统工作原理

火灾发生时，安装在保护区域现场的火灾探测器将火灾产生的烟雾、热量和光辐射等火灾特征参数转变为电信号，经数据处理后，将火灾特征参数信息传输至火灾报警控制器；或直接由火灾探测器作出火灾报警判断，将报警信息传输到火灾报警控制器。火灾报警控制器在接收到探测器的火灾特征参数信息或报警信息后，经报警确认判断，显示发出火灾报警控制器的部位，记录探测器火灾报警的时间。处于火灾现场的人员，在发现火灾后可立即触动安装在现场的手动火灾报警按钮，手动火灾报警按钮便将报警信息传输到火灾报警控制器，火灾报警控制器在接收到手动火灾报警按钮的报警信息后，经报警确认判断，显示发出火灾手动报警按钮的部位，记录手动火灾报警按钮报警的时间。火灾报警控制器在确认火灾探测器和手动火灾报警按钮的报警信息后，驱动安装在被保护区域现场的火灾警报装置，发出火灾警报，警示处于被保护区域内的人员火灾的发生。

火灾探测报警系统工作原理如图 1-2-7 所示。

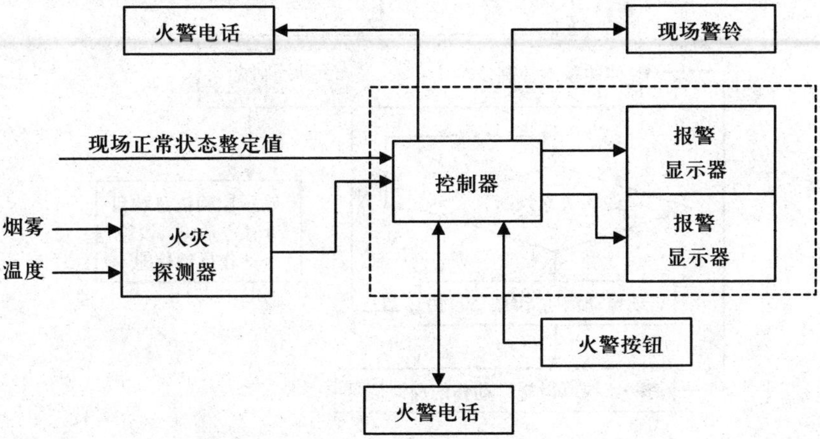

图 1-2-7　火灾探测报警系统工作原理示意图

（二）消防联动控制系统工作原理

火灾发生时，火灾报警控制器将火灾探测器和手动火灾报警按钮的报警信息传输至消防联动控制器。对于需要联动控制的自动消防系统（设施），消防联动控制器安装预设的逻辑关系对接收到的报警信息进行识别判断，若逻辑关系满足，消防联动控制器便按照预设的控制时序启动相应消防系统（设施）；消防控制室的消防管理人员也可以通过操作消防联动控制器的手动控制盘直接启动相应的消防系统（设施），从而实现相应的消防系统（设施）预设的消防功能。消防系统（设施）动作的反馈信号传输至消防联动控制器显示。

消防联动控制系统工作原理如图 1-2-8 所示。

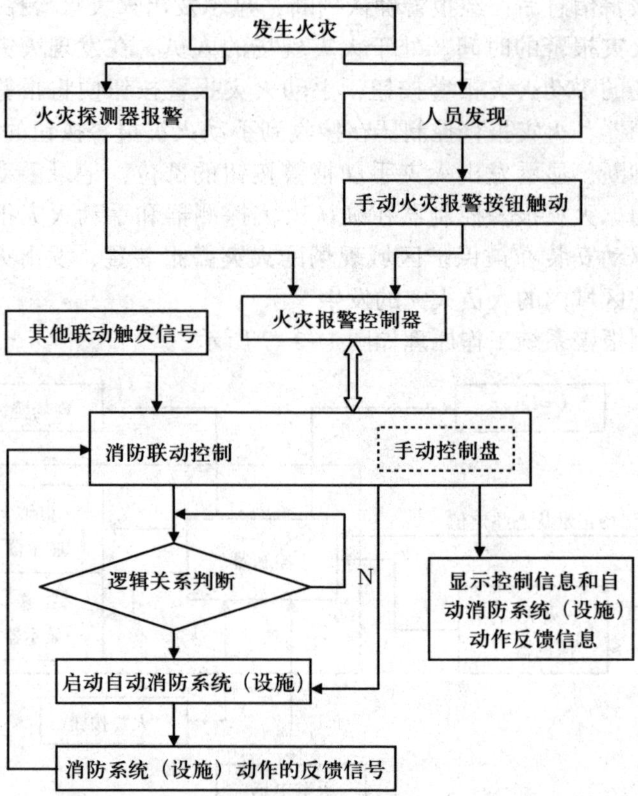

图 1-2-8 消防联动控制系统工作原理图

三、传统火灾自动报警系统的结构形式

按照中华人民共和国国家标准《火灾自动报警系统设计规范》（GB 50116-2013），火灾自动报警系统的结构形式有：区域报警系统、集中报警系统和控制中心报警系统。

（一）区域报警系统

区域报警系统由火灾探测器、手动火灾报警按钮、火灾声光警报器及火灾报警控制器等组成，系统中还可包括消防控制室图形显示装置和指示楼层的区域显示器。区域报警系统应用于仅需要报警、不需要联动自动消防设备的保护对象，系统设置的消防控制室图形显示装置应具有传输火灾报警信息、消防设施运行状态信息和消防安全管理信息的功能。

区域报警系统结构形式如图 1-2-9 所示。

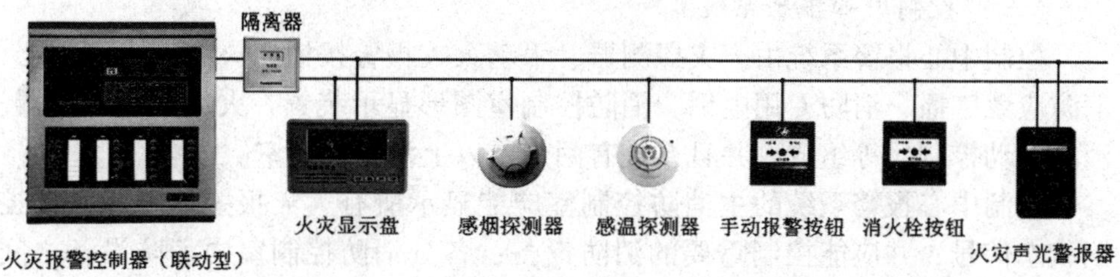

图 1-2-9 区域报警系统结构形式简图

（二）集中报警系统

集中报警系统由火灾探测器、手动火灾报警按钮、火灾声光警报器、消防应急广播、消防专用电话、消防控制室图形显示装置、火灾报警控制器、消防联动控制器等组成。

集中报警系统应用于需要报警和联动自动消防设备，且只设置一台具有集中控制功能的火灾报警控制器和消防联动控制器的保护对象。系统中的火灾报警控制器、消防联动控制器和消防控制室图形显示装置、消防应急广播的控制装置、消防专用电话总机等起集中控制作用的消防设备，应设置在消防控制室内。系统设置的消防控制室图形显示装置应具有传输火灾报警信息、消防设施运行状态信息和消防安全管理信息的功能。

集中报警系统结构形式如图 1-2-10 所示。

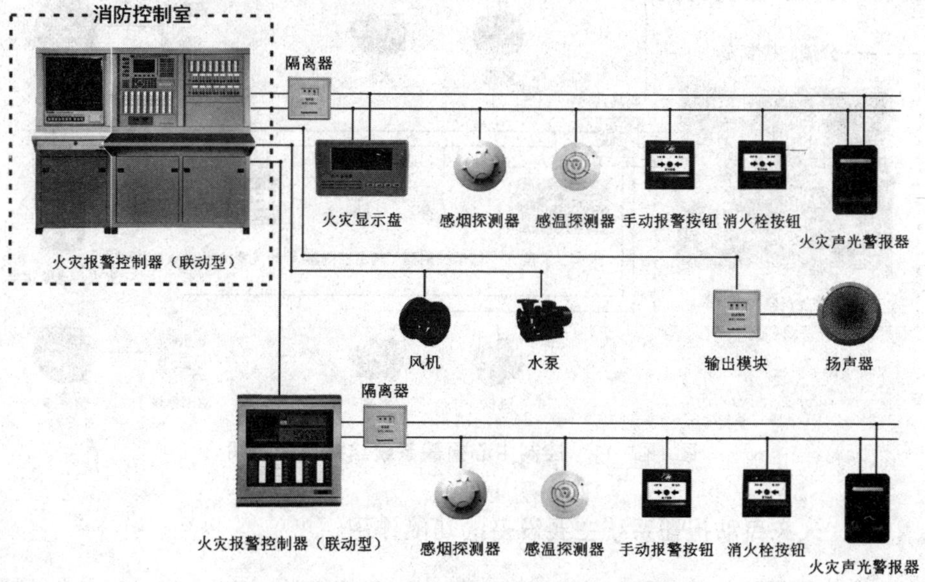

图 1-2-10 集中报警系统结构形式简图

(三) 控制中心报警系统

控制中心报警系统由火灾探测器、手动火灾报警按钮、火灾声光警报器、消防应急广播、消防专用电话、消防控制室图形显示装置、火灾报警控制器、消防联动控制器等组成，并且系统有两个及以上消防控制室。

控制中心报警系统的主消防控制室应能显示所有火灾报警信号和联动控制状态信号，并应能控制重要的消防设备；各分消防控制室内消防设备之间互相传输、显示状态信息，但不应互相控制。系统设置的消防控制室图形显示装置应具有传输火灾报警信息、消防设施运行状态信息和消防安全管理信息的功能。

控制中心报警系统应用于设置两个及以上消防控制室的保护对象，或已设置两个及以上集中报警系统的保护对象。

控制中心报警系统结构形式如图 1-2-11 所示。

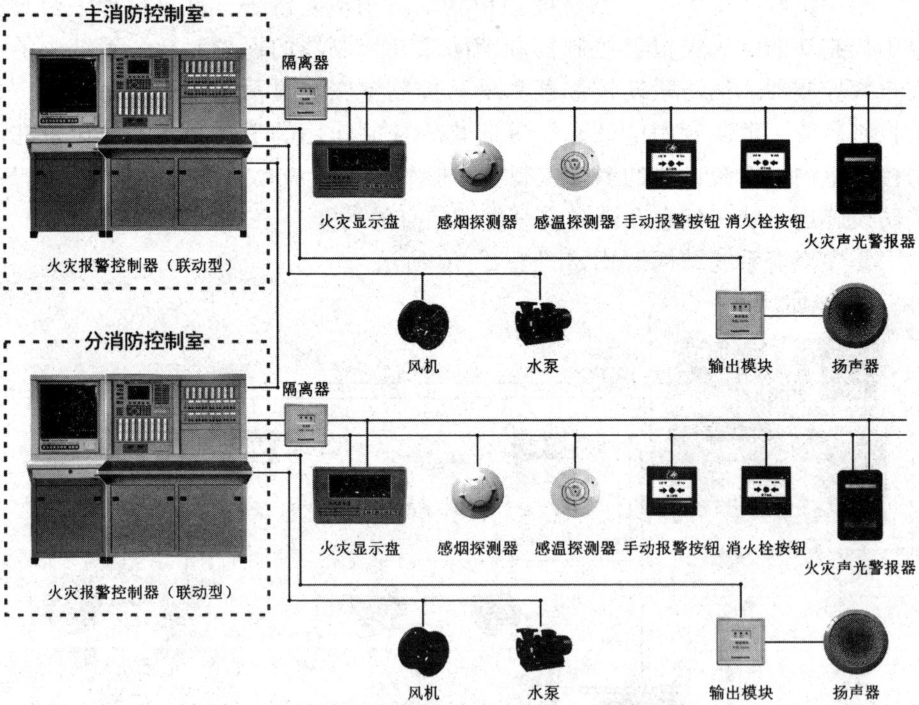

图 1-2-11 控制中心报警系统结构形式简图

四、火灾自动报警系统主要设备的功能作用

火灾自动报警系统的工作原理如图 1-2-12 所示。安装在保护区的探测器

不断地向所监视的现场发出巡测信号，监视现场的烟雾浓度、温度等，并不断反馈给报警控制器，控制器将接收的信号与内存的正常整定值比较、判断确定火灾。当发生火灾时，发出声光报警，显示烟雾浓度，显示火灾区域或楼层房号的地址编码，并打印报警时间、地址等。同时向火灾现场发出警铃（电笛）报警。报警系统报警后，依据预置的逻辑编程，控制系统将有相应动作，启动灭火系统、防排烟系统，使各应急疏散指示灯亮、指明疏散方向等。

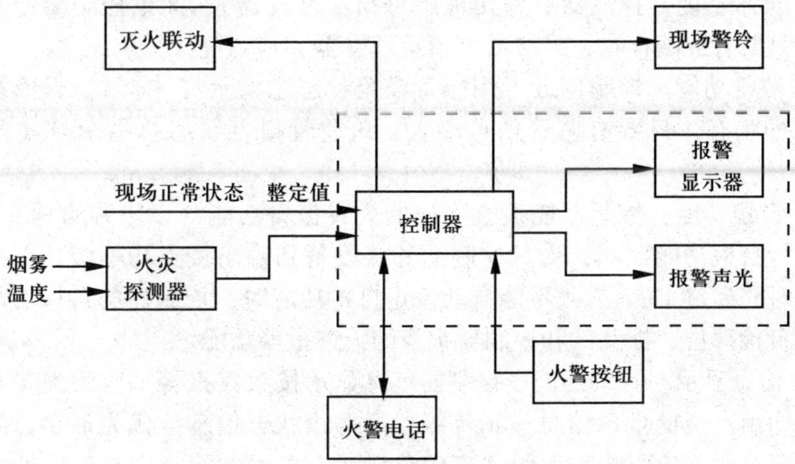

图 1-2-12　火灾自动报警系统原理图

由此可见，火灾自动报警系统的作用是：自动（手动）发现火情并及时报警，以不失时机地控制相应灭火及其他消防设备，从而及时控制火灾的发展蔓延，将火灾的损失减到最低限度。

（一）火灾探测器的作用

火灾探测器是火灾自动探测系统的传感部分，它能产生并在现场发出火灾报警信号，或向控制和指示设备发出现场火灾状态信号的装置。可形象地称之为“消防哨兵”。

（二）手动报警按钮的作用

手动报警按钮是向报警器报告所发生火情的设备，只不过探测器是自动报警它是手动报警而已，其准确性更高。

（三）警报器的作用

当发生火情时，警报器能发出声、光警报。

（四）火灾报警控制器的作用

火灾报警控制器可向探测器供电，并具有下述功能：

1. 火灾报警功能。控制器能直接或间接地接收来自火灾探测器及其他火灾报警触发器件的火灾报警信号，发出火灾报警声、光信号，指示火灾发生部位，记录火灾报警时间，并予以保持，直至手动复位。

2. 火灾报警控制功能。控制器在火灾报警状态下应由火灾声和/或光警报器控制输出。

3. 故障报警功能。控制器设专用故障总指示灯（器），无论控制器处于何种状态，只要有故障信号存在，该故障总指示灯（器）应点亮。

4. 屏蔽功能。控制器有专用屏蔽总指示灯（器），无论控制器处于何种状态，只要有屏蔽存在，该屏蔽总指示灯（器）应点亮。

5. 监管功能。控制器设专用监管报警状态总指示灯（器），无论控制器处于何种状态，只要有监管信号输入，该监管报警状态总指示灯（器）应点亮。

6. 自检功能。控制器能检查本机的火灾报警功能（以下称自检），控制器在执行自检功能期间，受其控制的外接设备和输出接点均不应动作。控制器自检时间超过 1min 或其不能自动停止自检功能时，控制器的自检功能应不影响非自检部位、探测区和控制器本身的火灾报警功能。

7. 信息显示与查询功能。控制器信息显示按火灾报警、监管报警及其他状态顺序由高至低排列信息显示等级，高等级状态信息应优先显示，低等级状态信息显示不应影响高等级状态信息显示，显示的信息应与对应的状态一致且易于辨识。当控制器处于某一高等级状态显示时，应能通过手动操作查询其他低等级状态信息，各状态信息不应交替显示。

第三节　火灾自动报警系统在建筑火灾防控中的作用

内容提要：本节简要介绍火灾发生、发展的过程以及火灾自动报警系统在建筑火灾防控中的作用。

一、建筑火灾发生、发展的过程

火灾是指在时间或空间上因失去控制的燃烧所造成的灾害。对于建筑火灾而言，最初发生在室内的某个房间或某个部位，然后由此蔓延到相邻的房间或区域，以及整个楼层，最后蔓延到整个建筑物。其发展过程大致可分为初期增长阶段、充分发展阶段和衰减阶段。图 1-3-1 为建筑室内火灾温度—时间曲线图。

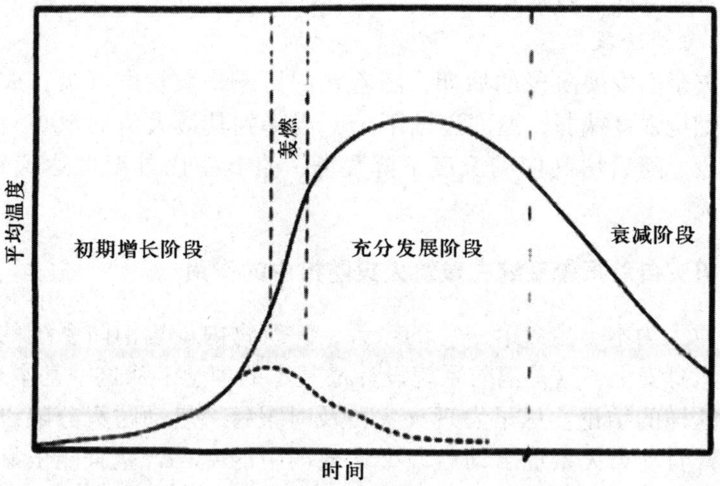

图 1-3-1 建筑室内火灾温度—时间曲线图

（一）初期增长阶段

室内火灾发生后，最初只局限于着火点处的可燃物燃烧。局部燃烧形成后，可能会出现以下 3 种情况：一是因最初着火的可燃物燃尽而终止；二是因通风不足，火灾可能自行熄灭，或受到较弱供氧条件的支持，以缓慢的速度维持燃烧；三是有足够的可燃物，且有良好的通风条件，火灾迅速发展到整个房间。

这一阶段着火点处局部温度较高，燃烧的面积不大，室内各点的温度不平衡。由于受可燃物性能、分布和通风、散热等条件的影响，燃烧的发展大多比较缓慢，有可能形成火灾，也有可能中途自行熄灭，燃烧发展不稳定。火灾初期阶段持续时间的长短不定。

（二）充分发展阶段

建筑室内火灾持续一定时间后，燃烧范围不断扩大，温度升高，室内的可燃物在高温下，不断分解释放出可燃气体，当房间内的温度达到 400℃~600℃时，室内绝大部分可燃物起火燃烧，这种在一个限定空间内可燃物的表面全部卷入燃烧的瞬变状态，称为轰燃。轰燃的出现是燃烧释放的热量在室内逐渐积累与对外散热共同作用、燃烧速率急剧增大的结果。通常，轰燃的发生标志着室内或在进入充分发展阶段。

轰燃发生后，室内可燃物出现全面燃烧，可燃物热释放速率很大，室温急剧上升，并出现持续高温，温度可达 800℃~1000℃。之后，火焰和高温烟气在火风压的作用下，会从房间的门窗、孔洞等处大量涌出，沿走廊、吊顶迅速向水平方向蔓延扩散。同时，由于烟囱效应的作用，火势会通过竖向管井、共享空间等向上蔓延。

（三）衰减阶段

在火灾全面发展阶段的后期，随着室内可燃物数量的减少，火灾燃烧速度减慢，燃烧强度减弱，温度逐渐下降，当降到其最大值的80%时，火灾进入熄灭阶段。随后房间内的温度下降显著，直到室内外温度达到平衡为止，火完全熄灭。

二、火灾自动报警系统在建筑火灾防控中的作用

在“以人为本，生命第一”的今天，建筑物内设置消防系统的第一任务就是保障人身安全，这是消防系统设计最基本的理念。从这一基本理念出发，就会得出这样的结论：尽早发现火灾，及时报警，启动防火分隔设施，引导人员疏散。自动灭火系统启动后，火灾现场中的幸存者就只能依靠消防救援人员帮助逃生了，因为火灾发展到这个阶段时，滞留人员由于毒气、高温等因素已经丧失了自我逃生的能力。图 1-3-2 给出了与火灾相关的几个消防过程。

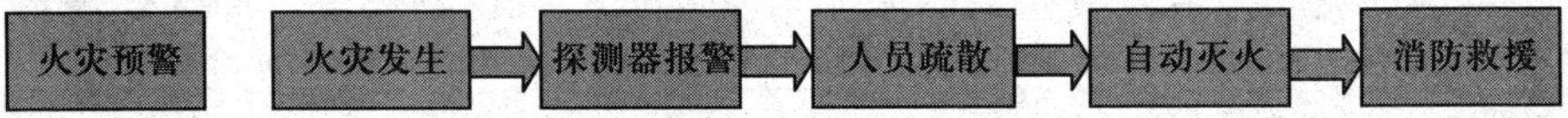

图 1-3-2　与火灾相关的消防过程示意图

图 1-3-3 给出了火灾时报警和疏散的时间分布。

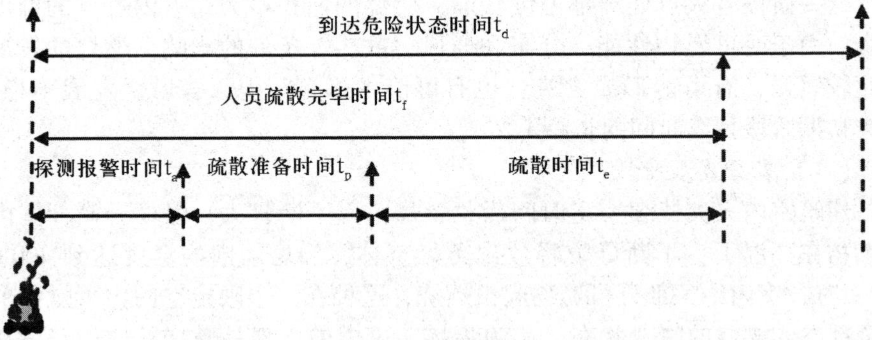

图 1-3-3　火灾时报警和疏散时间分布图

由图 1-3-2 和图 1-3-3 可以看出，探测器报警与自动灭火之间是至关重要的人员疏散阶段，这一阶段根据火灾发生的场所、火灾起因、燃烧物等因素的不同，有几分钟到几十分钟不等的时间，可以说这是直接关系到人身安全最重要的阶段。因此，在任何需要保护人身安全的场所，设置火灾自动报

警系统均具有不可替代的重要意义。

表 1-3-1 给出了火灾探测报警与消防应急照明的实验数据及分析。

表 1-3-1　火灾探测报警与消防应急照明的实验数据及分析

<table>
<tr><th>实验火材料</th><th>应急照明的初始照度</th><th>安装高度</th><th>Ⅰ级灵敏度探测器报警</th><th>Ⅱ级灵敏度探测器报警</th><th>Ⅲ级灵敏度探测器报警</th><th>截至 3m 处反光物体无法识别的时间</th><th>截至 1m 处反光物体无法识别的时间</th></tr>
<tr><td rowspan="2">木材热解阴燃火</td><td rowspan="2">50lx</td><td rowspan="2">2. 4m</td><td>215s</td><td>355s</td><td>455s</td><td>490～530s</td><td>840～850s</td></tr>
<tr><td colspan="5">试验数据分析：在Ⅲ级灵敏度探测器报警时，能识别 3m 处周围的物体和 1m 处周围的物体，理论有效引导疏散时间为 395s</td></tr>
<tr><td rowspan="2">棉绳热解阴燃火</td><td rowspan="2">50lx</td><td rowspan="2">2. 4m</td><td>105s</td><td>210s</td><td>290s</td><td>360～365s</td><td>640～650s</td></tr>
<tr><td colspan="5">试验数据分析：在Ⅲ级灵敏度探测器报警时，能识别 3m 处周围的物体和 1m 处周围的物体，理论有效引导疏散时间为 360s</td></tr>
<tr><td rowspan="2">聚氨酯塑料火</td><td rowspan="2">50lx</td><td rowspan="2">2. 4m</td><td>68s</td><td>92s</td><td>130s</td><td>160～180s</td><td>310～400s</td></tr>
<tr><td colspan="5">试验数据分析：在Ⅲ级灵敏度探测器报警时，能识别 3m 处周围的物体和 1m 处周围的物体，理论有效引导疏散时间为 270s</td></tr>
<tr><td rowspan="2">正庚烷火</td><td rowspan="2">50lx</td><td rowspan="2">2. 4m</td><td>36s</td><td>56s</td><td>116s</td><td>150～160s</td><td>250～260s</td></tr>
<tr><td colspan="5">试验数据分析：在Ⅲ级灵敏度探测器报警时，能识别 3m 处周围的物体和 1m 处周围的物体，理论有效引导疏散时间为 144s</td></tr>
</table>

表 1-3-2 给出了火灾探测报警与消防应急疏散指示标志的实验数据及分析。

表 1-3-2　火灾探测报警与消防应急疏散指示标志的实验数据及分析

<table>
<tr><th>实验火材料</th><th>初始亮度</th><th>安装高度</th><th>Ⅰ级灵敏度探测器报警</th><th>Ⅱ级灵敏度探测器报警</th><th>Ⅲ级灵敏度探测器报警</th><th>无法识别标志灯的疏散标志</th></tr>
<tr><td rowspan="2">木材热解阴燃火</td><td rowspan="2">50cd/m²</td><td rowspan="2">2. 4m</td><td>220s</td><td>335s</td><td>445s</td><td>965～1055s</td></tr>
<tr><td colspan="4">试验数据分析：在Ⅱ级灵敏度探测器报警时，无法识别光致发光标志牌；在Ⅲ级灵敏度探测器报警时，可识别标志灯和安装在地面的导向光流灯，理论有效引导疏散时间为 610s</td></tr>
</table>

续表

<table>
<tr><th>实验火材料</th><th>初始亮度</th><th>安装高度</th><th>Ⅰ级灵敏度探测器报警</th><th>Ⅱ级灵敏度探测器报警</th><th>Ⅲ级灵敏度探测器报警</th><th>无法识别标志灯的疏散标志</th></tr>
<tr><td rowspan="2">棉绳热解阴燃火</td><td rowspan="2">50cd/m²</td><td rowspan="2">2. 4m</td><td>105s</td><td>210s</td><td>300s</td><td>405~430s</td></tr>
<tr><td colspan="4">试验数据分析：在Ⅰ级灵敏度探测器报警时，无法识别光致发光标志牌；在Ⅲ级灵敏度探测器报警时，可识别标志灯和安装在地面的导向光流灯，理论有效引导疏散时间为130s</td></tr>
<tr><td rowspan="2">聚氨酯塑料火</td><td rowspan="2">50cd/m²</td><td rowspan="2">2. 4m</td><td>66s</td><td>90s</td><td>126s</td><td>316~350s</td></tr>
<tr><td colspan="4">试验数据分析：在Ⅰ级灵敏度探测器报警时，无法识别光致发光标志牌；在Ⅲ级灵敏度探测器报警时，可识别标志灯和安装在地面的导向光流灯，理论有效引导疏散时间为224s</td></tr>
<tr><td rowspan="2">正庚烷火</td><td rowspan="2">50cd/m²</td><td rowspan="2">2. 4m</td><td>34s</td><td>58s</td><td>116s</td><td>248~266s</td></tr>
<tr><td colspan="4">试验数据分析：在Ⅰ级灵敏度探测器报警时，无法识别光致发光标志牌；在Ⅲ级灵敏度探测器报警时，可识别标志灯和安装在地面的导向光流灯，理论有效引导疏散时间为150s</td></tr>
</table>

从表1-3-1和表1-3-2可以看出，只有设置了火灾自动报警系统，才会提前告知现场的人员，才会形成科学有效的应急行动措施。我们所说的疏散是指有组织的、按预定方案撤离危险场所的行为，确定的火灾发生部位是疏散预案的起点。没有组织的离开危险场所的行为只能叫逃生，不能称之为疏散。

表1-3-3给出了火灾探测报警时间与洒水喷头玻璃泡响应时间（min）的对照关系。实验数据获得条件是：点型感烟火灾探测器位于火源中心3m处，洒水喷口玻璃泡位于火源中心。

表1-3-3　火灾探测报警时间与洒水喷头玻璃泡响应时间（min）对照表

材料	规格	数量	烟感报警时间（min）	报警时探测点温度（℃）	中心点68℃时间（min）	中心点达68℃时探测点温度（℃）	时间差（min）
聚氨酯	50×50×2	5	1：59	26. 1	5：48	53. 8	3：49
聚氨酯	50×50×2	4	2：00	26. 3	4：03	52. 6	2：03
山毛榉	75×25×20	20+21	11：20	18. 9	没达到	34. 2	—
山毛榉	75×25×20	10+500	10：04	17. 6	58：38	60. 1	48：34

从表1-3-3可以看出，火灾探测报警时间要早于自动灭火系统的启动时间。也就是说，在人员疏散之后，只有火灾发展到一定程度，才需要启动自动灭火系统，自动灭火系统的主要功能是扑灭初期火灾、防止火灾扩散和蔓延，其不能直接保护人们的生命财产安全，不能替代火灾自动报警系统的作用。

在保护建筑物及建筑物内的财产方面，火灾自动报警系统也起着不可替代的作用。眼下功能复杂的高层建筑、超高层建筑及大体量建筑比比皆是，其火灾危险性很大，一旦发生火灾会造成重大财产损失；保护对象内存放着重要物质、物质燃烧后会产生严重污染及施加灭火剂后导致物质价值丧失的这些场所，均应在保护对象内设置火灾预警系统，在火灾发生前探测可能引起火灾的征兆或特征，防止火灾发生或在火势很小尚未成灾时就及时报警。电气火灾监控系统和可燃气体探测报警系统均属火灾预警系统。

三、消防设施在火灾不同发展阶段的作用

建筑火灾从初期增长、充分发展到最终衰减的全过程，是随着时间的推移而变化的，然而受火灾现场可燃物、通风条件及建筑结构等多种因素的影响，建筑火灾各个阶段的发展以及从一个阶段发展至下一个阶段并不是一个时间函数，即发展过程所需的时间具有很大的不确定性。但是火灾在发展到特定的阶段时会出现具有一定共性的火灾特征，建筑内设置的消防设施的消防功能是针对火灾不同阶段的火灾特征而展开的，这也是指导火灾探测报警、联动控制设计的基本设计思想。

（一）火灾的早期探测和人员疏散

建筑火灾在初期增长阶段一般首先会释放大量的烟雾，设置在建筑内的感烟火灾探测器在监测到防护区域烟雾的变化时会作出报警响应，并发出火灾警报警示建筑内的人员火灾事故的发生；此外，启动消防应急广播系统指导建筑内的人员进行疏散，同时启动应急照明及疏散指示系统、防排烟系统，为人员疏散提供必要的保障条件。

（二）初期火灾的扑救

随着火灾的进一步发展，可燃物从阴燃状态发展为明火燃烧，并伴有大量的热辐射，温度的升高会启动设置在建筑内的自动喷水灭火系统；或导致火灾区域设置的感烟火灾探测器动作，火灾自动报警系统按照预设的控制逻辑启动其他自动灭火系统对火灾进行扑救。

（三）有效阻止火灾的蔓延

到充分发展阶段，火灾开始在建筑内蔓延，这时火灾自动报警系统将根

据火灾探测器的动作情况按照预设的控制逻辑联动控制防火卷帘、防火门及水幕系统等防火分隔系统，以阻止火灾向其他区域蔓延。

综上所述，设计人员应首先根据保护对象的特点确定建筑的消防安全目标，系统设计的各个环节必须紧紧围绕设定的消防安全目标进行；同时，设计人员应了解火灾不同阶段的特征，清楚建筑内各消防系统（设施）的消防功能，并掌握火灾自动报警系统和其他消防系统在火灾时动作的关联关系，以保证在火灾发生时，各建筑消防系统（设施）能按照设计要求协同、有效地动作，从而确保实现设定的消防安全目标。

第四节　火灾自动报警系统的设置原则与系统选型

内容提要：本节主要介绍火灾自动报警系统的设置原则、系统选型与设计要求。

依据《火灾自动报警系统设计规范》（GB 50116-2013），火灾自动报警系统可用于人员居住和经常有人滞留的场所、存放重要物资或燃烧后产生严重污染需要及时报警的场所。该规范第 1.0.4 条规定，火灾自动报警系统设计除执行《火灾自动报警系统设计规范》外，尚应符合国家现行的有关国家标准的规定。为此，自动报警系统的设置范围在国家现行的有关标准、规范之中。这主要有《建筑设计防火规范》、《人民防空工程设计防火规范》、《汽车库、修车库、停车场设计防火规范》，等等。

一、火灾自动报警系统的设置原则

（一）建筑火灾自动报警系统设置原则

依据《建筑设计防火规范》（GB 50016-2014）第 8.4 条的规定，建筑火灾自动报警系统设置原则如下：

1. 任一层建筑面积大于 1500m² 或总建筑面积大于 3000m² 的制鞋、制衣、玩具、电子等类似用途的厂房。

2. 每座占地面积大于 1000m² 的棉、毛、丝、麻、化纤及其织物的仓库，占地面积大于 500m² 或总建筑面积大于 1000m² 的卷烟仓库。

3. 任一层建筑面积大于 1500m² 或总建筑面积大于 3000m² 的商店、展览楼、财贸金融楼、客运和货运楼等建筑，总建筑面积大于 500m² 的地下或半地下商店。

4. 图书或文物的珍藏库，每座藏书超过 50 万册的图书馆，重要的档案馆。

5. 地市级及以上的广播电视建筑、邮政建筑、电信建筑，城市或区域性的电力、交通和防灾等指挥调度建筑。

6. 特等、甲等剧场，座位数超过 1500 个的其他等级的剧场或电影院，座位数超过 2000 个的会堂或礼堂，座位数超过 3000 个的体育馆。

7. 大、中型幼儿园的儿童用房等场所，老年人建筑，任一层建筑面积 $1500m^2$ 或总建筑面积大于 $3000m^2$ 的疗养院的病房楼、旅馆建筑和其他儿童活动场所，不少于 200 个床位的医院的门诊楼、病房楼和手术部等。

8. 歌舞娱乐放映游艺场所。

9. 净高大于 2. 6m 且可燃物较多的技术夹层，净高大于 0. 8m 且有可燃物的闷顶或吊顶内。

10. 电子信息系统的主机房及其控制室、记录介质库，特殊贵重或火灾危险性大的机器、仪表、仪器设备室，贵重物品库房，设置气体灭火系统的房间。

11. 二类高层公共建筑内建筑面积大于 $50m^2$ 的可燃物品库房和建筑面积大于 $500m^2$ 的营业厅。

12. 其他一类高层公共建筑。

13. 设置机械排烟、防烟系统，雨淋或预作用自动喷水灭火系统、固定消防水炮灭火系统等需与火灾自动报警系统连锁动作的场所或部位。

14. 建筑高度大于 100m 的住宅建筑。

15. 建筑高度大于 54m、但不大于 100m 的住宅建筑的公共部位应设置火灾自动报警系统，套内宜设置火灾探测器。

16. 建筑高度不大于 54m 的高层住宅建筑，其公共部分宜设置火灾自动报警系统。当设置需联动控制的消防设施时，公共部位应设置火灾自动报警系统。

17. 高层住宅建筑的公共部位应设置具有语音功能的火灾声警报装置或应急广播。

18. 建筑内可能散发可燃气体、可燃蒸气的场所应设置可燃气体报警装置。

高层建筑应根据其使用性质、火灾危险性、疏散和扑救难度等进行分类，并符合表 1-4-1 所示的规定。

表 1-4-1 建筑分类表

名称	一类	二类
住宅建筑	高级住宅 19 层及 19 层以上的普通住宅	10 层至 18 层的普通住宅
公共建筑	医院; 高级旅馆; 建筑高度超过 50m 或每层建筑面积超过 $1000m^2$ 的商业楼、展览楼、综合楼、电信楼、财贸金融楼; 建筑高度超过 50m 或是每层建筑面积超过 $1500m^2$ 的商住楼; 中央级和省级（含计划单列市）广播电视楼; 网局级和省级（含计划单列市）电力调度楼; 省级（含计划单列市）邮政楼、防灾指挥调度楼; 藏书超过 100 万册的图书馆、书库; 重要的办公楼、科研楼、档案楼; 建筑高度超过 50m 的教学楼和普通的旅馆、办公楼、科研楼、档案楼等	除一类建筑以外的商业楼、展览楼、综合楼、电信楼、财贸金融楼、商住楼、图书馆、书库; 省级以下的邮政楼、防灾指挥调度楼、广播电视楼、电力调度楼; 建筑高度不超过 50m 的教学楼和普通的旅馆、办公楼、科研楼、档案楼等

（二）汽车库、修车库、停车场火灾自动报警系统设置原则

《汽车库、修车库、停车场设计防火规范》（GB 50067-2014）第 9.0.7 条规定，除敞开式汽车库、屋面停车场以外的下列汽车库、修车库，应设置火灾自动报警系统：

1. Ⅰ类汽车库、修车库。
2. Ⅱ类地下汽车库、修车库。
3. Ⅱ类高层汽车库、修车库。
4. 机械式汽车库。
5. 采用汽车专用升降机作汽车疏散出口的汽车库。

《汽车库、修车库、停车场设计防火规范》（GB 50067-2014）第 3.0.1 条规定，车库的防火分类分为四类即Ⅰ、Ⅱ、Ⅲ、Ⅳ类（如表 1-4-2 所示）。汽车库的屋面亦停放汽车时，其停车数量应计算在汽车库的总车辆数内，但屋面不计入车库的建筑面积内。公交汽车库可按表 1-4-2 的规定值增加 2 倍。

表 1-4-2 汽车库、修车库、停车场的防火分类表

名称		Ⅰ	Ⅱ	Ⅲ	Ⅳ
汽车库	停车数量（辆）	>300	151~300	51~150	≤50
	或总建筑面积（m^2）	>10000	5001~10000	2001~5000	≤2000
修车库	车位数（个）	>15	6~15	3~5	≤2
	或总建筑面积（m^2）	>3000	1001~3000	501~1000	≤500
停车场	停车数量（辆）	>400	251~400	101~250	≤100

（三）民用地下工程火灾自动报警系统设置原则

依据《人民防空工程防火设计规范》（GB 50098-2009）第 8.4.1 条的规定，下列人防工程或部位应设置火灾自动报警系统：

1. 建筑面积大于 500m^2的地下商店、展览厅和健身体育场所；
2. 建筑面积大于 1000m^2 的丙、丁类生产车间和丙、丁类物品库房；
3. 重要的通信机房和电子计算机机房，柴油发电机房和变配电室，重要的实验室和图书、资料、档案库房等；
4. 歌舞娱乐放映游艺场所。

二、火灾自动报警系统的选型与设计要求

火灾自动报警系统的设计，应符合《火灾自动报警系统设计规范》（GB 50116-2013）的规定。火灾自动报警系统的设备，应采用符合公安部关于消防产品入市规则的产品。系统形式的选择应符合下列要求：

（一）火灾自动报警系统的选型

1. 仅需要报警，不需要联动自动消防设备的保护对象宜采用区域报警系统。

区域报警系统应由火灾探测器、手动火灾报警按钮、火灾声光警报器及火灾报警控制器等组成，系统中可包括消防控制室图形显示装置和指示楼层的区域显示器；系统设置消防控制室图形显示装置时，该装置应具有传输消防设施运行状态信息和消防安全管理信息的功能；系统未设置消防控制室图形显示装置时，应设置火警传输设备。

2. 不仅需要报警，同时需要联动自动消防设备，且只设置一台具有集中控制功能的火灾报警控制器和消防联动控制器的保护对象，应采用集中报警系统。

集中报警系统由火灾探测器、手动火灾报警按钮、火灾声光警报器、消防应急广播、消防专用电话、消防控制室图形显示装置、火灾报警控制器、

消防联动控制器等组成。系统中的火灾报警控制器、消防联动控制器和消防控制室图形显示装置、消防应急广播的控制装置、消防专用电话总机等起集中控制作用的消防设备，应设置在消防控制室内。系统设置的消防控制室图形显示装置，具有传输消防设施运行状态信息和消防安全管理信息的功能。

3. 设置两个及以上消防控制室的保护对象，或已设置两个及以上集中报警系统的保护对象，应采用控制中心报警系统。

控制中心报警系统具有两个及以上消防控制室，并确定一个为主消防控制室。主消防控制室应能显示所有火灾报警信号和联动控制状态信号，并能控制重要的消防设备；各分消防控制室内消防设备之间可互相传输、显示状态信息，但不应互相控制。系统设置的消防控制室图形显示装置具有传输消防设施运行状态信息和消防安全管理信息的功能。

（二）应用设计应符合的基本要求

1. 任一台火灾报警控制器所连接的火灾探测器、手动火灾报警按钮和模块等设备总数和地址总数，均不应超过 3200 点，其中每一总线回路连接设备的总数不宜超过 200 点，且应留有不少于额定容量 10%的余量。

2. 任一台消防联动控制器地址总数或火灾报警控制器（联动型）所控制的各类模块总数不应超过 1600 点，每一联动总线回路连接设备的总数不宜超过 100 点，且应留有不少于额定容量 10%的余量。

3. 系统总线上应设置总线短路隔离器，每只总线短路隔离器保护的火灾探测器、手动火灾报警按钮和模块等消防设备的总数不应超过 32 点；总线穿越防火分区时，应在穿越处设置总线短路隔离器。

4. 高度超过 100m 的建筑中，除消防控制室内设置的控制器外，每台控制器直接控制的火灾探测器、手动报警按钮和模块等设备不应跨越避难层。

5. 水泵控制柜、风机控制柜等消防电气控制装置不应采用变频启动方式。

6. 地铁列车上设置的火灾自动报警系统，应能通过无线网络等方式将列车上发生火灾的部位信息传输给消防控制室。

第五节　总线制自动报警系统设备的地址编码

内容提要：本节主要介绍总线制自动报警系统设备的地址编码方式，以及拨码开关人工拨码的计算方法。

火灾自动报警系统按照控制器与触发器件（或执行模块）之间的连线关

系不同，可分为总线制系统和多线制系统。总线制火灾自动报警系统设备采用总线数据传输方式，其设备拨码通常可以采用拨码开关拨码、电子编码和自适应编址方式。其中，拨码开关拨码又分为二进制和三进制拨码方式两类。

拨码开关拨码需要人工通过机械式拨码设置才能完成，编码效率低，技术要求高，容易出现错码。而且，探测器等需要拨码的设备底部需留出编码口，这样容易造成探测器对粉尘、潮气的密封不良，长时间可使探测器性能变差。但是，2000 年以前的总线制产品都采用拨码开关拨码，这些产品仍然在发挥着作用。

一、二进制设备拨码的方法

目前，国内外总线制系统的探测器大多采用编码式，最常见的是二进制编码方式，可由探测器编码座编码口内的 8 位 DIP 开关的前 7 位设置成 1～127 个十进制编码中的任意一个编号。通用编码公式：

$$\text{编码号} = \sum_{n=1}^{7} A_n 2^{n-1}$$
$$= A_1 \cdot 2^0 + A_2 \cdot 2^1 + A_3 \cdot 2^2 + \cdots + A_7 \cdot 2^6$$
$$= A_1 + 2A_2 + 4A_3 + \cdots + 64A_7$$

拨动开关的形式如图 1-5-1 所示：

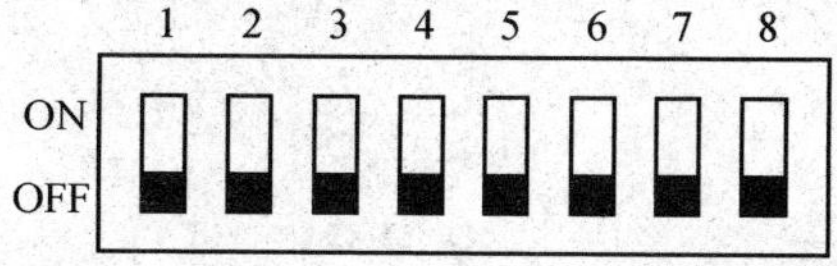

图 1-5-1　DIP 拨动开关样图

DIP 拨动开关上的每一个开关都可以置于“ON”或“OFF”位置。置于“ON”位置时表示该位开关有效，相应 A 值等于 1；置于“OFF”位置时表示该位开关无效，相应 A 值等于 0。具体举例如下：

例 1. 某总线制系统的一个探测器采用二进制拨码方式，拨码开关状态如图 1-5-2 所示：

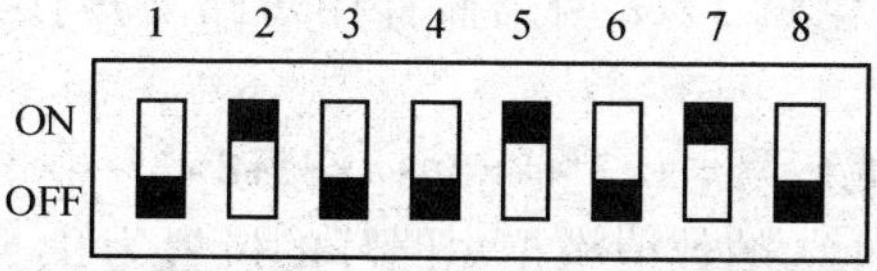

图 1-5-2　拨码开关状态

该探测器拨码地址号 $= A_1+2A_2+4A_3+8A_4+16A_5+32A_6+64A_7$

$= 0+2\times1+0+0+16\times1+0+64\times1$

$= 2+16+64=82$

例 2. 某总线制系统的一个编码模块采用二进制拨码方式，其拨码开关状态如图 1-5-3 所示：

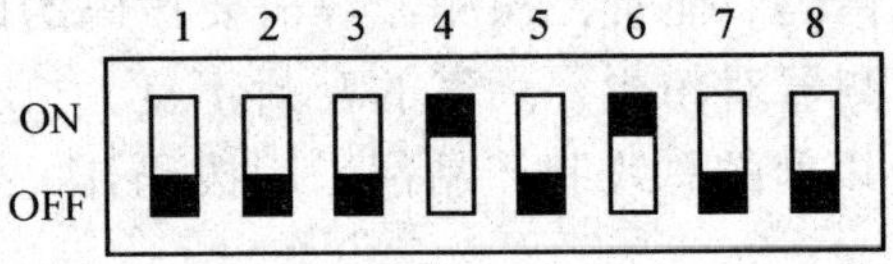

图 1-5-3　拨码开关状态

该编码模块拨码地址号 $= A_1+2A_2+4A_3+8A_4+16A_5+32A_6+64A_7$

$= 0+0+0+8\times1+0+32\times1+0$

$= 8+32=40$

二、三进制设备拨码的方法

三进制拨码设备，也是总线制系统常见的编码方式。三进制拨码开关类型，以工程上经常使用的“五位三进制编码插针”开关为例，简述如下：

三进制设备拨码开关拨码，即在每个控制点设备上设置一个或几个“五位三进制编码插针”开关，编码插针为 5 行 3 列，其形式如图 1-5-4 所示：

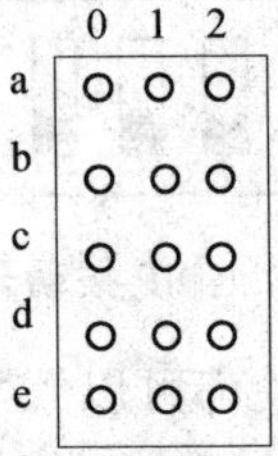

图 1-5-4　“五位三进制编码插针”开关示意图

具体拨码方法如下：

将 0、1 两列插针用短路环短接，表示该行数值为“0”；不加短路环，表示数值为“1”；若将该行 1、2 两列插针用短路环短接，则表示该行数值为“2”。编码公式为：

$$编码号 = a\times3^0+b\times3^1+c\times3^2+d\times3^3+e\times3^4$$

式中 a、b、c、d、e 的数值根据短路环的位置为 0、1、2 三者之一。下面给出两个编码实例。

例 1. 某总线制系统的一个探测器采用三进制拨码方式，编码插针上短路环状态如图 1-5-5 所示：

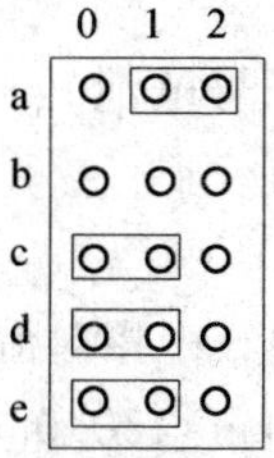

图 1-5-5　编码插针上短路环状态

$$
\begin{aligned}
\text{该探测器拨码地址号} &= a\times3^0+b\times3^1+c\times3^2+d\times3^3+e\times3^4 \\
&= 2\times3^0+1\times3^1+0\times3^2+0\times3^3+0\times3^4 \\
&= 2+3=5
\end{aligned}
$$

例 2. 某总线制系统的一个编码模块采用三进制拨码方式，编码插针上短路环状态如图 1-5-6 所示：

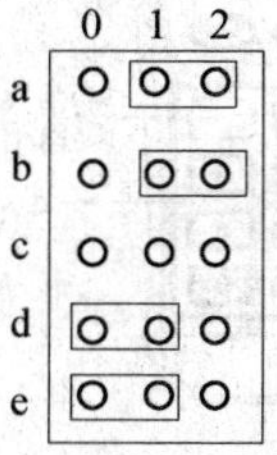

图 1-5-6　编码插针上短路环状态

$$
\begin{aligned}
\text{该编码模块拨码地址号} &= a\times3^0+b\times3^1+c\times3^2+d\times3^3+e\times3^4 \\
&= 2\times3^0+2\times3^1+1\times3^2+0\times3^3+0\times3^4 \\
&= 2+6+9=17
\end{aligned}
$$

三、电子编码

电子编码是利用专用的电子编码器完成设备写码。电子编码通常适用于现代智能型设备中。对智能型探测器实行电子编码，操作方法非常简单，并且通常采用十进制编码。智能型探测器或编码模块不设编码口，直接在设备总线上实现编码。利用电子编码器无需将探测器等需要编码的设备接入控制器，就可进行编码、读码、写类型、读类型等操作。现场调试维护十分方便。下面以 TX6932 型电子编码器为例进行介绍。

（一）TX6932 型手持电子编码器主要技术参数

1. 适用范围：可进行电子编码的探测器、按钮、模块、声光等，可对点型光电感烟火灾探测器进行灵敏度设置，可对公司新型模块进行动作方式设置；

2. 工作电压：DC 3V（2 节 5 号电池）；

3. 工作电流：≤3mA；

4. 关机电流：≤0μA；

5. 使用环境：温度-10℃~50℃；相对湿度≤95%，不结露；

6. 外形尺寸：54.0mm×28.0mm×130.0mm。

（二）TX6932 型手持电子编码器外形

如图 1-5-7 所示。

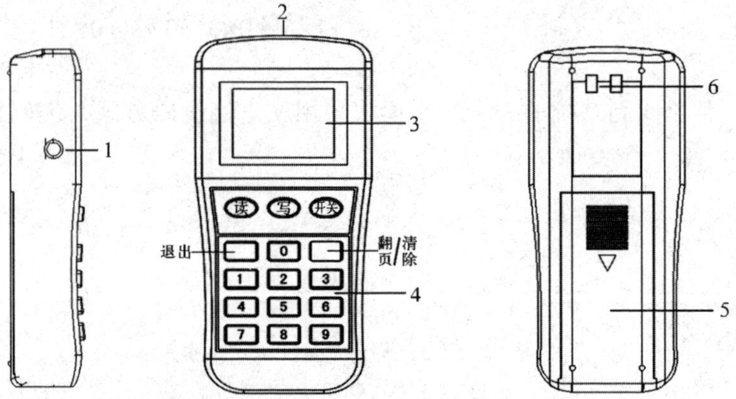

图 1-5-7　TX6932 手持电子编码器外形示意图

1——总线接口：连接要编程的终端设备，耳机插孔。

2——遥控发射头。

3——液晶屏：显示菜单、提示操作。

4——键盘：按键输入、选择操作。

0~9 数字键：在不同的菜单中功能不同，主要用于输入要操作的内容。

<写>键：写操作。

<读>键：读操作。

<退出>键：退出当前菜单，从而返回主菜单，在主菜单中无效。

<翻页/清除>键：在主菜单中起翻页查看作用，在其他菜单中清除输入的操作信息。

5——电池盒：安装 5 号电池。

6——编码线 2 口与耳机插孔等效。

（三）TX6932 型手持电子编码器特点

1. 该编码器采用手握式结构，外观小巧类似于手机，携带方便，操作、按键布置与手机相仿。

2. 该编码器通过顶端的总线接口对电子编码的设备进行编码等操作，总线接口采用耳机插孔连接，方便插拔、更换。

3. 该编码器通过顶部的红外发射管对前端进行遥控编码，距离5m以内。

4. 可对公司生产的总线型探测器、模块等设备编码，可对点型光电感烟火灾探测器进行灵敏度设置，可对公司新型模块进行动作方式设置。

5. 彩色液晶显示、汉字菜单提示，快捷键直接操作，操作按键有界面提示，可以很快熟练操作。

6. 低功耗睡眠和自动关机功能，工作电流≤3mA，自动关机状态电流为0mA，增加了使用寿命，减少了电池的更换次数。

四、自适应编址方式

自适应编址方式，即探测器采用软编址方式。探测器既取消了拨码开关编址方式，又不用电子编码，探测器的编码地址可以通过控制器在线设置完成。一旦整个火灾报警控制系统通电开通时，依靠探测器与控制器一套较为完善的通信协议以及一些硬件编码解码芯片的通信模式，自动生成所有探测器的各自地址，性能较其他编址方式更优越。该编址方式的技术难度大，仅仅少数国外先进产品才有，我国国内也有少数几家公司生产的火灾报警系统产品已具备这种编址方式。

复习思考题：

1. 火灾自动报警系统的组成有哪些？

2. 按照《火灾自动报警系统设计规范》（GB 50116-2013），火灾自动报警系统的结构形式有哪三种？

3. 消防设施在火灾不同发展阶段的作用是什么？

4. 总线制系统设备采用总线数据传输方式，其设备编码通常采用哪三种编码方式？

5. 某总线制系统的一个探测器采用二进制拨码方式，拨码开关状态为前5位选通，其他为选断。试列公式计算该探测器的地址码号。

6. 某总线制系统的一个探测器采用三进制拨码方式（编码插针共5行3列），编码插针状态为不加任何短路环。试列公式计算该探测器的地址码号。

第二章　火灾探测报警系统

内容提要： 本章主要介绍火灾自动报警系统中现场触发器件、警报器件，以及火灾报警控制器等产品的类型、结构、原理、选型、安装等。

第一节　现场触发器件的原理与构造

内容提要： 本节主要介绍火灾自动报警系统中现场触发器件的类型、结构、原理等。

一、手动火灾报警按钮

（一）手动火灾报警按钮的作用与类型

手动火灾报警按钮是通过手动启动器件发出火灾报警信号的装置。手动火灾报警按钮的作用是确认火情和人工发出火警信号。

手动火灾报警按钮按照其触发方式可分为两种：一种是玻璃破碎按钮，另一种是可复位报警按钮。

玻璃破碎按钮使用时，击碎玻璃触发报警；可复位报警按钮使用时，按下报警按钮的玻璃触发报警，火警解除后可用专用工具进行复位。玻璃破碎按钮的玻璃由于是一次性使用部件，为此一般配有测试工具，用于在不击碎玻璃的情况下测试其报警功能。

按照规范要求，有些需要设置手动火灾报警按钮的部位，也需要设置电话插孔。为了满足这样的需求，有的报警按钮上设置了火警电话插孔。

另外，手动火灾报警按钮有时也按下述方式进行产品分类：

1. 手动火灾报警按钮按其应用范围特征可分为：防爆型、船用型、普通型。

2. 手动火灾报警按钮按其安装方式可分为：明装式、暗装式。

（二）常见手动火灾报警按钮的结构性能

以下介绍两种手动火灾报警按钮的构造及原理，以了解不同报警按钮的特征和使用方法。

1. J-SJP-M-TX3140 型手动火灾报警按钮。

J-SJP-M-TX3140 型手动火灾报警按钮属于可复位报警按钮。另外，按规范要求，手动火灾报警按钮旁宜设置消防电话插孔，考虑到现场实际安装调试的方便性，将手动火灾报警按钮与消防电话插孔设计成一体，构成一体化手动火灾报警按钮。按钮采用拔插式结构，可电子编码，安装简单、方便。其主要性能如下：

（1）软硬件多级滤波，提高了报警按钮的抗干扰能力，对电磁干扰有良好的抑制作用；

（2）按片按下必须采用专用钥匙手动复位；

（3）按下报警按钮按片，可由报警按钮提供独立输出触点，可直接控制其他外部设备；

（4）地址码为电子编码设定方式，可现场改写；

（5）PCB 板全密封防护工艺；

（6）插拔式结构设计，安装方便牢靠。

主要技术指标：

（1）工作电压：DC 15~28V；

（2）静态电流：0. 5mA；

（3）报警电流：2. 3mA。

应用连接方式：

J-SJP-M-TX3140 型手动火灾报警按钮的外形如图 2-1-1 所示。

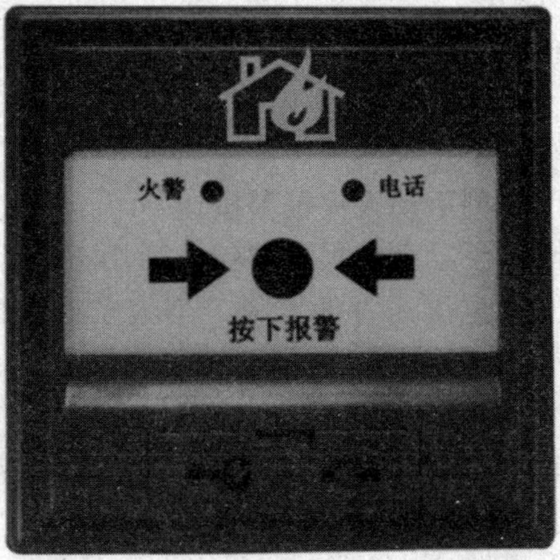

图 2-1-1　J-SJP-M-TX3140 型手动火灾报警按钮的外形图

J-SJP-M-TX3140 型手动火灾报警按钮外形尺寸如图 2-1-2 所示。

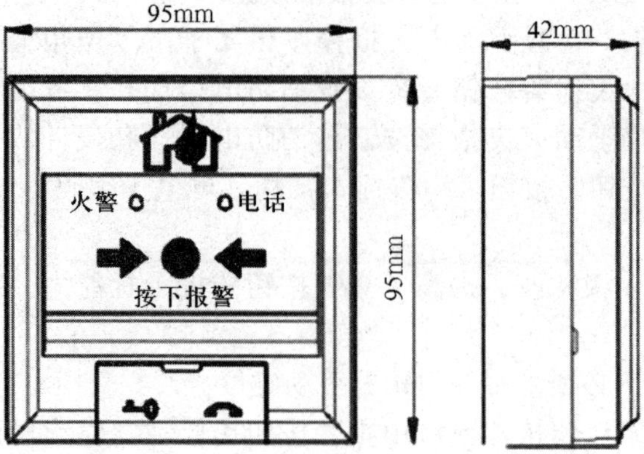

图 2-1-2 J-SJP-M-TX3140 型手动火灾报警按钮外形尺寸示意图

J-SJP-M-TX3140 型手动火灾报警按钮的应用连接如图 2-1-3 所示。

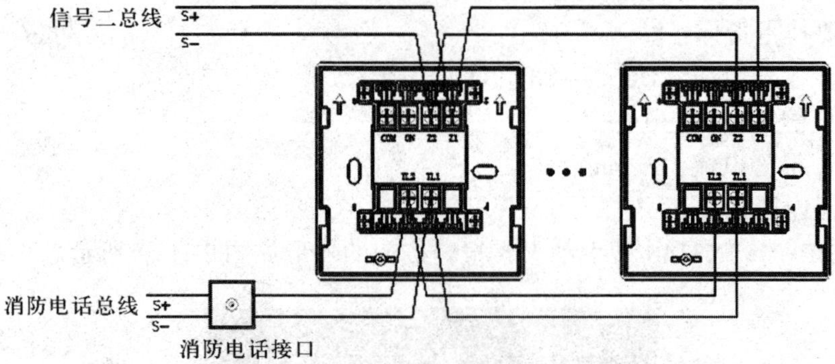

图 2-1-3 J-SJP-M-TX3140 型手动火灾报警按钮的应用连接示意图

2. J-SAB-F-TX6142 型手动火灾报警按钮。

J-SAB-F-TX6142 型手动火灾报警按钮，适用于爆炸性气体环境的 1 区、2 区。结构美观大方，安装接线方便牢靠。当人工确认发生火灾后，按下按片，即可向控制器发出报警信号，控制器接收到报警信号后，将显示其的编码信息与安装信息并发出报警声响。

J-SAB-F-TX6142 型手动火灾报警按钮主要技术指标如下：

（1）工作电压：DC 12~28V。

（2）静态电流：≤0mA。

（3）报警电流：≤30mA。

（4）线制：与控制器采用无极性信号二总线连接，与多线制电话主机采用电话二总线连接。

（5）使用环境：温度-10℃～55℃；相对湿度≤95%，不结露。

J-SAB-F-TX6142 型手动火灾报警按钮外形如图 2-1-4 所示。

图 2-1-4　J-SAB-F-TX6142 型手动火灾报警按钮外形示意图

J-SAB-F-TX6142 型手动火灾报警按钮外形尺寸如图 2-1-5 所示。

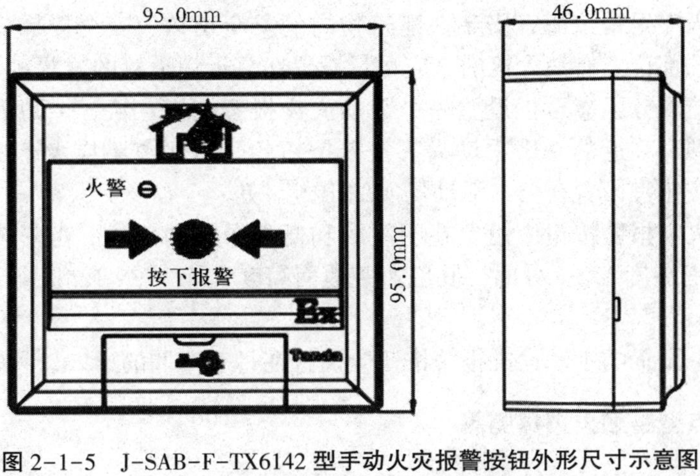

图 2-1-5　J-SAB-F-TX6142 型手动火灾报警按钮外形尺寸示意图

J-SAB-F-TX6142 型手动火灾报警按钮对外端子如图 2-1-6 所示。

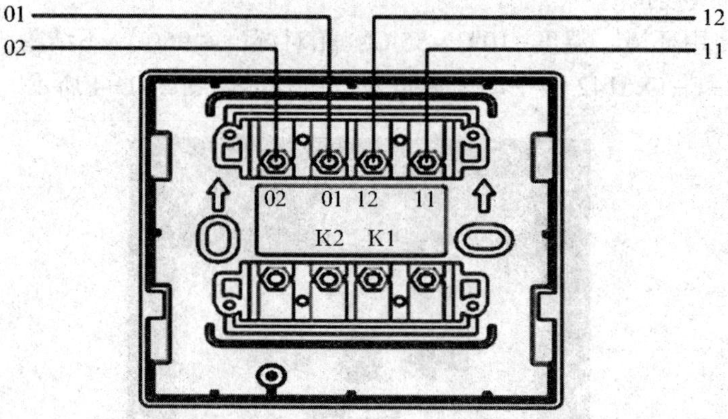

图 2-1-6　J-SAB-F-TX6142 型手动火灾报警按钮对外端子示意图

在图 2-1-6 中，I1、I2：电源输入端子，无极性。O1、O2：级联到下一设备（无极性）或接 5.1KΩ 终端电阻。K1、K2：常开信号输出端子（额定容量 30V/0.1A）。

（三）手动火灾报警按钮的设置要求

手动火灾报警按钮需采用相配套的预埋盒安装。编码型手动火灾报警按钮可以与探测器设计安装在同一总线回路中。

手动火灾报警按钮宜安装在建筑物内的安全出口、安全楼梯口等便于接近和操作的部位。有消火栓的，应尽量设置在靠近消火栓的位置。

每个防火分区应至少设置一个手动火灾报警按钮。从一个防火分区内的任何位置到最临近的一个手动火灾报警按钮的步行距离不应大于 30m。手动火灾报警按钮宜设置在公共活动场所的出入口处。

手动火灾报警按钮应设置在明显的和便于操作的部位。当安装在墙上距楼（地）面高度 1.5m 处时，其底边距地面高度宜为 1.3~1.5m，且应有明显的标志。

列车上设置的手动火灾报警按钮应设置在每节车厢的出入口和中间部位。

二、点型感烟火灾探测器

（一）离子感烟火灾探测器的结构与原理

离子感烟火灾探测器是应用烟雾粒子改变电离室电离电流原理的感烟火灾探测器。电离电流形成示意如图 2-2-7 所示。

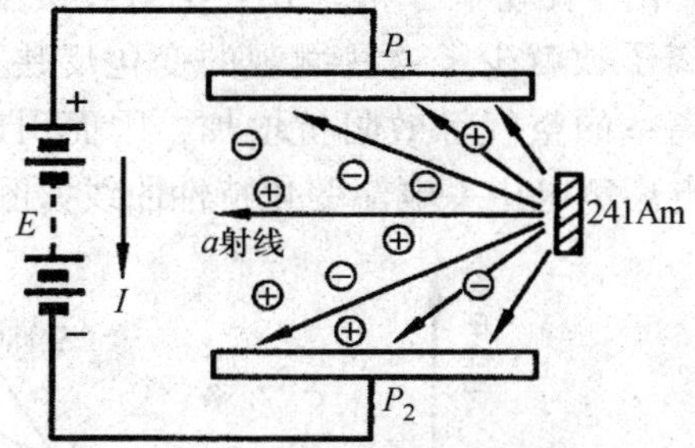

图 2-1-7 电离电流形成示意图

在图 2-1-7 中，P_1 和 P_2 是两个相对的电极板。在电极板之间放有 α 放射源镅-241，由于它持续不断地放射出 α 粒子，α 粒子以高速运动撞击空气分子，从而使电极板间空气分子电离为正离子和负离子（电子），这样，电极板之间原来不导电的空气具有了导电性，实现这个过程的装置称为电离室。

如果在电极板 P_1 和 P_2 间加上电压 V，电极板间原来做杂乱无章运动的正负离子，此时在电场作用下做有规则的运动。正离子向负极运动，负离子向正极运动，从而形成了电离电流 I。施加的电压 V 越高，则电离电流越大。当电离电流增加到一定值时，外加电压再增高，电离电流也不会增加，此电流称为饱和电流 Is，如图 2-1-8 所示。

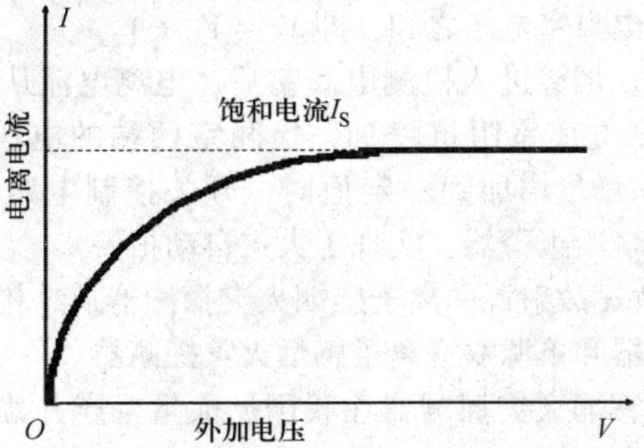

图 2-1-8 电离电流与电压的关系

为了防止环境对电离室工作稳定性的影响，在实际应用中，电离室通常制造成两个，即一个检测电离室和一个补偿（参考）电离室。补偿电离室内始终不能进入烟尘。

当火灾发生时，烟雾粒子进入检测电离室后，被电离的部分正离子和负离子被吸附到烟雾粒子上去。因此，离子在电场中运动速度降低，而且在运动过程中正离子和负离子互相中和的概率增加，这样就使到达电极板的有效离子数更少了。另外，由于烟雾粒子的作用，α射线被阻挡，电离能力降低，电离室内产生的正负离子数就少。这些微观的变化反映在宏观上，电离电流减少，相当于检测电离室的空气等效阻抗增加，因而引起施加在两电离室两端分压比的变化。两电离室电压—电流变化特性曲线如图 2-1-9 所示。

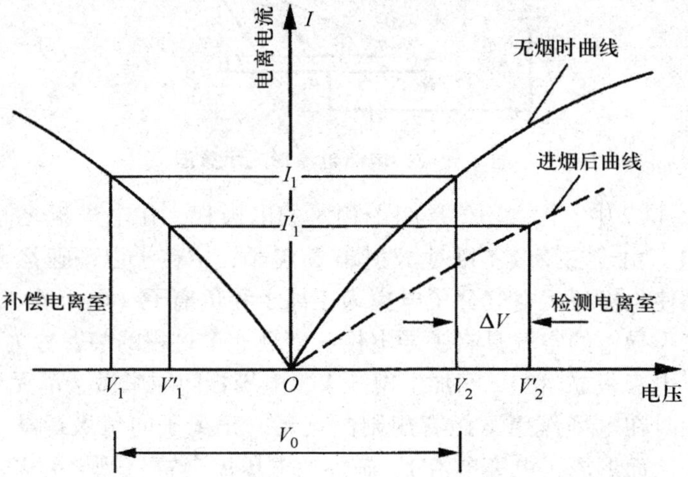

图 2-1-9 检测电离室与补偿电离室的电压—电流变化特性曲线

从图 2-1-9 的曲线可知，在正常情况下，探测器两端的外加电压 V_0，即回路电压，等于两电离室电压之和，即 $V_0 = V_1 + V_2$。

当火灾发生时，烟雾进入检测电离室后，电离电流从正常状态的 I_1 减小到 I'_1，相当于检测电离室阻抗增加，检测室两端的电压从 V_2 增加到 V'_2，$\triangle V=V'_2-V_2$，当该增量增加到一定值时，开关控制电路动作，发出报警信号。此报警信号传输给报警器，实现了火灾自动报警。

利用镅-241 做α放射源的离子感烟火灾探测器从结构上分，有双源双室离子感烟火灾探测器和单源双室离子感烟火灾探测器。

双源双室离子感烟火灾探测器在我国已大量生产并普遍应用。近几年国外有些著名生产厂商已不再生产双源双室离子感烟火灾探测器，而以单源双室离子感烟火灾探测器取而代之，国内也有不少厂家研制生产单源双室感烟火灾探测器。单源式离子感烟火灾探测器与双源式离子感烟火灾探测器工作原理基本相同，但结构形式则完全不同。它是利用一个放射源在同一平面（也有的不在同一平面）形成两个电离室，即单源双室。检测电离室与补偿电离室的比例相差很大，其中几何尺寸也不大相同。两室基本是敞开的，气流是互通的，检测电离室直接与大气相通，而补偿电离室则通过检测电离室间接与大气相通。图 2-1-10 为单源双室离子感烟火灾探测器的结构示意图。

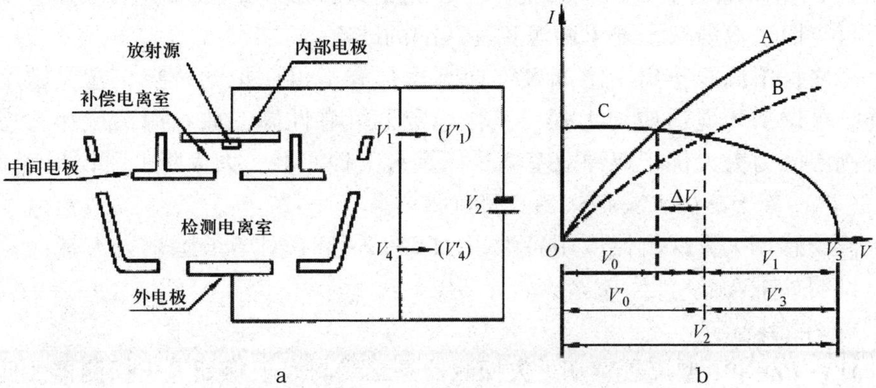

图 2-1-10　单源双室离子感烟火灾探测器的结构示意图

从图 2-1-10 可知，检测电离室与补偿电离室共有一个放射源，补偿电离室包含在检测电离室之中，补偿电离室小，检测电离室大。检测电离室的 α 射线是通过中间电极中的一个小孔放射出来的。由于这部分 α 射线的作用，使检测电离室中的空气部分被电离，形成空间电荷区。因为放射源的活度是一定的，中间电极的小孔面积是一定的，从小孔中放射出的 α 粒子也是一定的，在正常情况下，它不受环境影响，因此，电离室的电离平衡是稳定的，可以确定地进行烟雾量的检测。

单源双室离子感烟火灾探测器与双源双室离子感烟火灾探测器比较而言，其优点是明显的：

1. 由于两电离室同处在一个相通的空间，只要两个电离室的比例设计合理，便既能保证对早期火灾产生的烟雾顺利进行检测并迅速报警，又能保证在环境变化时两电离室同时变化。因此它工作稳定，环境适应能力强。不仅能适应环境因素（温度、湿度、气压和气流）的慢变化，也对快变化有更好的适应性，提高了抗湿热性能。

2. 增强了抗灰尘、抗污染的能力。当灰尘轻微地层积在放射源的有效源面上，导致放射源发射的 α 粒子的能量和强度明显变化时，会引起工作电流变化，补偿电离室和检测电离室的电流均会变化，从而检测电离室分压的变化不明显。

3. 一般双源双室离子感烟火灾探测器是通过改变电阻的方式实现灵敏度调节的，而单源双室离子感烟火灾探测器是通过改变放射源的位置来改变电离室的空间电荷分布的，也即源极和中间的距离连续可调，以比较方便地改变检测电离室的静态分压，实现灵敏度调节。这种灵敏度调节连续且简单，有利于探测器响应阈值一致性的调整。

4. 因为单源双室只需一个更弱的 α 放射线，故比双源双室的源强减少一半，且克服了双源双室要求两源相互匹配的缺点。

总之，单源双室离子感烟火灾探测器具有不可比拟的优点，它灵敏度高且连续可调，环境适应能力强，工作稳定，可靠性高，放射源活度小，特别是抗潮湿能力大大优于双源双室离子感烟火灾探测器，大大降低了误报率。

（二）离子感烟火灾探测器应用特性

离子感烟火灾探测器应用特性以 JTY-LZ-881 型离子感烟火灾探测器为例，说明如下：

1. 性能特点。

JTY-LZ-881 型离子感烟火灾探测器是二线制离子感烟火灾探测器。此类探测器设计为对开放式区域提供保护且须与相兼容的控制器配套使用。该探测器处于正常的监控状态时，发光二极管（LED）不亮。探测器处于报警状态时，发光二极管（LED）锁定亮。

2. 主要技术指标。

（1）工作电压：DC 15~35V。

（2）静态电流：≤50μA。

（3）报警电流：最小 2mA/DC 3.1V，最大 80mA/DC 65V。

静态时探测器可工作在 8.5~35V 电压范围内。报警时将其两端的电压钳位置于 3.1~6.5V 之间。至于电流的大小则取决于控制器的限流情况。不允许直接用 DC 24V 供电，否则探测器会因无限流电阻而烧坏。

（4）使用环境：温度-10℃~50℃；相对湿度≤95%，不结露。

（5）外形尺寸：直径 102mm，高 55mm。

3. 安装与布线。

JTY-LZ-881 型离子感烟火灾探测器安装方式如图 2-1-11 所示。

探测器必须按照所选定的底座进行安装及接线，以便可直接装入孔距为 60mm 的预埋盒。为了确保报警系统以最佳状态运行，所有导线应布于单独接地的导管中，在报警系统布线用的导管中不允许混入其他导线。最好采用双绞线进一步消除外部电子干扰。

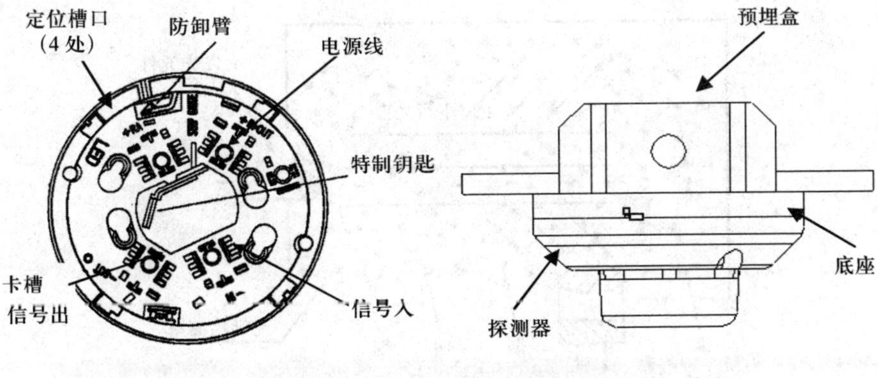

图 2-1-11 JTY-LZ-881 型离子感烟探测器安装示意图

（三）光电感烟火灾探测器的结构与原理

当前，应用先进电子技术的光电感烟火灾探测器以其无放射源、低成本、高可靠性等特点逐渐取代离子感烟火灾探测器。

光电感烟火灾探测器是基于烟雾粒子对光线产生散射、吸收（或遮挡）原理的感烟火灾探测器。依据结构原理不同分为减光（或遮光）式光电感烟火灾探测器和散射光式光电感烟火灾探测器。减光式光电感烟火灾探测器应用较少。现在国内外生产和应用的大多数为散射光式光电感烟火灾探测器。

散射光式光电感烟火灾探测器基于光散射的原理。在不受外界光线影响但烟雾可以进出的光学检测室中装有发光元件和受光元件，在这两者之间加了遮光部件，或者通过两元件之间的角度设置避免受光部件直接接收发光部件发出的光线。无烟雾粒子进入光学检测室时，受光元件接收不到发光元件发出的光，因此不产生光电流，电路处在监视工作状态。当有烟雾粒子进入光学检测室时，发光元件发射的光在烟雾粒子的表面发生散射，散射光被受光元件所接收，使受光元件阻抗发生变化，产生光电流，从而实现了将烟雾信号转变为电信号的功能。散射光式光电感烟火灾探测器原理如图 2-1-12 所示。

根据发光元件和受光元件相对位置的不同，又可将散射光式光电感烟火灾探测器分为前向散射型光电感烟火灾探测器和后向散射型光电感烟火灾探测器两种。这两种类型的光电感烟火灾探测器区别在于发光元件和受光元件之间形成的散射角不同。

所谓散射角就是光学检测室中的发光元件光路和受光元件光路之间的角度，散射角是散射型光电感烟火灾探测器设计的重要参数，主要决定着探测的粒谱特性。散射角如图 2-1-13 所示。

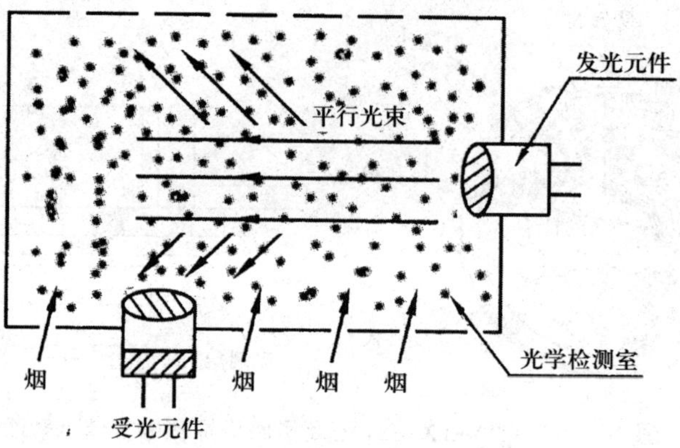

图 2-1-12 散射光式光电感烟火灾探测器原理示意图

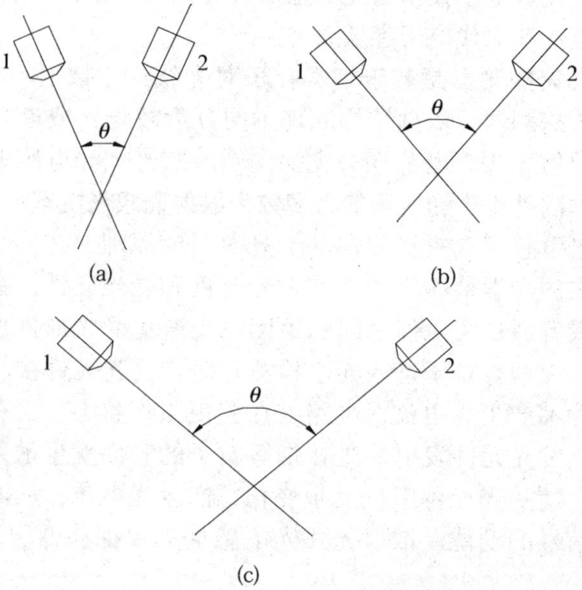

图 2-1-13 散射角示意图

前向散射：前向散射是指散射角大于 90°的探测方法。研究表明，散射角在 120°~145°之间时，可以得到对广谱的粒谱特性且散射强度较高的散射光，散射角为 135°时，效果最理想。

后向散射：后向散射是指散射角小于 90°的探测方法。后向散射只利用烟雾粒子表面的反射光作为烟雾探测的依据，这种反射光的强弱与粒子的颜色、大小关系不大。

前、后向散射比较：前向散射主要利用了穿透粒子内部的光再释放，这主要取决于粒子对光能的吸收作用。白色颗粒几乎不吸收任何光能，并主要沿着前进的方向进行释放；黑色颗粒则大量吸收光能，使得沿前进方向几乎得不到光线。对于极小粒径的颗粒由于进入粒子的光能较小，故前向散射的光能不断随粒径减小而减小，更多的光能只沿原方向前进。因此，前向散射对黑色、小粒径的烟雾不敏感。由于 EN 54-7 标准中 TF4、TF5 两种火的烟雾颗粒颜色为黑色、粒径较小，故前向散射原理的感烟火灾探测器很难响应。而后向散射由于主要是反射作用，所以后向散射光强度对烟雾粒子颜色和粒径不敏感，因此对白色和黑色烟雾的响应一致性较好。但后向散射的信号较弱，导致迷宫内遮光部件及电路设计复杂，成本较高。前向散射和后向散射光特性如图 2-1-14 所示。

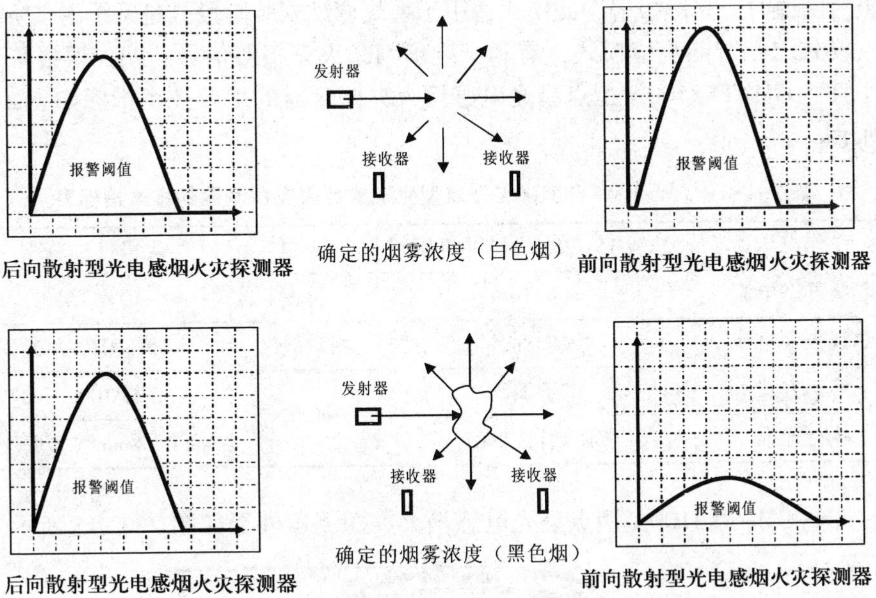

图 2-1-14 前向、后向散射光特性示意图

现在绝大多数厂家生产的光电感烟火灾探测器均采用前向散射原理。应用这种原理的火灾探测器对黑烟不敏感，不能很好地响应 EN 54-7 标准中 TF4、TF5 两种火。

为了解决这一问题，一些厂家采用后向散射型迷宫或前后向散射复合型迷宫作为光电感烟火灾探测器的传感部件。实验表明，这种类型的光电感烟火灾探测器能够很好地响应 EN 54-7 标准中的 TF1、TF4、TF5、TF6 四种试验火，基本解决了前向散射型光电感烟火灾探测器的不足。

（四）智能光电感烟火灾探测器的实践特性

以 JTY-GM-TX3100A 型点型光电感烟火灾探测器和 ESSER—O^2T 智能探测器为例，对在实际应用中的智能光电感烟火灾探测器的实践特性说明如下。

JTY-GM-TX3100A 型点型光电感烟火灾探测器是采用散射原理研制而成的智能光电感烟火灾探测器。采用电子编码，具有溢水孔防水设计，指示灯 360 度可见，结构牢固，高空跌落无损坏。对于在一定程度上因为外部环境（湿度、温度、灰尘、静电等）因素的变化而引起的性能漂移，可自动进行补偿，提高了感烟探测器的可靠性。适用于宾馆、饭店、机房、银行、仓库、商场、博物馆、图书馆、办公楼等场所。

TX3100A 具有两种响应模式（通常称其为算法）：

模式一：快速响应模式，在此模式下，当连续三次以上检测到烟的浓度超过报警阈值时，立即报警，此模式适用于系统调试安装阶段或是系统测试阶段；

模式二：智能响应模式，有利于准确判断火灾报警信号，减少误报警。

JTY-GM-TX3100A 型点型光电感烟火灾探测器的主要技术指标如表 2-1-1 所示。

表 2-1-1 JTY-GM-TX3100A 型点型光电感烟火灾探测器的技术指标表

工作电压	总线 15~28V（脉冲电压）	线制	无极性二总线
总线静态电流	≤0.3mA	温度	-10℃~55℃
总线报警电流	≤2.8mA	相对湿度	≤95%RH，不凝露
编码方式	电子编码	外形尺寸	直径 100.0mm
执行标准	GB 4715-2005		高 55.8mm（含底座）

JTY-GM-TX3100A 型点型光电感烟火灾探测器外形如图 2-1-15 所示。

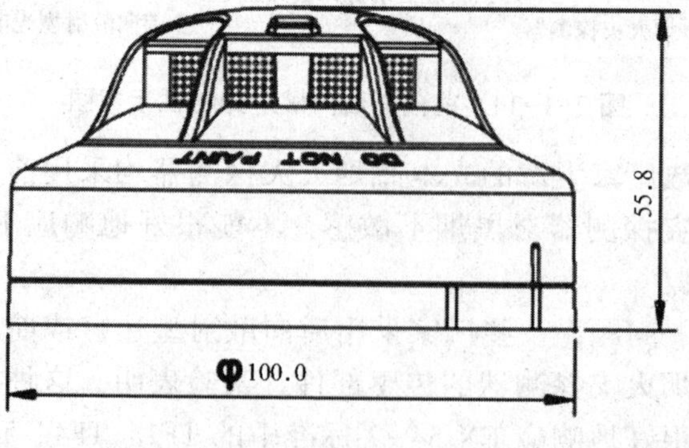

图 2-1-15 JTY-GM-TX3100A 型点型光电感烟火灾探测器外形示意图

JTY-GM-TX3100A 型点型光电感烟火灾探测器安装如图 2-1-16 所示。

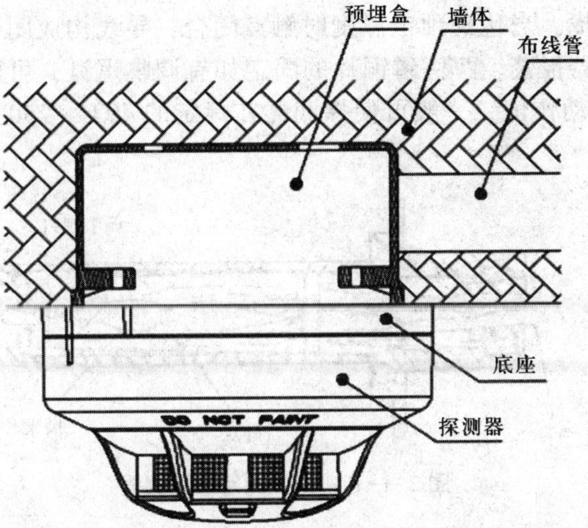

图 2-1-16　JTY-GM-TX3100A 型点型光电感烟火灾探测器安装示意图

三、点型感温火灾探测器

点型感温火灾探测器是世界上相对出现早、使用面广、品种多、价格低的一种火灾探测器。其结构简单，配用电子线路少，与感烟及其他类型探测器相比，其可靠性高但灵敏度略低。

物质在燃烧过程中释放出大量的热，使环境温度升高，感温火灾探测器中的热敏元件发生物理变化，从而将温度信号转变为电信号传输给火灾报警控制器，发出火灾报警信号。

感温火灾探测器按其传感器的机械结构不同可分为电子式和机械式两类；而每一类按其传感器的响应特性不同又可分为定温探测器、差温探测器和差定温探测器。

（一）点型定温火灾探测器的结构原理

点型定温火灾探测器是当环境温度达到或超过预设定的温度时，发出报警动作信号的感温火灾探测器。常见的定温火灾探测器有双金属型定温探测器、易熔金属型定温探测器和电子定温探测器。

1. 双金属型定温探测器。

双金属型定温探测器的制造型式有两种。

（1）如图 2-1-17 所示，在一个不锈钢的圆形外壳上固定两块磷铜合金片，磷铜片两边有绝缘套，在中段部位则另固定一对金属触点，各有导线引出。由于不锈钢外壳的热膨胀大于磷铜片，所以受热后磷铜片被拉伸，从而使两个触点靠拢，当达到预定温度时触点闭合，导线构成闭合回路，便能输出信号给报警器报警。两块磷铜片的固定如有调整螺钉，可以调整它们之间的距离以改变动作值，一般可使探测器在标定的 40℃ ~ 250℃ 的范围内进行调整。

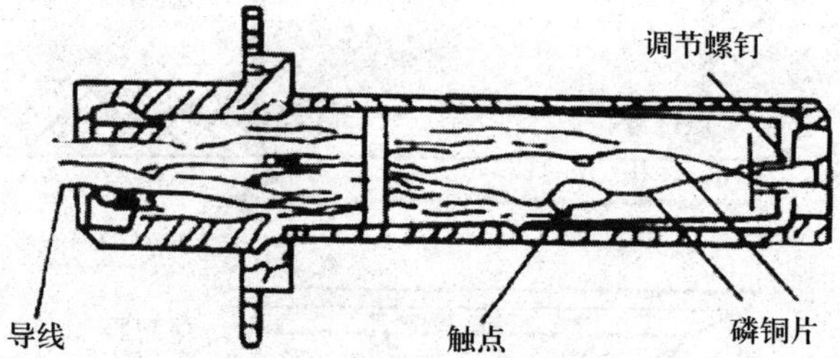

图 2-1-17　双金属定温探测器

（2）如图 2-1-18 所示，由膨胀系数不同的双金属片和固定触点组成。当环境温度升高到一定值时，双金属片向上弯曲，使触点闭合，输出信号给报警控制器。

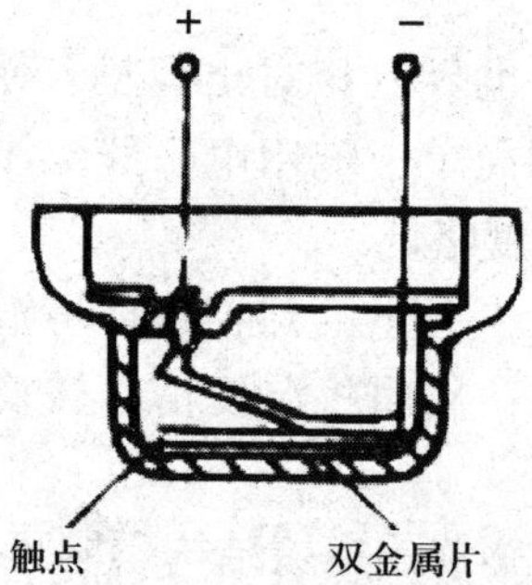

图 2-1-18　双金属片定温探测器

2. 易熔金属型定温探测器。

易熔金属型定温探测器的构造如图 2-1-19 所示。

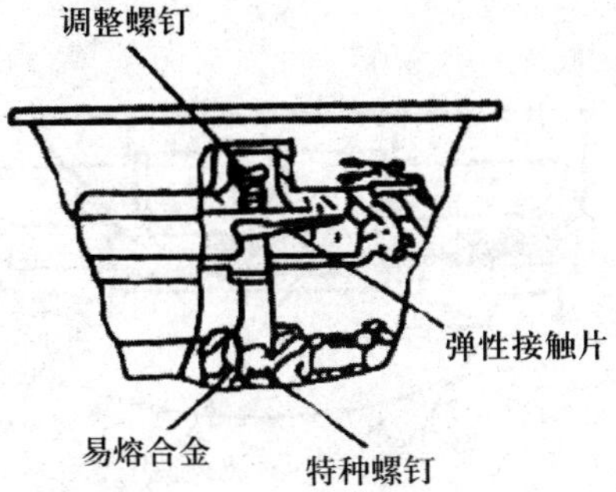

图 2-1-19　易熔金属型定温探测器

在探测器下端的吸热罩中间焊有一块易熔合金（熔点为 70℃～90℃），并与特种螺钉之间焊有一弹性接触片及固定触点，平时它们互不接触，如遇到火灾，当温度升至标定值时，易熔合金熔化脱落，顶杆借助弹簧的弹力弹起，使弹性接触片与固定触点相碰通电而发出报警信号。这种探测器的特点是：牢固可靠，结构简单，很少有误动作。

3. 电子定温探测器。

电子定温探测器的结构如图 2-1-20 所示。

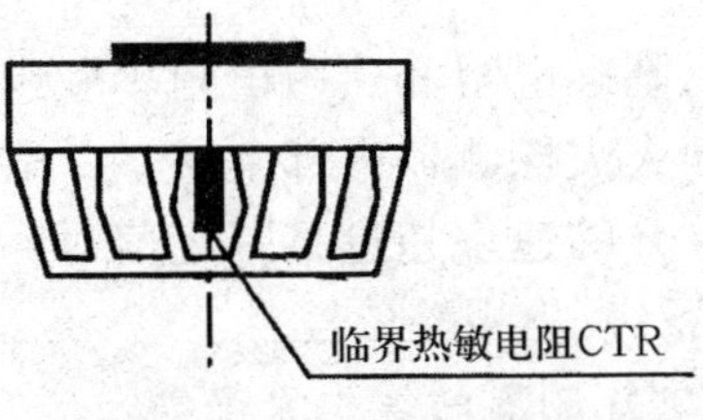

图 2-1-20　电子定温探测器结构图

电子定温探测器采用临界热敏电阻 CTR 作为传感器件，这种热敏电阻在室温下具有极高的阻值（可以达到 1MΩ 以上），随着环境温度的升高，阻值会缓慢地下降，当达到预定的温度时，临界电阻的阻值会迅速减至几十欧姆，使得信号电流迅速增大，探测器向报警控制器发出报警信号。

（二）点型差温火灾探测器的结构原理

点型差温火灾探测器是当环境温度变化达到规定的升温速率以上即动作的感温火灾探测器。常见的有膜盒差温探测器和电子差温探测器。

1. 膜盒差温探测器。

膜盒差温探测器是以膜盒为敏感元件的探测器，属于机械式的一种。它由感热室、气塞螺钉、波纹膜片、确认灯及触点组成，其结构如图 2-1-21 所示。

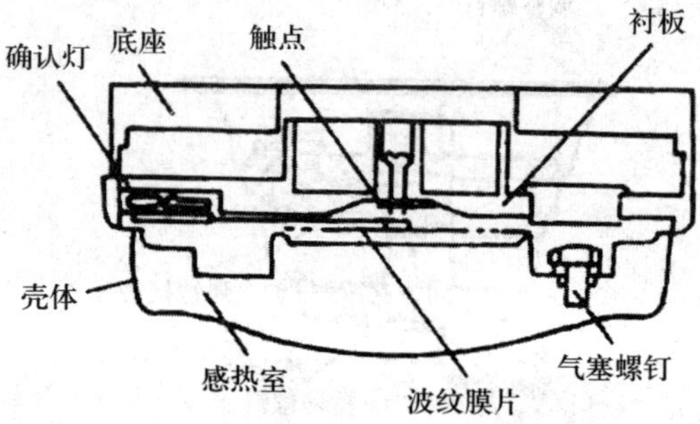

图 2-1-21　膜盒差温探测器结构示意图

感热室是由壳体、衬板、波纹膜片和气塞螺钉形成的密闭气室。室内空气只能通过气塞螺钉泄漏孔与大气相通。当环境温度缓慢变化时，气室内外的空气可通过泄漏孔进行调节，使内外压力保持平衡。如遇火灾发生时，环境温度升高的速率很快，气室内外空气由于急剧受热而膨胀，来不及从泄漏孔外逸，致使气室内压力增高，将波纹膜片鼓起与中心接线柱相碰，于是接触了电触点，从而发出火灾报警信号。这种探测器具有灵敏度高、可靠性好、不受气候变化影响的特点，因而应用非常广泛。

2. 电子差温探测器。

电子差温探测器是由基准电阻和热敏电阻串联组成的感应器件。基准电阻和热敏电阻相当于感烟火灾探测器内部电离室，前部的阻值随环境温度缓慢变化，当探测区温度上升的速率超过某一定值时，电阻交接点对地的电压超过阈值的部分经处理后，发出报警信号。

（三）*点型差定温火灾探测器的结构原理*

在一个壳体内兼有差温、定温两种功能的感温火灾探测器称为差定温火灾探测器。将差温和定温火灾探测器有机组合的差定温火灾探测器是一种常用的复合型火灾探测器。差定温火灾探测器按其差温和定温的复合方式不同，有膜盒—双金属型差定温探测器、无膜盒—易熔金属型差定温探测器和电子差定温探测器。

目前，电子差定温火灾探测器被广泛应用，而且除特殊场所要求必须使用定温或差温火灾探测器外，绝大多数场所都使用差定温火灾探测器。为此，此处主要介绍电子差定温火灾探测器，其结构原理如图 2-1-22 所示。

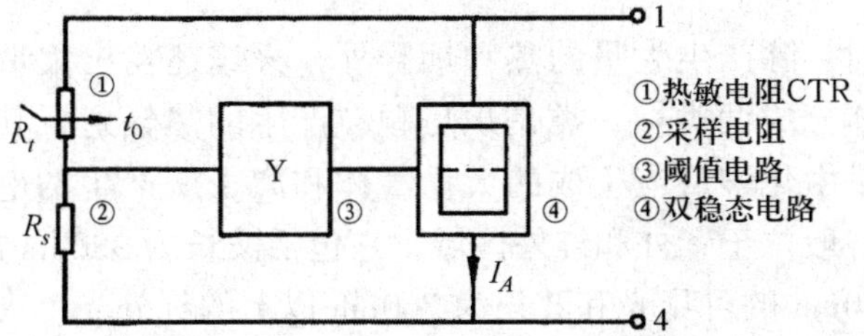

图 2-1-22　电子差定温火灾探测器原理

电子差定温火灾探测器通常利用热敏电阻做热元件。它是利用热敏电阻随温度变化其阻值变化的特性使电路导通，从而实现差温和定温功能的。大部分电子差定温火灾探测器都采用两只负温度系数热敏电阻，一只作采样用，一只用作补偿。当外界温度缓慢变化时，补偿起主要作用，对外表现为定温特性。当外界温度变化迅速时，采样电阻反应迅速，而补偿电阻则反应迟钝，对外表现为差温特性。

目前，国内市场上常见的产品为点型差定温感温火灾探测器。这类产品可设置为定温、差温、差定温模式，而且还可以设定不同的灵敏度等级。这种探测器不仅设置灵活，而且由于其具有独立智能，所以工作可靠、误报率低。下面以在实际工程中常用的 JTW-ZDM-TX3110A 型点型差定温感温火灾探测器为例，简要介绍其性能如下：

JTW-ZDM-TX3110A 型点型差定温感温火灾探测器为无极性二总线制，采用高灵敏度热敏元件，提高了感温探测器对温度变化的响应速度，采用软硬件滤波，提高了感温探测器的抗干扰能力。地址编码由电子编码器直接写入，工程调试简便可靠。JTW-ZDM-TX3110A 型点型差定温感温火灾探测器特性如下所示：

1. 工作电压：15V～28V 脉冲电压。
2. 静态电流：≤0. 3mA。
3. 报警电流：≤2. 8mA。
4. 报警确认灯：红色，巡检时闪烁，报警时常亮。
5. 使用环境：温度-10℃～50℃；相对湿度≤95%，不凝露。
6. 编码方式：电子编码。
7. 外形尺寸：Φ100mm×52. 7mm。

四、点型火焰探测器

火焰探测器即感光火灾探测器。根据火焰辐射光谱所在的区域，火焰探测器有红外火焰探测器和紫外火焰探测器，或称为红外光辐射探测器和紫外光辐射探测器。

物质燃烧时，除产生大量的热和烟雾外，火焰还发出大量的光辐射。火焰的光辐射大体分成两类：一类是炽热颗粒产生的热辐射，其光谱特征是连续的；另一类是由化学反应生成的大量气体和离子所产生的电磁辐射，其光谱是间断的，一般位于紫外和红外区域，它包括波长为380nm以下的紫外光、波长为380~760nm的可见光和波长为760nm以上的红外光。火焰探测器（或称感光火灾探测器）就是响应火灾发出的电磁辐射的火灾探测器。因为电磁辐射的传播速度极快，因此这类探测器对快速发生的火灾（化工、轻金属、炸药火灾等）或爆炸能够及时响应，是对这类火灾早期通报火警的理想探测器。火焰探测器较感烟火灾探测器或感温火灾探测器的探测距离和保护面积更大。

（一）红外火焰探测器

响应波长大于760nm辐射能通量的火焰探测器称为红外火焰探测器。点型红外火焰探测器基本上包括一个过滤装置和透镜系统，用来筛除不需要的波长，而将收进来的光能聚集在对红外光敏感的光电管或光敏电阻、硫化铅红外光敏元件、热释电元件等传感器上。红外光谱的波长较长，烟粒对其吸收使其衰减的程度远比对波长较短的紫外光及可见光弱。因此，虽然火场存在大量的烟雾，但在距火焰一定距离内仍可以使红外敏感元件感应，这是红外火焰探测器独特的优点。它可以用来监视易燃区域火灾的发生，又可以被消防队员利用在能见度很差的烟雾中确定火源地点，以及时准确扑灭火灾。

点型红外火焰探测器可分为：单波段（单通道）红外火焰探测器和多波段（双通道或三通道等）红外火焰探测器。我们习惯上将只对一个固定波段红外光辐射响应的感光火灾探测器叫作单波段红外火焰探测器，对多个固定波段红外光辐射响应的感光火灾探测器叫作多波段红外火焰探测器。

1. 单波段红外火焰探测器的特点。

（1）对大多数含碳氢化合物的火灾响应较好；

（2）对电弧焊不敏感；

（3）抗烟雾及其他许多污染能力强。

2. 多波段红外火焰探测器的特点。

（1）对大多数含碳氢化合物的火灾响应较好；

（2）对电弧焊不敏感；

（3）能够透过烟雾和其他许多污染；

（4）日光盲；

（5）对一般的电力照明、人工光源和电弧不响应；

（6）其他形式辐射的响应度低；

（7）对稳定的或经调制的黑体辐射不敏感，误报率较低。

3. 红外火焰探测器安装注意事项。

（1）探测器应安装在能对火灾危险区域各部分提供清晰"视线"的位置，探测器的有效探测范围内不应有障碍物。

（2）探测器的安装应使探测器有最大的直接"视线"。在锯齿形顶棚或有梁顶棚上安装时，安装位置应选在最高处的下面，能提供给探测器最大的视场角。

（3）为充分发挥探测器的有效探测能力，探测器宜安装在顶棚桁架、支撑物、墙壁或墙角的适当位置，并牢靠固定。

（4）探测器安装时，应避免使阳光或灯光直射或反射到探测器上。如所选位置无法避开反射来的红外光时，应采取防护措施，对反射光源加以遮挡，以免引起误报。

（5）探测器安装间距要适当，防止出现探测死角。其安装间距应小于安装高度的2倍。

4. JTGB-UF-C35点型红外火焰探测器。

JTGB-UF-C35探测器采用火焰多光谱信号采集方式/全频波分析技术，避免了传统探测器易受干扰的弱点。采用斜率递增信号检测技术（PAM）对探测环境进行监测，提高了探测器的稳定性及持续使用性。保证了探测器在尽量降低误报的同时，快速完成火焰识别检测火情的能力。

适用于各类油库、酒库、飞机库、化工设备场所、军事设备场所、液化气站、电站等火灾萌发时无阴燃阶段或较少阴燃阶段，而以直接产生明火为主的场所。具有较高的抗干扰能力，不受风雨、高温、高湿及自然人工光源等影响，可良好工作于室内或室外环境。

探测器采用六线制连接方式（两根电源线，两根火警触点线，两根故障触点线），报警时火警触点由常开变为常闭，报故障时故障触点由常闭变为常开，可与任意厂家的火灾报警系统连接。

JTGB-UF-C35点型红外火焰探测器的技术指标如下：

（1）防护等级：IP66。

（2）防爆标志：Exd Ⅱ CT6/DIP A20 TA，T6。

（3）工作电压：DC 10~35V。

（4）工作电流：25mA±3mA；报警电流：35mA±5mA。

（5）指示灯：正常时闪亮，报警时常亮。

（6）环境温度：-35℃~85℃；环境湿度：≤98%RH（45℃±2℃）。

（7）外形尺寸（含安装支架）：233mm×145mm×147mm（长×宽×高）。

（二）紫外火焰探测器

响应波长短于380nm辐射能通量的火焰探测器称作紫外火焰探测器。

紫外火焰探测器是通过探测物质燃烧所产生的紫外线来探测火灾的，适用于火灾发生时易产生明火的场所，对发生火灾时有强烈的火焰辐射或无阴燃阶段的火灾以及需要对火焰作出快速反应的场所均可采用本探测器。紫外火焰探测器的传感器采用进口紫外光敏管，具有灵敏、可靠，抗粉尘污染、抗潮湿及抗腐蚀性气体等优点。

1. 紫外火焰探测器结构原理。

图2-1-23所示为一种典型的紫外火焰探测器结构原理示意图。

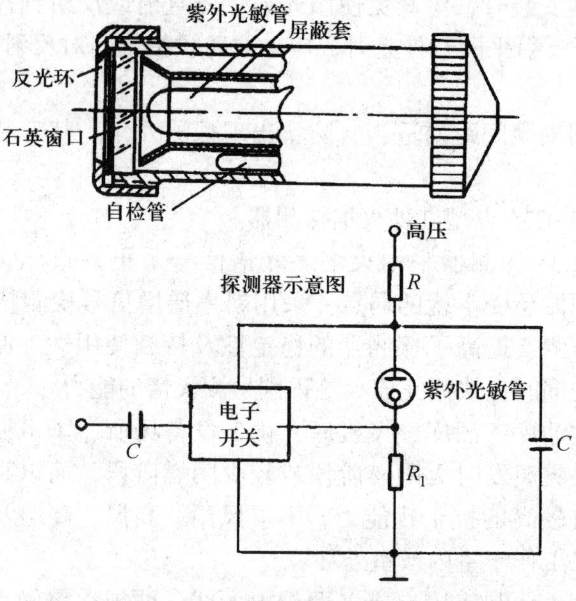

图2-1-23　紫外火焰探测器结构原理示意图

紫外光敏管是紫外火焰探测器的敏感元件，它的两个电极接到电压较高（200~1000V）的电源上形成一个强电场，火灾发生时，紫外光射入光敏管，产生电离作用，光电子即受到电场的作用而加速运动，由于管内充有一定的惰性气体，当光电子与气体分子碰撞时，惰性气体分子就电离成为正离子和电子，这些正离子和电子在强电场的作用下又被加速运动，从而引起更多的分子电离，最后形成雪崩放电，使光敏管的内电阻变小，导电电流增加，光敏管由截止状态变成导通状态，从而使电子开关导通，光敏管工作电压降低。当降低到触发电压以下时，光敏管停止放电，使导电电流减少，从而使电子开关断开，此时电源电压通过 RC 电路充电，又使光敏管的工作电压升高到触发电压以上，于是周而复始上述过程，就产生了一串脉冲。脉冲的频率与紫外线强度成正比，同时还与电路参数有关。

2. 紫外火焰探测器的特点。

（1）对绝大多数燃烧物质的火焰能够响应，但响应的快慢有所不同，最快响应可达 12ms，可用于易爆等特殊场合；

（2）不要求考虑火焰闪烁效应；

（3）在达 125 ℃ 高温的场合下，可采用特种形式的紫外探测器；

（4）对固定的或移动的黑体热源的反应不灵敏，对绝大多数人工照明辐射不响应，可带自检机构，某些类型探测器可进行现场调整，调整探测器的灵敏度和响应时间，具有较大的灵活性；

（5）对电焊弧产生的电弧极敏感，透镜上沉积的油污会降低响应火灾的能力，某些蒸气，较典型的是非饱和键的水蒸气，可能使得火灾信号衰减，烟雾会使火灾信号减弱；

（6）当探测器受其他形式的辐射时（如 X 射线、γ 射线等非破坏性试验设备的干扰及闪电作用等）也可能产生误报。

3. 紫外火焰探测器安装要求。

（1）探测器的安装位置应处于其被监视部位的视角范围以内。

（2）探测器不宜安装在可能产生火焰区域的正上部。

（3）探测器应安装在墙上或其他支撑物上，并牢靠固定。安装在潮湿场所应注意密封，并尽可能避免雨淋，防止受潮。

（4）探测器的安装数量要适当，防止死角。

（5）在下列情形的场所，不宜使用紫外火焰探测器：

①可能发生无焰火灾的场所。

②在火焰出现前有浓烟扩散的场所。

③探测器的镜头易被污染的场所。

④探测器的“视线”易被遮挡物遮挡的场所。

⑤探测器易受阳光或其他光源直接或间接照射的场所。

⑥在正常情况下有明火作业以及 X 射线、弧光等影响的场所；在探测器安装区域及临近区域内，不得进行电焊操作，也不允许安装产生大量紫外线的碘钨灯等照明设备，以免引起误报。

4. JTG-ZF-C34 型点型紫外火焰探测器主要技术指标。

（1）工作电压：DC 20~35V。

（2）工作电流：18mA±5mA；报警电流：32mA±5mA。

（3）火灾响应时间：0.5~10s。

（4）监测角度：≤100°。

（5）探测距离：25m（0.11m^2正庚烷火）。

（6）报警确认灯：红色，巡检时闪烁，报警时常亮。

（7）使用环境温度：−35℃~85℃；环境湿度：≤98%RH（45℃±2℃）。

（8）外形尺寸：147mm×145mm×233mm（长×宽×高）。

五、线型火灾探测器

线型火灾探测器是相对于点型火灾探测器而言的。所谓线型火灾探测器，是感知某一连续线路附近火灾产生的物理或化学现象的火灾探测器。因此，线型火灾探测器也可以分为感烟、感温或感光探测器。但在工程实践中，成型产品主要有线型红外光束感烟火灾探测器、缆式线型定温火灾探测器和空气管线型差温火灾探测器。另外，最近几年发展起来的光纤感温、管路采样式吸气感烟及住宅建筑自动报警系统等，将在第五章中介绍。

（一）线型感烟火灾探测器

线型感烟火灾探测器是对警戒范围中某一线路周围的烟参数予以响应的火灾探测器。它的特点是监视范围广、保护面积大、使用环境要求低等。它又可分为激光线型和红外线型两种类型。从成本、功耗和实用角度考虑，目前广泛使用红外线型火灾探测器。

1. 红外线型火灾探测器的结构原理。

红外线型火灾探测器又称线型红外光束感烟火灾探测器，是基于烟雾粒子吸收或散射红外光使红外光束强度发生变化的原理而工作的。它的工作原理与遮光型光电感烟火灾探测器类似，只是烟不必进入点型光电感烟火灾探测器的采样室中，在保护空间任何地点上的烟都可能使红外光束衰减。光束发射器和接收器分别为两个独立的部分，不再有光敏室，光路暴露在监测空间中，并加长许多倍。在测量区内无烟时，发射器发出的红外光束被接收器接收到，这时的系统调整在正常监视状态。如果有烟雾扩散到测量区，对红外光束起到吸收和散射作用，从而使到达接收器的光信号减弱，当信号衰减至一定程度时，接收器便发出报警信号。线型红外光束感烟火灾探测器具有保护面积大、安装位置较高等优点，适宜于较大空间的监测。线型红外光束感烟火灾探测器有对射式和反射式两种类型，其光路图和工作原理如图 2−1−24 和图 2−1−25 所示。

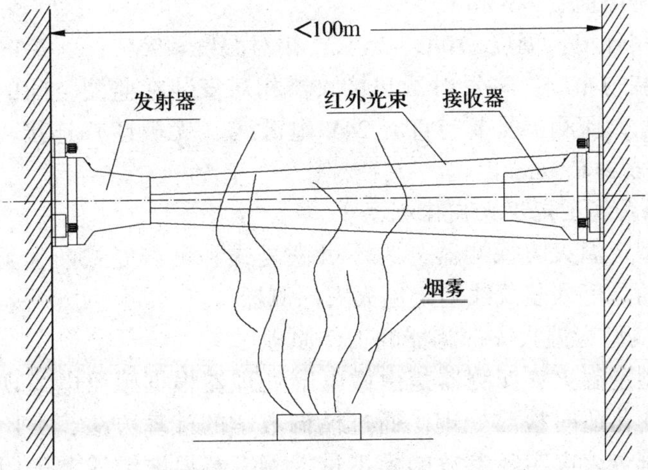

图 2-1-24　对射式线型红外光束感烟火灾探测器光路和工作原理示意图

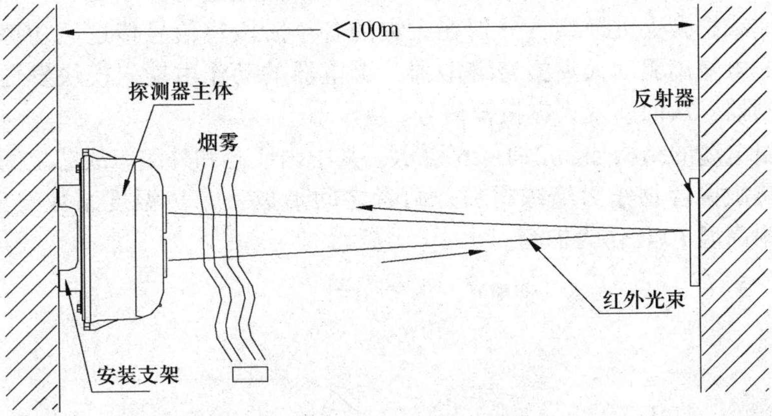

图 2-1-25　反射式线型红外光束感烟火灾探测器光路和工作原理示意图

2. JTY-HF-TX6701 线型光束感烟火灾探测器的性能特点。

JTY-HF-TX6701 线型光束感烟火灾探测器（以下简称探测器）为非编码型反射式线型红外光束感烟探测器。探测器可与不同厂商的火灾报警控制器连接，通过继电器输出故障或火警信号。探测器必须与反射器配套使用，探测器与反射器间的安装距离为 8～40m 时，安装 1 个反射器；安装距离为 40～100m 时，需安装 4 个反射器。

JTY-HF-TX6701 线型光束感烟火灾探测器主要技术指标如下：

（1）工作电压：DC 24V。

（2）监视电流：≤23mA。

（3）报警电流：≤33mA。

（4）使用环境：温度-10℃~55℃；相对湿度≤95%，不凝露。

（5）安装与布线：将发射器与接收器相对安装在监测空间的两端且在同一水平直线上，探测器需要与直流24V电源线（无极性）连接，电源线采用BV线，截面积≥1.5mm²。

（二）缆式线型定温火灾探测器

缆式线型定温火灾探测器分为不可恢复式和可恢复式两大类，目前主要发展和应用的是可恢复式线型定温火灾探测器。

1. 缆式线型定温火灾探测器的工作原理。

缆式线型定温火灾探测器是由微电脑处理器根据感温电缆现场探测回路的电阻值的变化适时检测处理，通过模糊数学的计算方法，类比理想火灾模型，是完全符合火灾实际参数的模拟量探测。感温电缆线芯采用双芯绞合结构，中心导体外面是负温度系数热敏绝缘材料。当环境温度发生变化时，回路间的绝缘阻值随之变化，微电脑处理器将该变化进行数字处理，如果阻值变化的曲线符合火灾模型，分别在火灾的各个阶段将信号传送至功率放大电路，经光电隔离驱动火灾报警继电器。继电器的动作由输入模块发送到火灾报警控制器，从而引发火灾报警信号。

感温电缆的结构如图2-1-26所示，其中内线芯和外编织线芯之间用负温度系数热敏聚合物作为绝缘材料，两者之间形成一个负温度系数热敏电阻。外面用耐高温PVC作为护套。

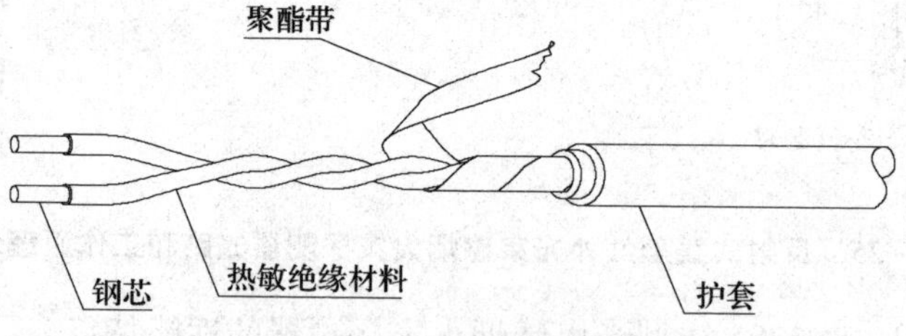

图2-1-26　感温电缆结构示意图

感温电缆的额定动作温度有70℃、85℃、105℃和138℃等几种规格，应用时可参照表2-1-2进行选择。

表 2-1-2　缆式线型定温探测器动作温度选择表

报警温度（℃）	70	85	105	138	180
不动作温度（℃）	45	60	75	85	108
动作温度误差	±10%				

2. JTW-LD-SF600 型线型定温火灾探测器特性指标。

JTW-LD-SF600 型线型定温火灾探测器由敏感部件（感温电缆）、微电脑处理器（缆式系统连接模块，俗称微机头）和终端处理器组成，特别适用于电缆隧道内的动力电缆及控制电缆的火警早期预报，可在电厂、钢厂、化工厂、古建筑物等场合使用。

线型感温探测系统可以单独作为一个完整的火灾报警控制系统，也可以和普通感烟火灾探测器、感温火灾探测器、输入输出模块等混合使用，一起组成通用火灾报警控制系统。JTW-LD-SF600 型线型定温火灾探测器结构如图 2-1-27 所示。

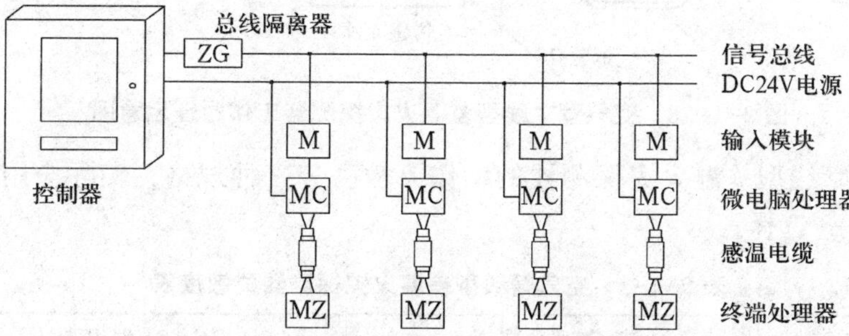

图 2-1-27　JTW-LD-SF600 型线型定温火灾探测器结构示意图

JTW-LD-SF600 型线型定温火灾探测器主要技术指标如下：

（1）工作电压：DC 18~27V。

（2）静态监视电流：≤15mA。

（3）火警、故障动作电流：≤20mA。

（4）防水等级：IP65。

（5）使用环境：温度-10℃~50℃；相对湿度≤95%，不结露。

（6）继电器触点输出容量：DC 24V/2A。

（三）空气管线型差温火灾探测器

空气管线型差温火灾探测器是直接感受温升速率的一种火灾探测器。它由两部分组成：敏感元件空气管为 Φ3mm×0.5mm 紫铜管，置于要监测的场所；传感元件膜盒和电路部分，可装在监测现场或者装在监测现场之外。

空气管线型差温火灾探测器的工作原理如图 2-1-28 所示。

当气温正常变化时，受热膨胀的气体能从传感元件泄气孔排出，因此不能推动膜盒、膜片，动接点和静接点不会闭合。一旦监测场所发生火灾，现场温度急剧上升，使空气管感受到温度变化，空气管内的空气突然受热膨胀，不能立即从泄气孔排出，膜盒内压力进而增加推动膜片，使之产生位移，从而使动、静接点闭合，接通电路，输出报警信号，使火灾报警控制器发生警报。

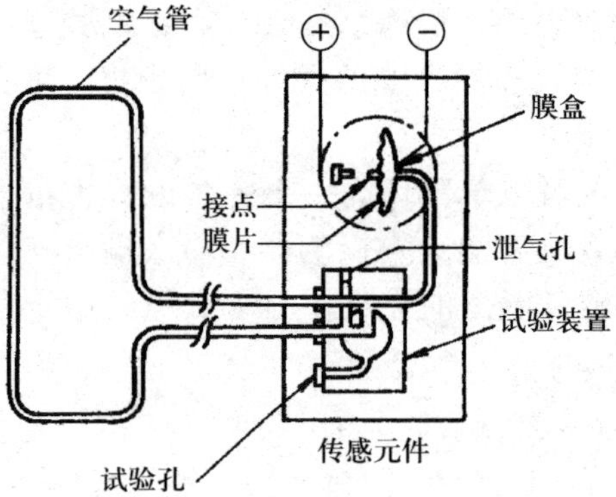

图 2-1-28 空气管式线型差温火灾探测器工作原理示意图

空气管线型差温火灾探测器的动作灵敏度分三种规格，实际应用时可按照表 2-5-3 选择。

表 2-1-3 空气管线型差温火灾探测器灵敏度表

规格	动作温升速率	不动作温升速率
第 1 种	7.5℃/min	1℃/min 持续上升 10min
第 2 种	15℃/min	2℃/min 持续上升 10min
第 3 种	30℃/min	3℃/min 持续上升 10min
说明：以第 2 种规格为例，当空气管总长度的 1/3 感受到以 15℃/min 速率上升温度时，1min 之内会给出报警信号；而空气管总长度的 2/3 感受到以 2℃/min 速率上升的温度时，10min 之内不应发出报警信号		

第二节　探测器的选配与布置

内容提要： 本节主要介绍常用火灾探测器的选型、设置与安装的基本要求。

火灾探测器是火灾自动报警系统中的主要触发设备。探测器的选择与布置是否合理，直接影响着整个火灾自动报警系统性能作用的发挥。

火灾探测器按照工作范围不同分点型火灾探测器和线型火灾探测器两大类，选配与布置应符合《火灾自动报警系统设计规范》（GB 50116-2013）的规定。

一、火灾探测器的选择

（一）火灾探测器选择的基本规则

火灾探测器的选配主要依据预期火灾特点、建筑物场景状况及火灾探测器的参数。具体应符合以下基本要求：

1. 对火灾初期有阴燃阶段，产生大量的烟和少量的热，很少或没有火焰辐射的场所，应选择感烟火灾探测器。

2. 对火灾发展迅速，可产生大量热、烟和火焰辐射的场所，可选择感温火灾探测器、感烟火灾探测器、火焰探测器或其组合。

3. 对火灾发展迅速，有强烈的火焰辐射和少量的热、烟的场所，应选择火焰探测器。

4. 对火灾初期有阴燃阶段，且需要早期探测的场所，宜增设一氧化碳火灾探测器。

5. 对使用、生产可燃气体或可燃蒸气的场所，应选择可燃气体探测器。

6. 应根据保护场所可能发生火灾的部位和燃烧材料的分析，以及火灾探测器的类型、灵敏度和响应时间等选择相应的火灾探测器，对火灾形成特征不可预料的场所，可根据模拟试验的结果选择火灾探测器。

7. 同一探测区域内设置多个火灾探测器时，可选择具有复合判断火灾功能的火灾探测器和火灾报警控制器。

（二）点型火灾探测器的选择

设置高度对点型火灾探测器影响较大，对不同高度的房间，点型火灾探测器可按表 2-2-1 的要求选择。

表 2-2-1 不同高度房间点型火灾探测器的选择表

房间高度 h（m）	点型感烟火灾探测器	点型感温火灾探测器			火焰探测器
		A1、A2	B	C、D、E、F、G	
12<h≤20	不适合	不适合	不适合	不适合	适合
8<h≤12	适合	不适合	不适合	不适合	适合
6<h≤8	适合	适合	不适合	不适合	适合
4<h≤6	适合	适合	适合	不适合	适合
h≤4	适合	适合	适合	适合	适合

表中 A1、A2、B、C、D、E、F、G 为感温火灾探测器的使用温度类别，具体参数如下表所示：

探测器类别	典型应用温度（℃）	最高应用温度（℃）	动作温度下限值（℃）	动作温度上限值（℃）
A1	25	50	54	65
A2	25	50	54	70
B	40	65	69	85
C	55	80	84	100
D	70	95	99	115
E	85	110	114	130
F	100	125	129	145
G	115	140	144	160

1. 下列场所宜选择点型感烟火灾探测器：

（1）饭店、旅馆、教学楼、办公楼的厅堂、卧室、办公室、商场、列车客车厢等；

（2）电子计算机房、通信机房、电影或电视放映室等；

（3）楼梯、走道、电梯机房、车库等；

（4）书库、档案库等。

2. 符合下列条件之一的场所，不宜选择离子感烟火灾探测器：

（1）相对湿度经常大于 95%；

（2）气流速度大于 5m/s；

（3）有大量粉尘、水雾滞留；

（4）可能产生腐蚀性气体；

（5）在正常情况下有烟滞留；

（6）产生醇类、醚类、酮类等有机物质。

3. 符合下列条件之一的场所，不宜选择光电感烟火灾探测器：

（1）高海拔地区；

（2）有大量粉尘、水雾滞留；

（3）可能产生蒸气和油雾；

（4）在正常情况下有烟滞留。

4. 符合下列条件之一的场所，宜选择感温火灾探测器：

（1）相对湿度经常大于95%；

（2）无烟火灾；

（3）有大量粉尘；

（4）吸烟室等在正常情况下有烟和蒸气滞留；

（5）厨房、锅炉房、发电机房、烘干车间；

（6）需要联动“安全出口”标志灯的内侧部位；

（7）其他不宜安装感烟火灾探测器的厅堂和公共场所。

5. 可能产生阴燃火或发生火灾不及时报警将造成重大损失的场所，不宜选择感温火灾探测器；温度在0℃以下的场所，不宜选择定温探测器；温度变化较大的场所，不宜选择差温探测器。

6. 符合下列条件之一的场所，宜选择火焰探测器：

（1）火灾时有强烈的火焰辐射；

（2）液体燃烧火灾等无阴燃阶段的火灾；

（3）需要对火焰作出快速反应。

7. 符合下列条件之一的场所，不宜选择火焰探测器：

（1）探测区域内的可燃物是金属或无机物；

（2）在火焰出现前有浓烟扩散；

（3）探测器的镜头易被污染；

（4）探测器的“视线”易被雾气或冰雪遮挡；

（5）探测器易受阳光或其他光源直接照射；

（6）在正常情况下有明火作业以及X光射线、弧光和闪电等影响的场所不宜选择紫外火焰探测器；

（7）单波段红外火焰探测器不宜应用于有高温物体的场所。

8. 下列场所宜选择可燃气体探测器：

（1）使用可燃气体的场所；

（2）燃气站和燃气表房以及存储液化石油气罐的场所；

（3）其他散发可燃气体和可燃蒸气的场所；

（4）有可能产生一氧化碳气体的场所，宜选择一氧化碳气体探测器。

9. 装有联动装置、自动灭火系统以及用单一探测器不能有效确认火灾的场合，宜采用感烟火灾探测器、感温火灾探测器、火焰探测器（同类型或不同类型）的组合。

（三）线型火灾探测器的选择

1. 无遮挡大空间或有特殊要求的场所，宜选择线型光束感烟火灾探测器。

2. 含有下列条件的场所不宜选择线型光束感烟火灾探测器：

（1）有大量粉尘、水雾滞留；

（2）可能产生蒸气和油雾；

（3）在正常情况下有烟滞留；

（4）固定探测器的建筑结构由于振动等原因会产生较大位移的场所。

3. 下列场所或部位，宜选择缆式线型定温探测器：

（1）电缆隧道、电缆竖井、电缆夹层、电缆桥架等；

（2）不易安装点型探测器的夹层、闷顶；

（3）各种皮带输送装置；

（4）其他环境恶劣不适合点型探测器安装的场所。

4. 下列场所或部位，宜选择线型光纤感温火灾探测器：

（1）除液化石油气外的石油储罐；

（2）需要设置线型感温火灾探测器的易燃易爆场所；

（3）需要监测环境温度的地下空间等场所，宜设置具有实时温度监测功能的线型光纤感温火灾探测器；

（4）公路隧道、敷设动力电缆的铁路隧道和城市地铁隧道等。

（四）吸气式感烟火灾探测器的选择

1. 下列场所宜选择吸气式感烟火灾探测器：

（1）具有高速气流的场所；

（2）点型感烟、感温火灾探测器不适宜的大空间、舞台上方、建筑高度超过 12m 或有特殊要求的场所；

（3）低温场所；

（4）需要进行隐蔽探测的场所；

（5）需要进行火灾早期探测的重要场所；

（6）人员不宜进入的场所。

2. 对于灰尘比较大的场所，不应选择没有过滤网和管路自清洗功能的管路采样式吸气感烟火灾探测器。

二、火灾探测器的设置要求

（一）火灾探测器的设置部位

火灾探测器可设置在下列部位：

1. 财贸金融楼的办公室、营业厅、票证库；
2. 电信楼、邮政楼的机房和办公室；
3. 商业楼、商住楼的营业厅、展览楼的展览厅和办公室；
4. 旅馆的客房和公共活动用房；
5. 电力调度楼、防灾指挥调度楼的微波机房、计算机房、控制机房、动力机房和办公室；
6. 广播电视楼的演播室、播音室、录音室、办公室、节目播出技术用房、道具布景房；
7. 图书馆的书库、阅览室、办公室；
8. 档案楼的档案库、阅览室、办公室；
9. 办公楼的办公室、会议室、档案室；
10. 医院病房楼的病房、办公室、医疗设备室、病历档案室、药品库；
11. 科研楼的办公室、资料室、贵重设备室、可燃物较多和火灾危险性较大的实验室；
12. 教学楼的电化教室、理化演示和实验室、贵重设备和仪器室；
13. 公寓（宿舍、住宅）的卧房、书房、起居室（前厅）、厨房；
14. 甲、乙类生产厂房及其控制室；
15. 甲、乙、丙类物品库房；
16. 设在地下室的丙、丁类生产车间和物品库房；
17. 堆场、堆垛、油罐等；
18. 地下铁道的地铁站厅、行人通道和设备间，列车车厢；
19. 体育馆、影剧院、会堂、礼堂的舞台、化妆室、道具室、放映室、观众厅、休息厅及其附设的一切娱乐场所；
20. 陈列室、展览室、营业厅、商业餐厅、观众厅等公共活动用房；
21. 消防电梯、防烟楼梯的前室及合用前室、走道、门厅、楼梯间；
22. 可燃物品库房、空调机房、配电室（间）、变压器室、自备发电机房、电梯机房；
23. 净高超过 2.6m 且可燃物较多的技术夹层；
24. 敷设有可延燃绝缘层和外护层电缆的电缆竖井、电缆夹层、电缆隧道、电缆配线桥架；

25. 贵重设备间和火灾危险性较大的房间；

26. 电子计算机的主机房、控制室、纸库、光或磁记录材料库；

27. 经常有人停留或可燃物较多的地下室；

28. 歌舞娱乐场所中经常有人滞留的房间和可燃物较多的房间；

29. 高层汽车库，Ⅰ类汽车库，Ⅰ、Ⅱ类地下汽车库，机械立体汽车库，复式汽车库，采用升降梯作汽车疏散出口的汽车库（敞开车库可不设）；

30. 污衣道前室、垃圾道前室、净高超过 0.8m 的具有可燃物的闷顶、商业用或公共厨房；

31. 以可燃气为燃料的商业和企业、事业单位的公共厨房及燃气表房；

32. 其他经常有人停留的场所、可燃物较多的场所或燃烧后产生重大污染的场所，以及需要设置火灾探测器的其他场所。

（二）点型火灾探测器的设置要求

1. 探测区域内的每个房间至少应设置一只火灾探测器。

2. 感烟火灾探测器和 A1、A2、B 型感温火灾探测器的保护面积和保护半径，应按表 2-2-2 确定；C、D、E、F、G 型感温火灾探测器的保护面积和保护半径根据生产企业设计说明确定，但不应超过表 2-2-1 的规定。对于建筑高度不超过 14m 的封闭探测空间，且火灾初期会产生大量烟的场所，可设置感烟火灾探测器。

表 2-2-2 A1、A2、B 型感温、感烟火灾探测器保护面积和保护半径表

探测器的种类	地面面积 S（m^2）	房间高度 h（m）	探测器的保护面积 A 和保护半径 R					
			房顶坡度 a					
			a≤15°		15°<a≤30°		a>30°	
			A（m^2）	R（m）	A（m^2）	R（m）	A（m^2）	R（m）
感烟探测器	S≤80	h≤12	80	6.7	80	7.2	80	8.0
	S>80	6<h≤12	80	6.7	100	8.0	120	9.9
		h≤6	60	5.8	80	7.2	100	9.0
感温探测器	S≤30	h≤8	30	4.4	30	4.9	30	5.5
	S>30	h≤8	20	3.6	30	4.9	40	6.3

3. 感烟火灾探测器、感温火灾探测器的安装间距，应根据探测器的保护面积 A 和保护半径 R 确定，并不应超过图 2-2-1 中探测器安装间距的极限曲

线 D1–D11（含 D′9）所规定的范围。

4. 探测器的安装间距可由以下公式确定：

$$a2+b2=(2R)^2$$

$$a \cdot b=A$$

公式中：a、b——探测器的前后、左右极限间距（m）；

A——单个探测器的保护面积（m^2）；

R——单个探测器的保护半径（m）。

另外，探测器的安装间距也可利用图 2-2-1 所示的 a、b 极限曲线图。

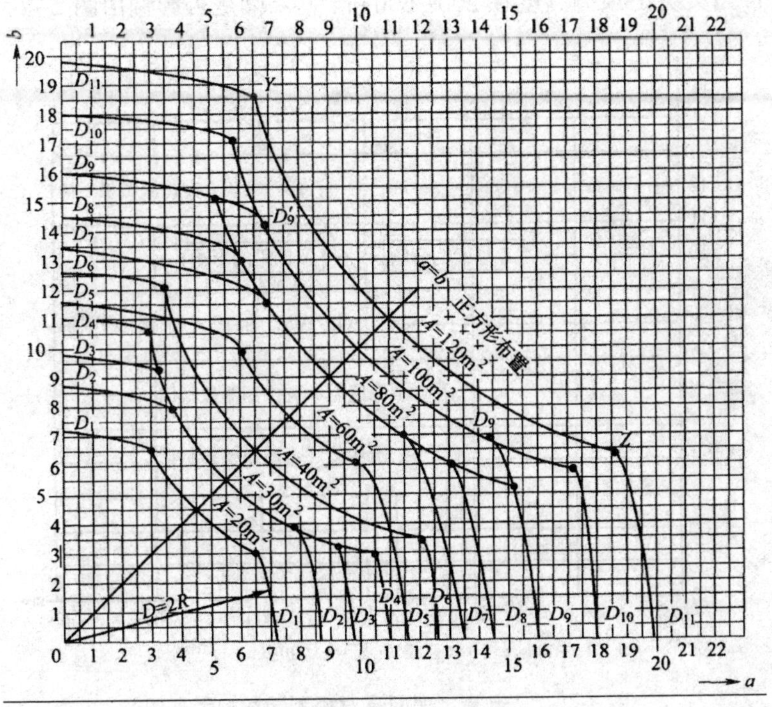

图 2-2-1 a、b 极限曲线图

图中：A——探测器的保护面积（m^2）；a、b——探测器的安装间距（m）；在 Y 和 Z 两点间的曲线范围内，保护面积可以得到充分利用。

5. 一个探测区域内所需设置的探测器数量，不应小于的计算值：

$$N=\frac{S}{K\times A}$$

公式中：N——一个探测区域内探测器的数量（只）；

S——探测区域的面积（m^2）；

A——一个探测器的保护面积（m^2）；

K——修正系数，容纳人数超过 1 万人的公共场所宜取 0.7～0.8；容纳人数在 2000 人至 1 万人的公共场所宜取 0.8～0.9；容纳人数在 500 人到 2000 人的公共场所宜取 0.9～1.0；其他场所取 1.0。

6. 在有梁的棚顶上设置感烟火灾探测器、感温火灾探测器时，应符合下列规定：

（1）当梁突出棚顶的高度小于 200mm 时，可不计梁对探测器保护面积的影响。

（2）当梁突出顶棚高度在 200～600mm 时，梁是否影响由图 2-2-2 确定。

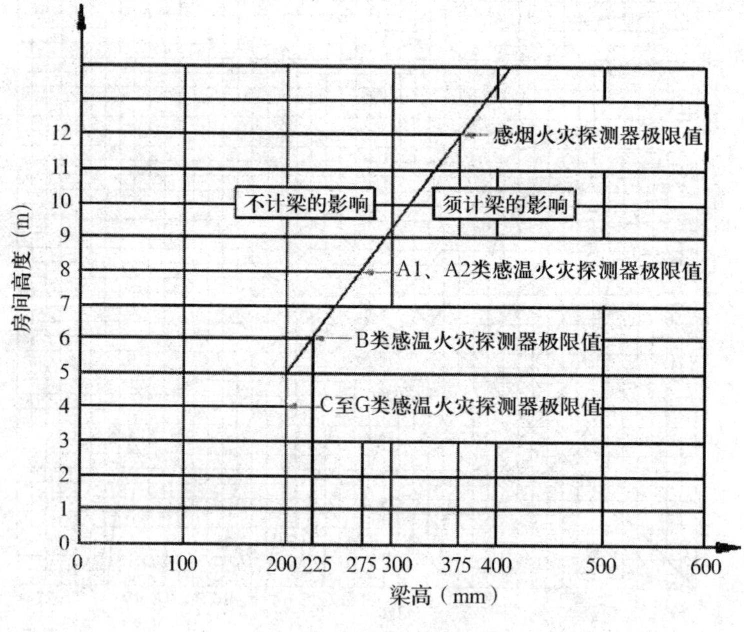

图 2-2-2　梁高、房间高对探测器影响示意图

（3）确定是否受影响后，按表 2-2-3 来确定一只探测器保护的小区间数。

表 2-2-3　按梁间区域面积确定一只探测器能够保护的梁间区域个数表

探测器保护面积 A（m^2）		梁隔断的梁间面积 Q（m^2）	单探测器保护梁间区域个数	探测器保护面积 A（m^2）		梁隔断的梁间面积 Q（m^2）	单探测器保护梁间区域个数
感温探测器	20	Q>12	1	感烟探测器	60	Q>36	1
感温探测器	20	8<Q≤12	2	感烟探测器	60	24<Q≤36	2
感温探测器	20	6<Q≤8	3	感烟探测器	60	18<Q≤24	3
感温探测器	20	4<Q≤6	4	感烟探测器	60	12<Q≤18	4
感温探测器	20	Q≤4	5	感烟探测器	60	Q≤12	5
感温探测器	30	Q>18	1	感烟探测器	80	Q>48	1
感温探测器	30	12<Q≤18	2	感烟探测器	80	32<Q≤48	2
感温探测器	30	9<Q≤12	3	感烟探测器	80	24<Q≤32	3
感温探测器	30	6<Q≤9	4	感烟探测器	80	16<Q≤24	4
感温探测器	30	Q≤6	5	感烟探测器	80	Q≤16	5

（4）当梁突出棚顶的高度超过 600mm 时，被梁隔断的每个梁间区域至少应设置一只探测器。

（5）当被梁隔断的区域面积超过一只探测器的保护面积时，被隔断的区域应按规范规定计算探测器的设置数量。

（6）当梁间净距小于 1m 时，可不计对探测器保护面积的影响。

（7）在宽度小于 3m 的内走道顶棚上设置探测器时，宜居中布置。感温火灾探测器的安装间距不应超过 10m；感烟火灾探测器的安装间距不应超过 15m；探测器至端墙的距离，不应大于探测器安装间距的一半。

（8）探测器至墙壁、梁边的水平距离，不应小于 0.5m。

（9）探测器周围 0.5m 内，不应有遮拦物。

（10）房间被书架、设备或隔断等分离，其顶部至顶棚或梁的距离小于房间净高的 5%时，每个被隔开的部分至少应安装一只探测器。

（11）探测器至空调送风口的水平距离不应小于 1.5m，并宜接近回风口安装。探测器至多孔送风棚顶孔口的水平距离不应小于 0.5m。

（12）当屋顶有热屏障时，感烟火灾探测器下表面至棚顶或屋顶的距离，应符合表 1-5-4 的规定。

（13）锯齿型屋顶和坡度大于 15°的人字形屋顶，应在每个屋脊处设置排探测器，探测器下表面至屋顶最高处的距离，应符合表 2-2-4 的规定。

表 2-4-4 感烟火灾探测器下表面距离顶棚或屋顶的距离表（单位：mm）

探测器安装高度 h（m）	屋顶或顶棚坡度 a					
	a≤15°		15°<a≤30°		a>30°	
	最小	最大	最小	最大	最小	最大
h≤6	30	200	200	300	300	500
6<h≤8	70	250	250	400	400	600
8<h≤10	100	300	300	500	500	700
10<h≤12	150	350	350	600	600	800

（14）探测器宜水平安装，当倾斜安装时，倾斜角不应大于 45°。

（15）在电梯井、升降机井设置探测器时，其位置宜在井道上方的机房棚顶上。

（16）一氧化碳火灾探测器设置在气体能够扩散到的任何部位。

（17）火焰探测器和图像型火灾探测器的设置，应保证探测视角内不存在遮挡物，避免光源直接照射，尤其单波段的火焰探测器不应设置在平时有阳光、白炽灯等光源直接或间接照射的场所。

（18）感烟火灾探测器在格栅吊顶场所设置时，镂空面积与总面积的比例不大于 15%时，探测器应设置在吊顶下方；镂空面积与总面积的比例大于 30%时，探测器应设置在吊顶上方；镂空面积是总面积的 15%~30%时，探测器的设置部位应根据实际试验结果确定；探测器设置在吊顶上方且火警确认灯无法观察时，应在吊顶下方设置火警确认灯；对于地铁站台等有活塞风影响的场所，并且镂空面积是总面积的 30%~70%时，探测器宜同时设置在吊顶上方和下方。

（三）线型火灾探测器与管路采样探测器的设置要求

1. 线型光束感烟火灾探测器的设置应符合下列规定：

（1）探测器的光束轴线至顶棚的垂直距离宜为 0.3~1.0m，距地面高度不宜超过 20m。

（2）相邻两组探测器的水平距离不应大于 14m，探测器至墙的水平距离不应大于 7m，且不应小于 0.5m。探测器的发射器和接收器之间的距离不宜超过 100m。

（3）探测器应设置在固定结构上。

（4）探测器的设置应保证其接收端避开日光和人工光源直接照射。

（5）选择反射式探测器时，应保证在反射板与探测器间任何部位进行模拟试验时，探测器均能正确响应。

2. 线型感温火灾探测器的设置应符合下列规定：

（1）对电缆、堆垛等类似对象保护时，应采用接触式布置，在各种皮带输送装置上设置时，宜设置在装置的过热点附近。

（2）设置在顶棚下方的线型感温火灾探测器，至顶棚的距离宜为0.1m，探测器的保护半径应符合点型感温火灾探测器的保护半径要求，探测器至墙壁的距离宜为1~1.5m。

（3）光栅光纤感温火灾探测器每个光栅的保护面积和保护半径，应符合点型感温火灾探测器的保护面积和保护半径要求。

（4）设置线型感温火灾探测器的场所有联动要求时，宜采用两只不同火灾探测器的报警信号组合。

（5）与线型感温火灾探测器连接的模块不宜设置在长期潮湿或温度变化较大的场所。

3. 管路采样式吸气感烟火灾探测器的设置应符合下列规定：

（1）普通灵敏型探测器的采样管网安装高度不超过16m，高灵敏型探测器的采样管网安装高度可以超过16m，但应减小采样管长度和采样孔数量。

（2）每个采样孔的保护面积、保护半径等应符合点型感烟火灾探测器的保护面积、保护半径要求。

（3）一个探测单元的采样管总长不宜超过200m，单管长度不宜超过100m，同一根采样管不应穿越防火分区。采样孔总数不宜超过100个，单管上的采样孔数量不宜超过25个。

（4）当采样管道采用毛细管布置方式时，毛细管长度不宜超过4m。

（5）吸气管路和采样孔应有明显的火灾探测器标志。

（6）有过梁、空间支架的建筑中，采样管路应固定在过梁、空间支架上。

（7）当采样管道布置形式为垂直采样时，每2℃温差间隔或3m间隔（取最小者）应设置一个采样孔，采样孔不应背对气流方向。

（8）采样管网应按经过确认的设计软件或方法进行设计。

（9）探测器的火灾报警信号、故障信号等信息应传给火灾报警控制器，涉及消防联动控制时，探测器的火灾报警信号还应传给消防联动控制器。

4. 点型紫外火焰探测器设置的特殊要求。

紫外火焰探测器都具有独特的视锥角α以及光学灵敏度R，在实际设置中要依据具体情况确定保护面积和数量。一般的设置步骤为：

（1）选择合适的紫外火焰探测器，确定安装位置。

（2）确定探测器到保护对象的距离h（如果保护对象为地面的平面，则h

为探测器到地面的垂直距离)。

(3) 利用以下公式计算探测器最大倾角：

$$\gamma_{max} = \alpha - \arccos \frac{h}{R}$$

公式中：γ_{max}——探测器最大倾角；

α——探测器视角；

R——探测器最大光学灵敏度；

h——探测器到保护对象的垂直距离。

(4) 确定探测器的保护面积。

探测地面时保护一个长轴为 a、短轴为 b 的椭圆：

$$a = \frac{h \times \tan\alpha}{1-(1+\tan 2\alpha)\times \sin 2\gamma}$$

$$b = \frac{h \times \tan\alpha}{\sqrt{1-(1+\tan 2\alpha)\times \sin 2\gamma}}$$

$$A = 3.1415926a \cdot b$$

公式中：a、b——保护面积椭圆的长轴和短轴；

h——探测器到保护对象的垂直距离；

α——探测器视角；

Y——探测器实际安装倾角；

A——保护面积。

三、探测器的选配与布置举例

探测器的选配与布置应针对具体场所进行，但都要经过选型、计算和确定方案的过程。现举一个简单例子说明一下探测器选配与布置的基本过程。

一个地面面积为 30m×40m 的重点保护厂房，屋顶坡度为 15°，房间高度为 8m，选用点型感烟火灾探测器保护是否可以？如何布置探测器？

解答：

关于“选用点型感烟火灾探测器保护是否可以”的问题，按照探测器选配基本要求，“当安装探测器的房间高度大于 12m 时，一般不采用感烟火灾探测器；房间高度大于 8m 时，一般不采用感温火灾探测器；火焰探测器一般不受房间高度的限制”，因此从理论上讲是可以的，但还必须对现场进行细致的调查研究才能确定。目前我们假设经过调查认为可以，于是进行如下的计算：

1. 确定单只探测器保护面积和保护半径。

因为 $S=40\times30=1200\ (m^2)$

所以，查“感烟火灾探测器的保护面积和保护半径表”得到：

$A=80m^2$；$R=6.7m$

2. 确定K值。

依据保护场所的性质，与当地消防部门商议，该重点保护厂房K值取0.8。

3. 计算探测器数量。

$$N=\frac{S}{K\times A}=\frac{1200}{0.8\times 80}\approx 19(\text{只})$$

(在$1200m^2$上为了安装均衡，可设置20只。)

4. 确定探测器设置间距。

依据A=80、R=6.7查"a、b的极限曲线图"（图2-2-1）得知a、b数值可以在极限曲线D7的YZ间取值。依据具体情况，推荐数据为：

$a_1=8m$；$b_1=7.5m$

5. 绘制探测器设置方案图。

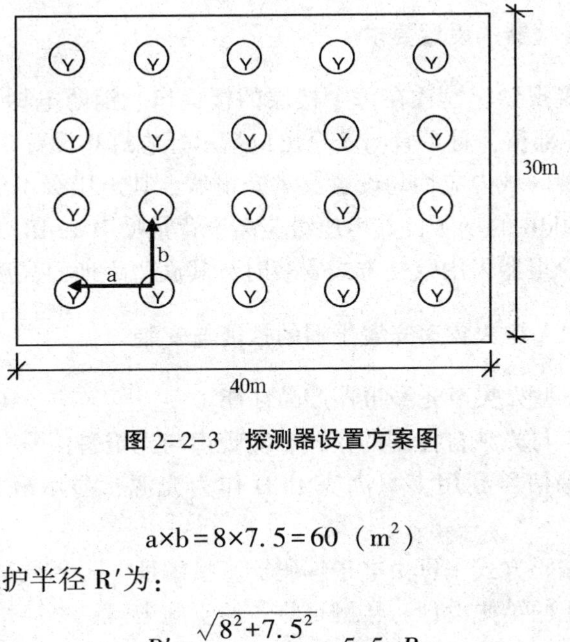

图2-2-3 探测器设置方案图

6. 检验。

因为 $a\times b=8\times 7.5=60\ (m^2)$

实际设置保护半径R′为：

$$R'=\frac{\sqrt{8^2+7.5^2}}{2}=5.5<R$$

复习思考题：

1. 简述火灾探测器选择的一般要求。
2. 不宜选择离子感烟火灾探测器的场所有哪些？
3. 哪些场所选择感温火灾探测器将受到限制？

4. 哪些场所不宜选择火焰探测器？

5. 一个地面面积为50m×40m的重点保护厂房，屋顶坡度为15°，房间高度8m，如果选用点型感烟火灾探测器保护是否可以？如何布置探测器？

第三节　现场警报器件的构造与性能

内容提要：本节主要介绍火灾警报器、显示盘等现场警报器件的构造、性能与设置要求。

火灾警报器件是一种安装在现场的声光报警设备，当现场发生火灾并确认后，安装在现场的警报器可由消防控制中心的火灾报警控制器启动，发出强烈的声或光报警信号，以达到提醒现场人员注意的目的。

一、火灾警报器的设置要求

1. 火灾光警报器应设置在每个楼层的楼梯口、消防电梯前室、建筑内部拐角等处的明显部位，且不宜与安全出口指示标志灯具设置在同一面墙上。

2. 每个报警区域内应均匀设置火灾警报器，其声压级不应小于60dB；在环境噪声大于60dB的场所，其声压级应高于背景噪声15dB。

3. 当火灾警报器采用壁挂方式安装时，其底边距地面高度应大于2.2m。

二、TX3301A型火灾声光警报器的性能与安装

1. TX3301A型火灾声光警报器产品性能。

（1）采用声与光独自控制的模式，实现声与光报警信号分离。

（2）光报警信号利用多只高亮LED作为光源，显示醒目、寿命长、功耗低。

（3）电子编码方式，可由电子编码器直接编址，工程调试简便可靠。

（4）一体化的结构设计，接触可靠、便于施工。

（5）工作电压：总线电压15V~28V脉冲电压；电源电压DC 20V~28V。

（6）工作电流：总线监视电流≤0.6mA；总线启动电流≤3mA；
电源监视电流≤2mA；电源启动电流≤50mA。

（7）线制：无极性二总线连接，与DC 24V电源采用无极性二总线连接。

（8）声压级：75dB~100dB［正前方3m水平处（A计权）］

（9）使用环境：温度-10℃~55℃；相对湿度≤95%RH，不凝露。

(10) 外形尺寸：149. 0mm×96. 0mm×55. 0mm。

2. TX3301A 型火灾声光警报器安装。

安装设备之前，请切断回路的电源并确认底壳已安装牢靠。安装位置应注意防雨防潮，避免阳光直射。

(1) 安装前应首先检查外壳是否完好无损，标志是否齐全。

(2) 声光警报器端子如图 2-3-1 所示。接线说明如下：

D1、D2：DC 24V 电源输入端子，无极性。

Z1、Z2：总线输入端，无极性，用于连接控制器的报警联动总线。

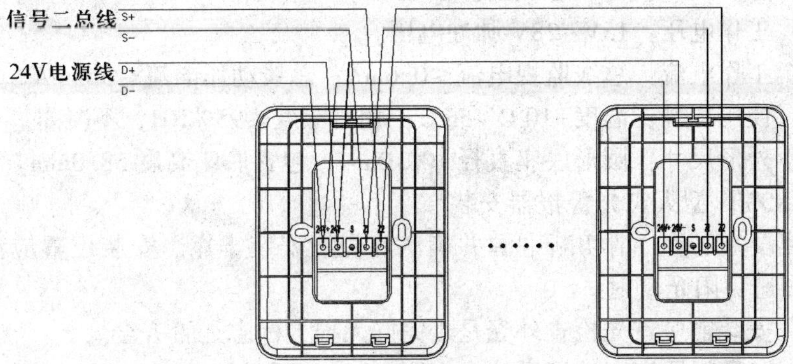

图 2-3-1　TX3301A 型火灾声光警报器（编码型）接线示意图

(3) 安装组合结构如图 2-3-2 所示。

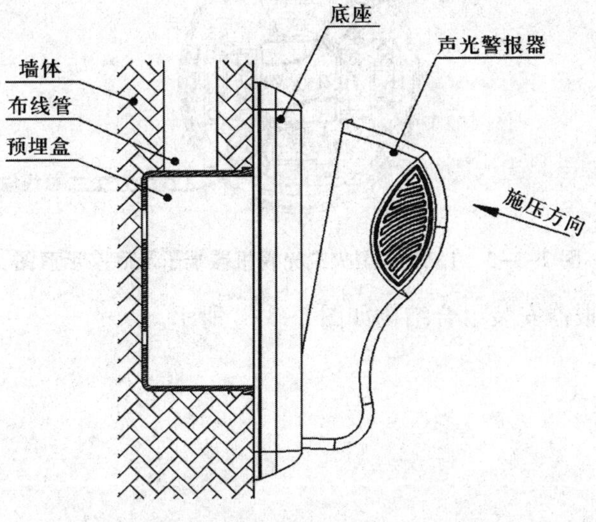

图 2-3-2　TX3301A 型火灾声光警报器（编码型）安装示意图

(4) 布线要求：总线（BUS）采用 RVS－$2\times1.0mm^2$ 或 $1.5mm^2$ 线；DC 24V 电源线采用 BV－$2\times1.5mm^2$ 或 $2.5mm^2$ 线。

三、TX3303 型火灾光警报器的性能与安装

1. TX3303 型火灾光警报器产品性能：

(1) 使用多只超高亮 LED 作为光源，显示醒目、寿命长、功耗低。

(2) 电子编码方式，可由电子编码器直接编址，工程调试简便可靠。

(3) 总线供电方式，方便工程施工。

(4) 线制：无极性二总线制。

(5) 工作电压：15V~28V 脉冲电压。

(6) 工作电流：总线监视电流≤0.6mA；总线动作电流≤3.5mA。

(7) 使用环境：温度－10℃~55℃；相对湿度≤95%RH，不凝露。

(8) 外形尺寸：圆形底座直径 100.0mm，包含底座高度 58.0mm。

2. TX3303 型火灾光警报器安装。

安装设备之前，请切断电源并确认底壳已安装牢靠。安装位置应注意防雨防潮，避免阳光直射。

(1) 安装前应首先检查外壳是否完好无损，标志是否齐全。

(2) 光警报器底座端子及接线如图 2-3-3 所示，Z1、Z2 为总线输入端，无极性，用于连接控制器的报警联动总线。

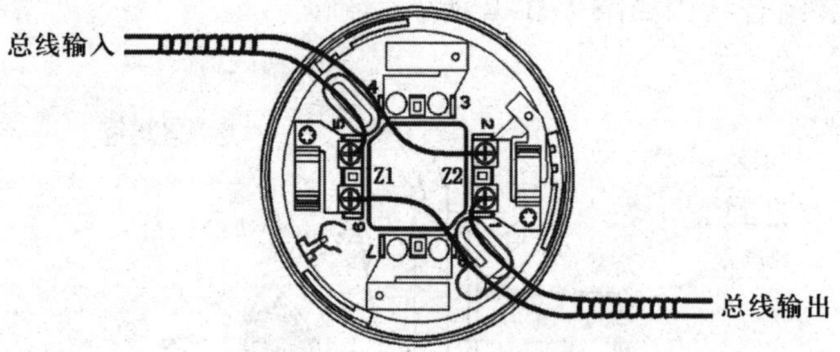

图 2-3-3　TX3303 型火灾光警报器端子及底座示意图

(3) 光警报器安装组合结构如图 2-3-4 所示。

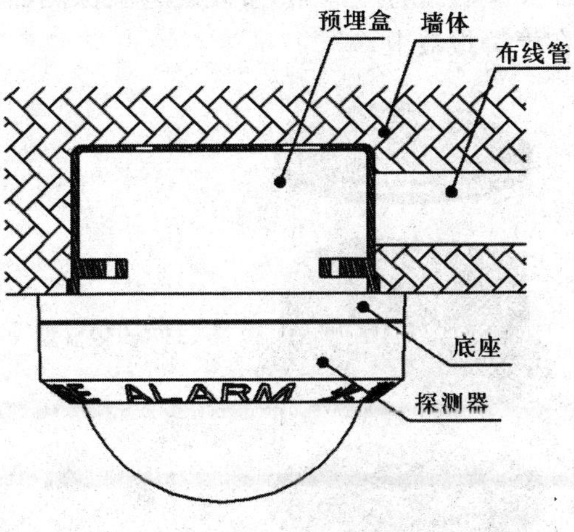

图 2-3-4　TX3303 型火灾光警报器安装示意图

四、TX3320 型火灾声警报器的性能与安装

声警报器利用单片机输出固定频率 PWM 信号，信号经功率放大电路放大，推动蜂鸣器发出声响；单片机控制的总线解码电路完成同火灾报警控制器的通信。X3320 型火灾声警报器产品特性及安装如下：

（1）采用软硬件滤波，提高了声警报器的抗干扰能力。

（2）二总线制，无极性。

（3）声警报器接收启动信号后，输出声报警火警信号。

（4）火灾报警控制器每个回路最多同时接 40 个声警报器，最多同时启动 10 个声警报器。

（5）工作电压：DC 15V～DC28V 脉冲电压。

（6）工作电流：总线监视电流≤0. 5mA；总线启动电流≤10mA。

（7）闪光频率：1. 0Hz～1. 6Hz。

（8）报警声压级：启动后声音由小到大，3s～5s 后达到稳定，稳定后正前方 3 米处 75dB～105dB（A 计权）。

（9）使用环境：温度-10℃～55℃；相对湿度≤95%RH，不凝露。

（10）外形尺寸：Φ120. 0mm×60. 9mm。

（11）可配接探测器型号：JTY-GM-TX3100A 型点型光电感烟火灾探测器以及 JTW-ZDM-TX3110A 型点型感温火灾探测器。

（12）安装方法：声警报器安装方法如图 2-3-5 所示。预埋盒可采用 86H50 型标准预埋盒；安装时将声警报器按照标志的箭头，按顺时针方向旋转，即可将声警报器安装在底座上。将感烟或感温探测器或上盖以顺时针方向旋转，使之安装在声警报器上。

图 2-3-5 TX3320 型火灾声警报器安装方法示意图

（13）布线要求：总线（BUS）采用 RVS-2×1.0mm² 或 1.5mm² 线；穿金属管（线槽）或阻燃 PVC 管敷设。

五、TX3403 型总线制火灾显示盘

TX3403 型总线制火灾显示盘是用单片机设计开发的汉字式火灾显示盘，用来显示已报火警的探测器位置编号及其汉字信息并同时发出声光报警信号。它通过通信总线与 TX3000A 等型号的火灾报警控制器相连，处理并显示控制器传送过来的数据。当用一台报警控制器同时监控数个楼层或防火分区时，可在每个楼层或防火分区设置火灾显示盘用以显示报警信息。

1. 特点：

（1）液晶全中文显示屏；

（2）可与报警控制器同步发出声光报警信号；

（3）具有消音、上翻、下翻、查询四个操作功能键；

（4）回路总线接线方式。

2. 技术参数：

TX3403 型总线制火灾显示盘技术性能如表 2-3-1 所示。

表 2-3-1　TX3403 型总线制火灾显示盘技术性能表

工作电压	总线电压：15V~28V 脉冲电压；电源电压：DC 24V（20V~28V）
工作电流	总线监视电流≤3mA；总线启动电流≤3mA 电源监视电流≤20mA；电源启动电流≤100mA
可显示报警条数	1024 条
线制	与控制器采用无极性二总线连接，与 DC 24V 电源采用无极性二线连接
配接个数	总线通信时，每个回路最多可配接 32 个火灾显示盘，可跨回路显示
温度	0℃~40℃
相对湿度	≤95%RH（40±2℃），不凝露
外形尺寸	180.0mm×110.0mm×44.0mm

3. 外形结构与接线。

TX3403 型总线制火灾显示盘外观设计如图 2-3-6 所示。

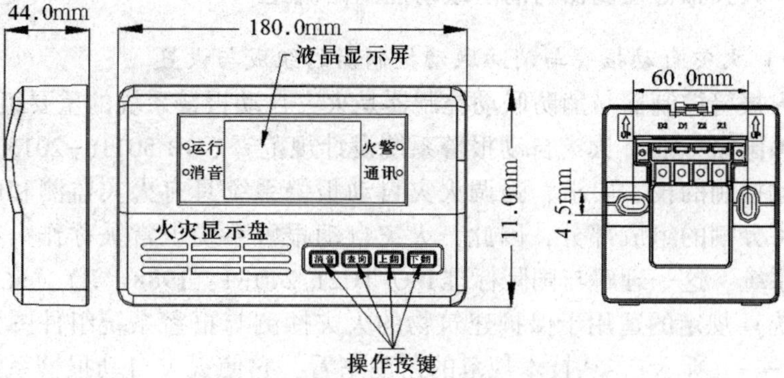

图 2-3-6　TX3403 型总线制火灾显示盘外观示意图

TX3403 型总线制火灾显示盘接线设计如图 2-3-7 所示。

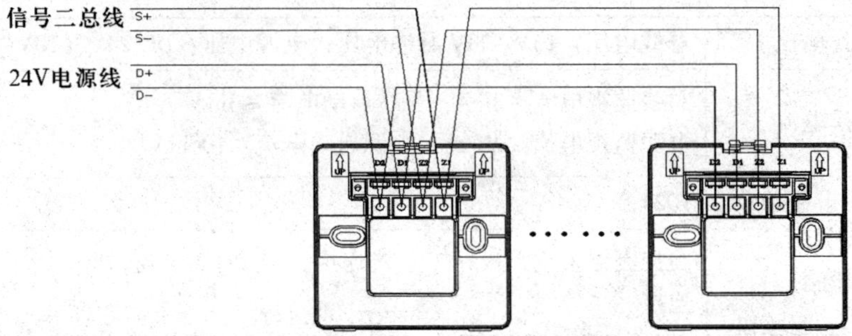

图 2-3-7　TX3403 型总线制火灾显示盘接线示意图

第四节　火灾报警控制器与消防联动控制器

内容提要：本节主要介绍火灾报警控制器与联动控制器的构成、功能、联动逻辑编程等相关内容。

一、火灾报警控制器与消防联动控制器概述

(一) 火灾自动报警与消防联动控制器的组成与设置

火灾报警控制器与消防联动控制器是火灾自动报警系统的重要组成部分。

我国国家标准《火灾自动报警系统设计规范》(GB 50116-2013) 纳入了消防联动控制的技术要求，强调火灾自动报警系统具有火灾监测和联动控制两个不可分割的组成部分，因此，火灾自动报警系统也常被称作火灾自动报警监测系统。这一理解与国际标准 ISO/TC217240-1：1988 (E)《火灾探测与报警系统》规定的适用于保护建筑物的火灾探测与报警系统组件图是一致的(如图 2-4-1 所示)。从技术规范的角度来看，它使火灾自动报警系统的构成和系统设计与国际标准接轨。因此，火灾报警控制器与联动控制器可以统称为火灾报警控制器。有时为了强调其具有联动功能，又称为火灾报警控制器(联动型)。

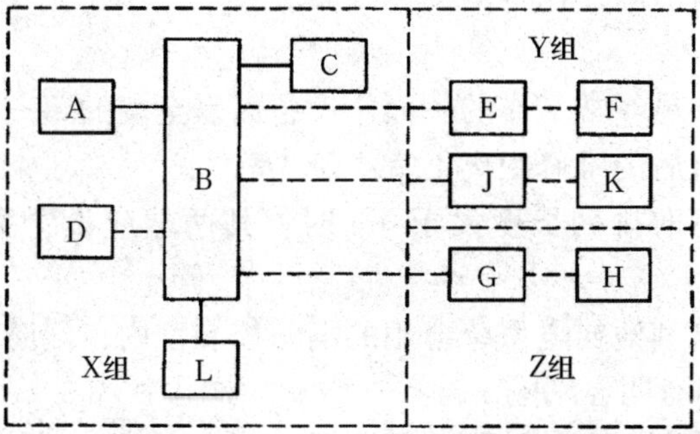

图 2-4-1　ISO/TC21. 7240-1 火灾探测与报警系统组件图

A——火灾探测器；B——控制和指示设备；C——火灾警报装置；D——手动呼叫点（手动报警站）；E——火警发送（传输）装置；F——火警接收站；G——自动消防设备控制装置；H——自动消防设备；J——故障报警发送装置；K——故障报警接收站；L——电源

在图 2-4-1 中，X 组是指近处报警所要求的设备，Y 组是指要求外援用的附加设备，Z 组是指近处自动消防设备要求的附加设备。图中实线连接表示火灾自动探测和报警系统中经常要具备的设备和连接元件；虚线连接表示火灾自动探测和报警系统中有时可以具备的设备和连接元件；另外，来自被监测建筑物内的火警和故障信号的传输及接收可由一个共用通信通道提供（即 E 项、J 项、F 项和 K 项可以合并）。显然，ISO/TC21. 7240-1 火灾探测与报警系统组件图明确了火灾报警的控制和指示设备（B）与自动消防设备装置（G）和自动消防设备（H）的联控关系。

在火灾自动报警系统中，火灾探测器是系统的“感觉器官”，随时监视着周围环境的情况。而火灾报警控制器，则是该系统的“躯体”和“大脑”，是系统的核心；它是一种为火灾探测器供电、接收、转换、处理和传递火灾报警信号，进行声光报警，并对自动消防等装置发出控制信号的报警装置；它的作用是供给火灾探测器高稳定的直流电源，监视连接各类火灾探测器的传输导线有无断线故障，保证火灾探测器长期、稳定、有效地工作；当火灾探测器探测到火情后，接收火灾探测器发来的报警信号，迅速、正确地进行转换和处理，指示报警的具体部位和时间，同时执行相应的辅助控制等诸多任务。

火灾报警控制器和消防联动控制器的设置要求如下：

1. 火灾报警控制器和消防联动控制器，应设置在消防控制室内或有人值班的房间和场所。

2. 火灾报警控制器和消防联动控制器等在消防控制室内的布置，应符合如下要求：

（1）设备面盘前的操作距离，单列布置时不应小于1.5m，双列布置时不应小于2m。

（2）在值班人员经常工作的一面，设备面盘至墙的距离不应小于3m。

（3）设备面盘后的维修距离不宜小于1m。

（4）设备面盘的排列长度大于4m时，其两端应设置宽度不小于1m的通道。

（5）在与建筑其他弱电系统合用的消防控制室内，消防设备应集中设置，并应与其他设备间有明显间隔。

3. 火灾报警控制器和消防联动控制器安装在墙上时，其主显示屏高度宜为1.5~1.8m，其靠近门轴的侧面距墙不应小于0.5m，正面操作距离不应小于1.2m。

图2-4-2和图2-4-3分别为消防控制室平面布置示意图及实物图。

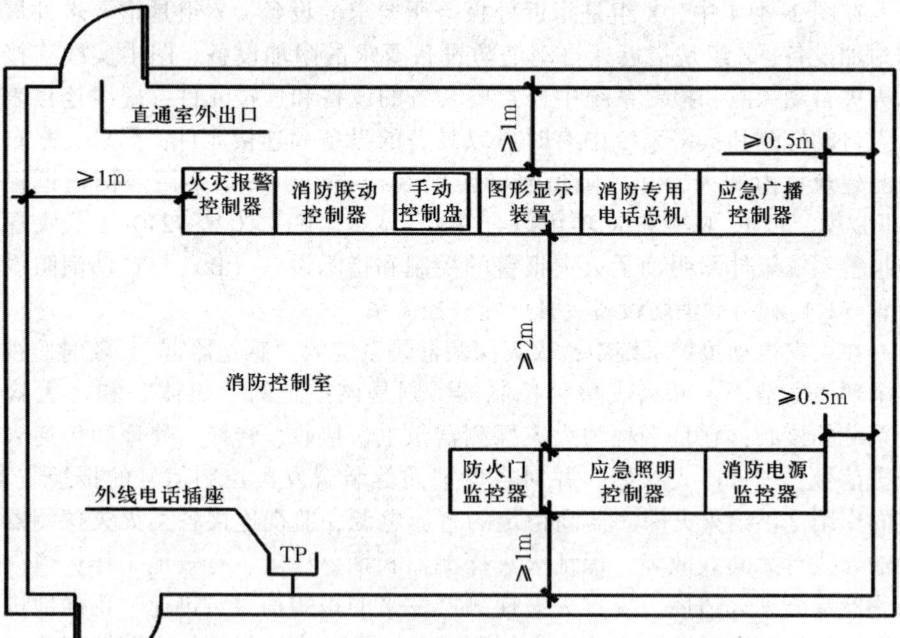

图2-4-2 消防控制室布置示意图

图 2-4-3　消防控制室布置实物图

4. 集中报警系统和控制中心报警系统中的区域火灾报警控制器在满足下列条件时，可设置在无人值班的场所：

（1）该区域内无需手动控制的消防联动设备；

（2）该火灾报警控制器的所有信息在集中火灾报警控制器上均有显示，且能接收集中控制功能的火灾报警控制器的联动控制信号，并自动启动相应的消防设备；

（3）设置场所只有值班人员可以进入。

（二）火灾报警控制器分类

火灾报警控制器可以按容量、用途、内部电路设计以及信号处理方式等诸多因素进行分类。

1. 按容量分类。

分为单路火灾报警控制器和多路火灾报警控制器。

（1）单路火灾报警控制器：其控制器仅处理一个回路的控制器工作信号，一般仅用在某些特殊的联动控制系统。

（2）多路火灾报警控制器：其控制器能同时处理多个回路的探测器工作信号，并显示具体报警部位。相对而言，它的性能价格比较高，也是目前最常见的使用类型。

2. 按用途分类。

分为区域火灾报警控制器、集中火灾报警控制器和通用火灾报警控制器。

(1) 区域火灾报警控制器：其控制器直接连接火灾探测器，处理各种报警信息，是组成自动报警系统最常用的设备之一。

(2) 集中火灾报警控制器：它一般不与火灾探测器相连，而与区域火灾报警控制器相连，处理区域火灾报警控制器送来的报警信号，常使用在较大型系统中。

(3) 通用火灾报警控制器：它兼有区域、集中两级火灾报警控制器的双重特点。通过设置或修改某些参数（可以是硬件或者软件方面），既可作区域火灾报警控制器使用，连接集中火灾报警控制器；又可作集中火灾报警控制器使用，连接区域火灾报警控制器。

3. 按内部电路设计分类。

分为普通型火灾报警控制器和微机型火灾报警控制器。

(1) 普通型火灾报警控制器：其电路设计采用通用逻辑组合形式，具有成本低廉、使用简单等特点，易于实现以标准单元的插板组合方式进行功能扩展，其功能一般较简单。

(2) 微机型火灾报警控制器：其电路设计采用微机结构，对硬件及软件程序均有相应要求。具有功能扩展方便、技术要求复杂、硬件可靠性高等特点，是火灾报警控制器的首选形式。

4. 按信号处理方式分类。

分为有阈值火灾报警控制器和无阈值模拟量火灾报警控制器。

(1) 有阈值火灾报警控制器：使用有阈值火灾探测器，处理的探测信号为阶跃开关量信号，对火灾探测器发出的报警信号不能进一步处理，火灾报警取决于探测器。

(2) 无阈值模拟量火灾报警控制器：使用无阈值火灾探测器，处理的探测信号为连续的模拟量信号。其报警主动权掌握在控制器方面，可以具有智能结构，是现代火灾报警控制器的发展方向。

5. 按系统连线方式分类。

分为多线制火灾报警控制器和总线制火灾报警控制器。

(1) 多线制火灾报警控制器：其探测器与控制器的连接采用一一对应方式。每个探测器至少有一根线与控制器连接，因此其连线较多，仅适用于小型火灾自动报警系统。

(2) 总线制火灾报警控制器：控制器与探测器采用总线（少线）方式连接。所有探测器均并联或串联在总线上（一般总线数量为2~4根），具有安装、调试、使用方便，工程造价较低的特点，适用于大型火灾自动报警系统。

6. 按结构形式分类。

分为壁挂式火灾报警控制器、琴台式火灾报警控制器和立柜式火灾报警控制器。

(1) 壁挂式火灾报警控制器：其连接探测器回路数相对少一些，控制功能较简单。一般区域火灾报警控制器常采用这种结构。

(2) 琴台式火灾报警控制器：其连接探测器回路数较多，联动控制较复杂，操作使用方便，一般常见于集中火灾报警控制器。

(3) 立柜式火灾报警控制器：与台式火灾报警控制器基本相同，内部电路结构大多设计成插板组合式，易于功能扩展。

7. 按使用环境分类。

分为船用型火灾报警控制器和陆用型火灾报警控制器。

(1) 船用型火灾报警控制器：其气候环境试验及电磁兼容试验均不同于陆用型的。

(2) 陆用型火灾报警控制器：最通用的火灾报警控制器。

8. 按防爆性能分类。

分为防爆型火灾报警控制器和非防爆型火灾报警控制器。目前，民用建筑中使用的绝大部分火灾报警控制器都属于非防爆型这一类。

(三) 火灾报警控制器的基本功能

火灾报警控制器主要包括电源部分和主机部分。根据国家标准规定，火灾报警控制器各部分的基本功能如下：

1. 电源部分。

由于消防电子产品的特殊要求，其电源部分的重要性也相应较高。火灾报警控制器的电源应由主电源和备用电源两部分组成。主电源为220V交流市电，备用电源一般选用可充放电反复使用的各种蓄电池，如常用的镍镉电池、免维护碱性蓄电池、铅酸蓄电池等。以前大多数火灾报警控制器的电源设计采用线型调节稳压电路，同时在输出部分增加相应的过压、过流保护环节。目前出现的开关型稳压电源将成为火灾报警控制器电源的首选模式。电源部分的主要功能为：

(1) 主电、备电自动切换；

(2) 备用电源充电功能；

(3) 电源故障监测功能；

(4) 电源工作状态指示功能；

(5) 为探测器回路供电功能。

火灾报警控制器主机电源的使用，采用双电源切换箱，不能采用插头和漏电开关。

2. 主机部分。

控制器主机部分承担着对火灾探测源传来的信号进行处理、报警并中继的作用。从原理上讲，无论是区域报警控制器还是集中报警控制器，都遵循同一工作模式，即收集探测源信号→输入单元→自动监控单元→输出单元。同时，为了使用方便、增加功能，又附加上人机接口——键盘、显示部分，输出联动控制部分，计算机通信部分，打印机部分等。火灾报警控制器的基本工作原理如图 2-4-4 所示。

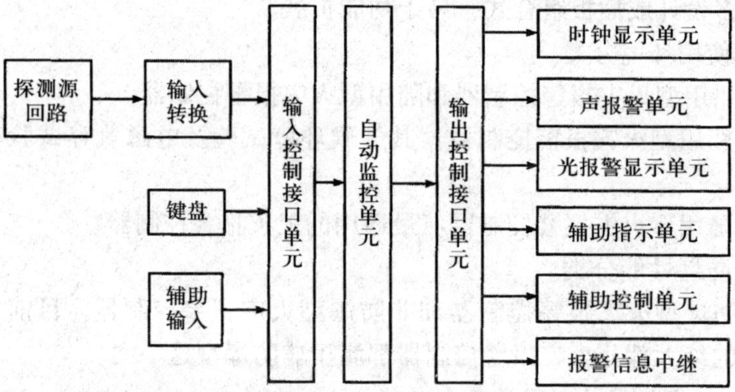

图 2-4-4　火灾报警控制器主机部分基本工作原理图

就输入单元而言，集中报警控制器与区域报警控制器有所不同。区域报警控制器处理的探测源可以是各种火灾探测器、手动报警按钮或其他探测单元，而集中报警控制器处理的是区域报警控制器传输的信号。由于其传输特性不同，输入单元的接口电路也不同。多线传输方式接口电路工作原理是：各线传输的报警信号可同时也可分时进入主监控部分，由主监控部分进行地址译码（对于同时进入）或时序译码（对于分时进入），显示报警地址，同时各线报警信号的“或”逻辑启动声光报警，完成一次报警信号的确认。

总线传输方式接口电路工作原理是：通过监控单元将要巡检的地址（部位）信号发送到总线上，经过一定时序，监控单元从总线上读回信息，执行相应报警处理功能。时序要求严格，每个时序都有其固定含义。其时序要求为：发地址→等待→读信息→等待。控制器周而复始地执行上述时序，完成整个探测源的巡检。

对于输出单元，集中报警控制器与区域报警控制器大同小异，只是前者的控制功能较复杂。

主机部分常态监视探测器回路变化情况，遇有报警信号时，执行相应的操作，其功能如下：

（1）声光报警故障功能。当出现探测器回路断路、短路、探测器自身故障、系统自身故障时，火灾报警控制器均应进行声光报警，并指示具体故障部位。

（2）火灾声光报警功能。当火灾探测器、手动报警按钮或其他火灾报警信号单元发出火灾报警信号时，控制器能迅速、准确地接收、处理此报警信号，进行火灾声光报警，指示具体火警部位和时间。

（3）火灾报警优先功能。控制器在报故障时，如出现火灾报警信号，应能自动切换到火灾声光报警状态。若故障信号依然存在，只有在火情被排除、人工进行火灾信号复位后，控制器才能转换到故障报警状态。

（4）火灾报警记忆功能。当控制器收到探测器火灾报警信号时，应能保持并记忆，不可随火灾报警信号源的消失而消失，同时亦应能继续接收、处理其他火灾报警信号。

（5）声报警消声及再声响功能。火灾报警控制器发出声光报警信号后，可通过控制器上的消声按钮人为消声，如果停止声响报警时又出现其他报警信号，火灾报警控制器应能进行声光报警。

（6）时钟单元功能。控制器本身应提供一个工作时钟，用于对工作状态提供监视参考。当火灾报警时，时钟应能指示并记录准确的报警时间。

（7）输出控制功能。火灾报警控制应具有一对以上的输出控制接点，用于火灾报警时的联动控制，如用于控制室外警铃、启动自动灭火设施等。

（四）火灾报警控制器型号编制

火灾报警控制器是火灾自动报警系统的核心单元，火灾报警控制器中火灾信息数据处理方法和火灾模式识别方法决定了火灾自动报警系统的基本性能与适应性。根据火灾报警控制器的产品类型编号，可以初步了解火灾自动报警系统产品的基本性能，这对于火灾自动报警系统产品选型和系统性能初步判断具有十分重要的意义。

按照中华人民共和国公共安全行业标准《火灾报警控制器产品型号编制方法》（GA/T 228-1999）的规定，火灾报警控制器产品型号编制由如图 2-4-5所示的几部分组成：

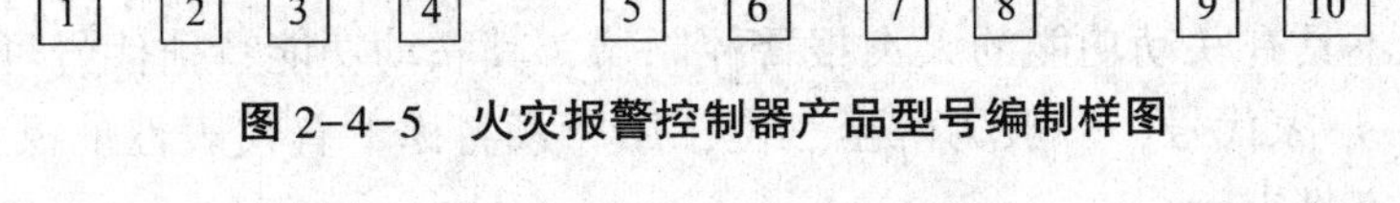

图 2-4-5　火灾报警控制器产品型号编制样图

图 2-4-5 中各部分含义如下：

1——消防产品中火灾报警设备分类代号，采用“J”表示。

2——火灾报警控制器产品代号，采用“B”表示。

3、4——应用范围特征代号，表示火灾报警控制器的适用场所，具体表示方法是：

B——防爆型（位置在前），省略为非防爆型；

C——船用型（位置在后），省略为陆用型。

5——分类特征代号及参数，分类特征代号（在前）采用一位字母表示：

Q——区域火灾报警控制器；

J——集中火灾报警控制器；

T——通用火灾报警控制器；

L——火灾报警控制器（联动型）。

分类特征参数用一或两位阿拉伯数字表示：对于分类特征代号为集中、通用、集中（联动型）、通用（联动型）的火灾报警控制器，其分类特征参数是可连接的火灾报警控制器数；对于分类特征代号为区域、区域（联动型）的火灾报警控制器，其分类特征参数可省略。

6——结构特征代号，采用字母表示：

G——柜式结构；

T——台式结构；

B——壁挂式结构。

7——传输方式特征代号及参数，传输方式特征代号采用一位字母表示：

D——多线制；

Z——总线制；

W——无线制；

H——总线无线混合制或多线无线混合制。

传输方式特征参数用一位阿拉伯数字表示：对于传输方式特征代号为总线制或总线无线混合制的火灾报警控制器，其传输方式特征参数是总线数；对于传输方式特征代号为多线制、无线制、多线无线混合制的火灾报警控制器，其传输方式特征参数可忽略。

8——联动功能特征代号，表示法为：

L——火灾报警控制器（联动型）。

对于不具有联动功能的火灾报警控制器，其联动功能特征代号可省略。

9——厂家代号，一般为两至三位，用厂家名称中有代表性的汉语拼音字母或英文字母表示。

10——产品代号，有时表示主参数代码，主参数表示的方法为：回路数、每回路的地址数和无线地址数之间用斜线隔开表示。具体方法是：回路数用一或两位阿拉伯数字表示，每回路的地址数用两或三位阿拉伯数字表示，无线地址数用两或三位阿拉伯数字表示。对于集中或集中（联动型）火灾报警控制器，主参数无需反映；对于区域、通用、区域（联动型）、通用（联动型）多线制火灾报警控制器，主参数表示火灾报警控制器的多线回路数；对于区域、通用、区域（联动型）、通用（联动型）无线制火灾报警控制器，主参数表示火灾报警控制器的无线地址数；对于区域、通用、区域（联动型）、通用（联动型）总线制火灾报警控制器，主参数表示火灾报警控制器的总线回路数和每回路的地址数；对于区域、通用、区域（联动型）、通用（联动型）总线无线混合制火灾报警控制器，主参数表示火灾报警控制器的总线回路数、每回路的地址数和无线地址数；对于区域、通用、区域（联动型）、通用（联动型）多线无线混合制火灾报警控制器，主参数表示火灾报警控制器的多线回路数和无线地址数。

二、区域火灾报警控制器

区域火灾报警控制器是一种对监测现场火情进行自动巡检（检测）的小型监控设备。火灾显示盘是显示发生火灾部位或区域的显示装置。利用区域火灾报警控制器、火灾显示装置和相应触发器件可以组成小型区域报警系统。

区域火灾报警控制器的工作过程是按照一定的时间周期顺序对每个火灾探测器进行检测，检测内容包括火灾探测器的工作情况是否正常、火灾探测器监测区域内是否存在火警情况等。火灾探测器将监测到的烟、温度、火焰光等火灾信号转变成电流信号输出给火灾报警控制器，对于由微处理机控制的火灾报警控制器来说，报警控制器将把这些信息存储在储存器中，经中央处理机分析、运算和判断处理后，确认火警或故障信号，启动显示、报警声光控制电路显示相应的火灾报警发生时间、火灾探测器编码，点亮相应的报警指示灯并同步发出相应的报警声响，同时由打印机输出火警发生时间和地点。对集中火灾报警系统而言，此时区域火灾报警控制器将火警或故障信号传输到集中火灾报警控制器；对某些带有联动控制功能的区域火灾报警控制器，在确认火灾后，可启动联动系统。

（一）JB-QBL-TX3001A 型火灾报警控制器（纯报警型）

JB-QBL-TX3001A 型火灾报警控制器采用二总线控制方式，可管理 242 个总线部位点。可连接 T3 系列电子编码、遥控编码系列智能型探测器、手动火灾报警按钮、输入模块等现场外部器件。采用二次码编程方式，编程简单、快捷。JB-QBL-TX3001A 型火灾报警控制器面板如图 2-4-6 所示。

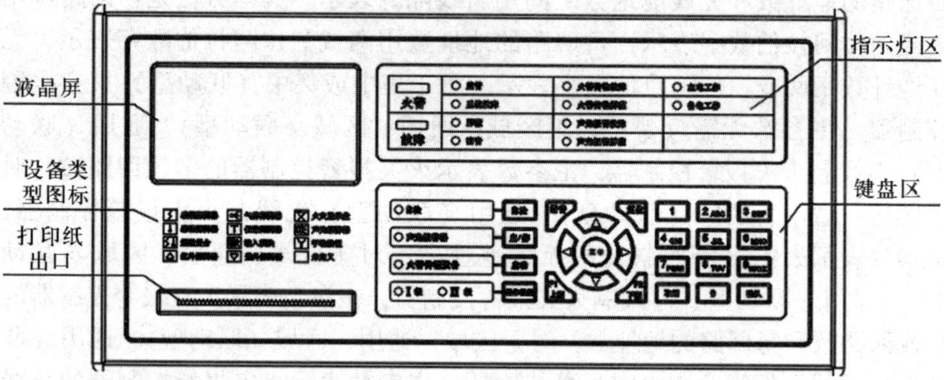

图 2-4-6 JB-QBL-TX3001A 型火灾报警控制器面板示意图

1. JB-QBL-TX3001A 型火灾报警控制器技术特点。

(1) 主电电源：交流 220V（187V~242V)。

(2) 备用电池：12V/4Ah 铅酸电池 2 节。

(3) 液晶屏规格：LCD 液晶屏 128×64。

(4) 容量：最大 1 个回路，回路的部件数 242 点。

(5) 使用环境：温度 0℃~40℃；相对湿度≤95%RH，不凝露。

(6) 外形尺寸：325. 0mm×120. 0mm×350. 0mm。

2. JB-QBL-TX3001A 型火灾报警控制器电路设计。

JB-QBL-TX3001A 型火灾报警控制器外部接线端如图 2-4-7 所示。

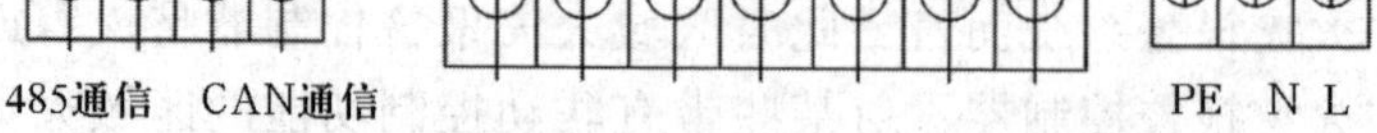

图 2-4-7 JB-QBL-TX3001A 型火灾报警控制器外部接线端

(1)（故障输出）GZ：控制器具有特定的一个故障输出口，当控制器检测到系统有故障发生时，将通过此端口输出 24V 电压（最大输出电流 100mA)。

（2）（监控点启动输出）SG：声光警报器为有源常开输出端子，启动时闭合接 24V 电压（最大输出电流 100mA）。

（3）Z1、Z2：无极性二总线端子。

（4）辅助电源输出：24V（最大输出电流 1A）。

（5）电源输入：主机电源输入端子，交流 220V。

（6）接地端子：接入地。

（7）485 接口：增加此功能并扩展 485 通信板后，此端子才能用。

（8）CAN 接口：CAN 通信接口端子只有扩展 CAN 通信板后，此端子才能用。

注意：连线时，任何设备的通信线 A 口接 A 口、B 口接 B 口、L 口接 L 口、H 口接 H 口，请勿接反，否则系统将无法通信。COM 口接内部电源地。

（二）JB-QBL-TX3000A 型火灾报警控制器（联动型）

JB-QBL-TX3000A 型火灾报警控制器采用二总线控制方式，可管理 1 个回路共计 242 个总线部位点。可连接 T3 系列电子编码、遥控编码的智能型探测器、手动报警按钮、输入模块、输入/输出模块等现场外部器件。

该控制器自带一个 12 点“总线联动操作键”、6 点“直接启动操作键”，接线少、可靠性高，手动操作盘上的每一个启/停键均可通过定义与系统所连接的输出模块，通过手动或自动启动的方式来完成消防联动的启动/停止功能；采用二次码编程方式，编程简单、快捷。该控制器具有联网功能，可与多回路控制器进行联网。

1. JB-QBL-TX3000A 型火灾报警控制器的技术特点。

（1）主电电源：交流 220V（187V~242V）。

（2）备用电池：12V/7. 0Ah 铅酸电池 2 节。

（3）液晶屏规格：LCD 液晶屏 128×64。

（4）容量：最大 1 个回路，回路的部件数 242 点。

（5）使用环境：温度 0℃~40℃；相对湿度≤95%RH，不凝露。

（6）外形尺寸：330. 0mm×130. 0mm×400. 0mm。

2. JB-QBL-TX3000A 型火灾报警控制器电路设计。

JB-QBL-TX3000A 型火灾报警控制器外部接线端如图 2-4-8 所示。

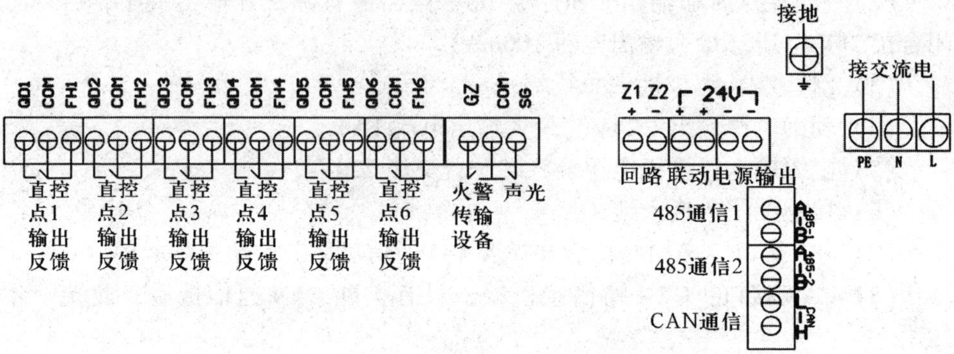

图 2-4-8 JB-QBL-TX3000A 型火灾报警控制器外部接线端

（1）（监控点启动输出）QD1～QD6：6 个直接启动操作盘为有源常开输出端子，启动时闭合接 24V 电压（最大输出电流 100mA）。

（2）（直控点反馈信号）FH1～FH6：6 个直接启动操作盘反馈端子，无源输入，不用时接一个 10k 电阻。

（3）（故障输出）GZ：故障输出端子为有源输出，当控制器检测到故障时会输出 24V 电压（最大输出电流 100mA）。

（4）（监控点启动输出）SG：声光警报器为有源常开输出端子，启动时闭合输出 24V 电压（最大输出电流 100mA）。

（5）Z1、Z2：无极性二总线端子。

（6）联动电源输出：24V（最大输出电流 1.5A）。

（7）电源输入：主机电源输入端子，交流 220V。

（8）接地端子：接入地。

（9）485 接口：

①485 接口 1：保留端子（增加此功能并扩展 485 通信板后，此端子才能用）。

②485 接口 2：保留端子（增加此功能并扩展 485 通信板后，此端子才能用）。

（10）CAN 接口：CAN 通信接口端子（只有扩展 CAN 通信板后，此端子才能用）。

注意：连线时，任何设备的通信线 A 口接 A 口、B 口接 B 口、L 口接 L 口、H 口接 H 口，请勿接反，否则系统将无法通信。COM 口连接内部电源地。

（三）JB-QBL-TX3004 型火灾报警控制器（联动性）

JB-QBL-TX3004 型火灾报警控制器是一种已被广泛使用的典型产品。它是一种多线制的区域报警器，通常可以与多回路控制器进行联网。

1. JB-QBL-TX3004 型火灾报警控制器的功能特点。

（1）小型化壁挂式设计，适合餐厅、酒吧、宾馆等小型工程；

（2）7 英寸 TFT 彩色液晶显示屏，自带数字、英文、汉字拼音输入法；

（3）回路地址容量 242 点、484 点、726 点、968 点可选；

（4）自带 64 个总线联动操作键，适用于直接控制现场联动设备；

（5）自带 6 点直接启动操作键，可扩展到 10 点，用于控制消防泵、排烟机等重要设备；

（6）全隔离式总线回路卡，降低对施工布线的要求，提高系统的稳定性；

（7）人性化的操作显示界面，美观大方的按键设计，具有火警、联动、故障、屏蔽、监管信息查询快捷键；

（8）具有监管、延时功能，全面优化的电磁兼容设计，防雷、抗干扰；

（9）控制器采用 ARM 核心处理器，基于嵌入式操作系统平台，支持实时多任务程序同步运行；

（10）控制系统的所有对外接口全部配备了浪涌滤波器，用于吸收控制系统传输线路上由于雷电感应而引起的浪涌冲击和大量负载切换时引起的电网浪涌冲击，最大限度地降低了雷电或电网浪涌冲击对系统破坏的风险；

（11）集中加区域型设计，可扩展至 128 台主机联网，加强了消防联动控制功能；

（12）CAN 总线无主从联网，系统响应速度快、稳定性高。

2. JB-QBL-TX3004 型火灾报警控制器电路设计。

JB-QBL-TX3004 型火灾报警控制器由主机、显示屏、操作盘、总线操作盘、多线控制盘和电源等组成。控制器具有联网功能，可与多回路列控制器进行联网。JB-QBL-TX3004 型火灾报警控制器接线外部接线端如图 2-4-9 所示。

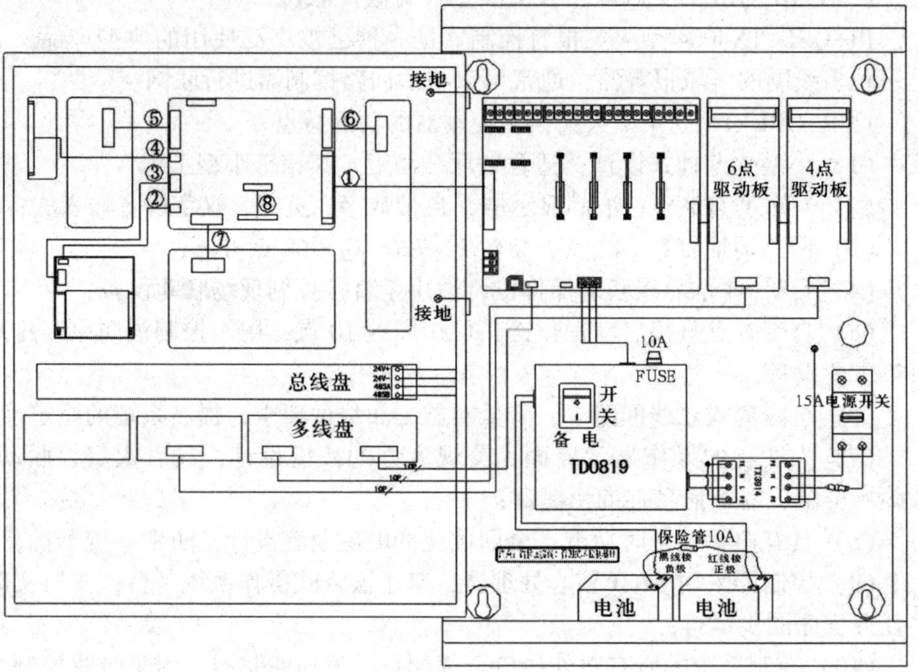

图 2-4-9　JB-QBL-TX3004 型火灾报警控制器外部接线端

（1）HJ：预留；

（2）SG：声光警报器为有源常开输出端子，启动时闭合接 24V 电压（最大输出电流 100mA）；

（3）GZ：故障输出为有源常开输出端子，启动时闭合接 24V 电压（最大输出电流 100mA）；

（4）Z1、Z2（1、2、3、4）：无极性二总线端子（只有插入对应回路板后对应端子才有效）；

（5）24V+、24V-：辅助电源 24V 输出（最大输出电流 3A）；

（6）L、N：主机电源输入端子，交流 220V；

（7）接地：主机电源交流电接地；

（8）CAN：CAN 通信接口端子（只有扩展 CAN 通信板后，此端子才能用）；

（9）485：485 通信接口端子（只有扩展 485 通信板后，此端子才能用）；

（10）Ox：直控点输出；

（11）COMx：直控点接地；

（12）Ix：直控点反馈。

注意：连线时，任何设备的通信线 A 口接 A 口、B 口接 B 口、L 口接 L 口、H 口接 H 口，请勿接反，否则系统将无法通信。

三、集中火灾报警控制器与通用火灾报警控制器

（一）集中火灾报警控制器的构成、功能与原理

集中火灾报警控制器的基本功能是按一定的时间周期对系统中每一台区域火灾报警控制器进行巡检，区域火灾报警控制器随时把自身的状态信息和报警信息存储并等待集中火灾报警控制器查询。集中火灾报警控制器一旦对报警信息确认，则发出相应的联动控制指令，使消防联动控制设备按一定的顺序投入火势控制与火灾扑救工作之中。

集中火灾报警控制器的电路原理如图 2-4-10 所示。

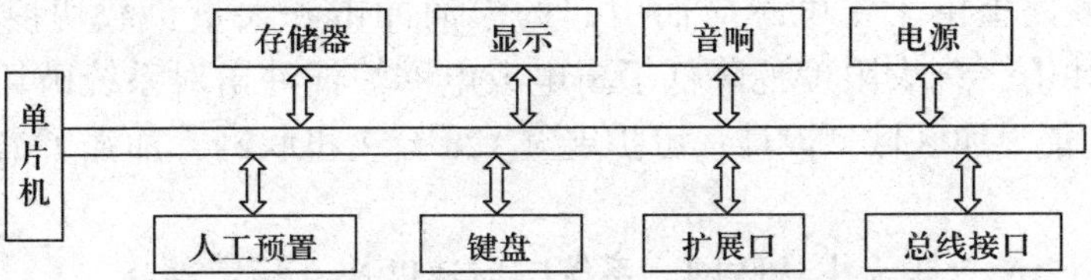

图 2-4-10　集中火灾报警控制器电路原理图

微机控制型集中火灾报警控制器一般都具有故障自诊断功能，能够对区域火灾报警控制器数据传输部分和自身的数十种故障进行诊断、报警、显示、打印相应的故障类型和部位。集中火灾报警控制器的报警方式除火灾报警和故障报警之外，还具有火灾预警功能，其警报均有声、光报警，能够显示打印火警的类别和区域、部位地址编码，能接收区域报警控制器送来的全部信息并检验信息的正确性。此外，集中火灾报警控制器按一定的时间周期对区域报警控制器进行巡检并具有火警优先报警功能，还有软件时钟及与微机外设如显示器和打印机或其他设备相配的控制功能。集中火灾报警控制器一般可接数十台区域火灾报警控制器。在实际应用中，要根据应用环境条件和管理范围，选用不同容量的集中火灾报警控制器。

1. JB-QGL-TX3016A 型火灾报警控制器（联动型）功能特点。

（1）7 英寸 TFT 彩色液晶显示屏，自带数字、英文、汉字拼音输入法；

（2）JB-QTL-TX3016A 型琴台式：TX3016A 最大 16 回路，每回路最大 242 点；

（3）JB-QTL-TX3016A/TX3032（A）型立柜式：TX3016A 最大 16 回路，TX3032（A）最大 64 回路，每回路最大 242 点；

（4）自带 128 点总线联动操作键，琴台式最大可扩展至 704 点，立柜式

最大可扩展至576点；

（5）自带6点直接启动操作键，琴台式最大可扩展至70点，立柜式最大可扩展至84点；

（6）全隔离式总线回路卡，降低对施工布线的要求，提高系统的稳定性；

（7）人性化的操作显示界面，美观大方的按键设计，具有火警、联动、故障、屏蔽、监管信息查询快捷键；

（8）具有监管、延时功能，全面优化的电磁兼容设计，防雷、防干扰；

（9）可扩展多线盘/总线盘及配接消防应急广播系统；

（10）控制器采用ARM核心处理器，基于嵌入式操作系统平台，支持实时多任务程序同步进行；

（11）控制系统的所有对外接口全部配备了浪涌滤波器，用于吸收控制系统传输线路上由于雷电感应而引起的浪涌冲击和大量负载切换时引起的电网浪涌冲击，最大限度地降低了雷电或电网浪涌冲击对系统破坏的风险；

（12）集中加区域型设计，可扩展至128台主机联网，加强了消防联动控制功能；

（13）CAN总线无主从联网，系统响应速度快、稳定性高。

微机控制总线制区域火灾报警控制器一般由中央处理器（或称为中央处理单元）、火灾信息采集电路、接口电路（包括总线驱动、数据通信、CRT显示、打印机打印等接口）、火灾报警电路、联动控制输出电路及电源等组成，实现火灾探测器编码与巡检、火灾信号处理与报警显示、联动控制与信号输出等功能。

中央处理单元是火灾报警控制器的核心，由CPU、EPROM、RAM等组成。中央处理单元产生编码信号与巡检信号P、T，经总线驱动接口发往监测现场，被总线上连接的所有设备同时接收；总线中所有设备根据自身编码不同以及巡检信号指令的状态不同，与编码信号相符的相应设备接收中央处理单元发出的信号并相应发出自身的状态信号S，经S总线进入信号采集与传送电路；每一条S总线对应相应的信号采集电路A、B、C、D，这些总线上的S信号，反映着现场设备的正常、故障、火警等信息。这些信号在火灾信号读取软件的控制下，进入中央处理单元进行分析、处理后，完成下列一系列的功能操作：

（1）通过声光报警电路，发出火灾、故障报警或联动控制信号；

（2）通过地址显示电路，显示报警与联动地址的编码或相应部位号；

（3）通过打印机接口电路，驱动打印机并打印输出报警时间和报警装置的编码地址；

（4）通过 CRT 显示接口电路，用 CRT 显示各报警区域的建筑平面图，并在平面图上显示相应的火灾报警地点；

（5）通过联动控制输出电路，按照时序要求顺序，驱动现场联动设备或接收控制器面板指令实现各种操作；

（6）通过通信接口电路，在通信控制软件的作用下，将区域火灾报警控制器的各种状态信息发往集中火灾报警控制器。

2. JB-QGL-TX3016A 型火灾报警控制器（联动型）电路设计。

JB-QGL-TX3016A 型火灾报警控制器（联动型）是具有联动控制功能的总线制火灾报警控制器。它由主控单元、直控点单元、接口单元、电源四部分构成。其控制器外部接线端子如图 2-4-11 所示。

（1）多线盘 O1～O6：直接启动操作盘为有源常开输出端子，启动时闭合接 24V 电压（每个点最大输出电流 200mA）；多线盘 I1～I6：直接启动操作盘反馈端子，无源输入，不用时接入 4.7k 电阻。

（2）多线盘 COM1～COM6：直控点输入输出公共端。

（3）（监控点启动输出）HJ：火警传输设备为有源常开输出端子，启动时闭合接 24V 电压（最大输出电流 100mA）；不用时接入 10k 电阻。

（4）（监控点启动输出）SG：声光警报器为有源常开输出端子，启动时闭合接 24V 电压（最大输出电流 100mA）。

（5）不用时接入 10k 电阻。

（6）（监控点启动输出）COM：火警传输设备和声光警报器的公共接线端子。

（7）Z1、Z2：无极性二总线端子。

（8）24V+、24V-：24V 联动电源输出。

（9）USB 接口：系统或调试人员传输设备安装位置、联动逻辑等配置信息。

（10）串口接口：用于连接 CRT。

（11）485 通信：预留（程序增加此功能，此端子才能用）。注意：连线时，任何设备的通信线 A 口接 A 口、B 口接 B 口，请勿接反，否则系统将无法通信。

（12）CAN 通信：主、分机通信接口端子。注意：连线时，任何设备的通信线 L 口接 L 口、H 口接 H 口，请勿接反，否则系统将无法通信。

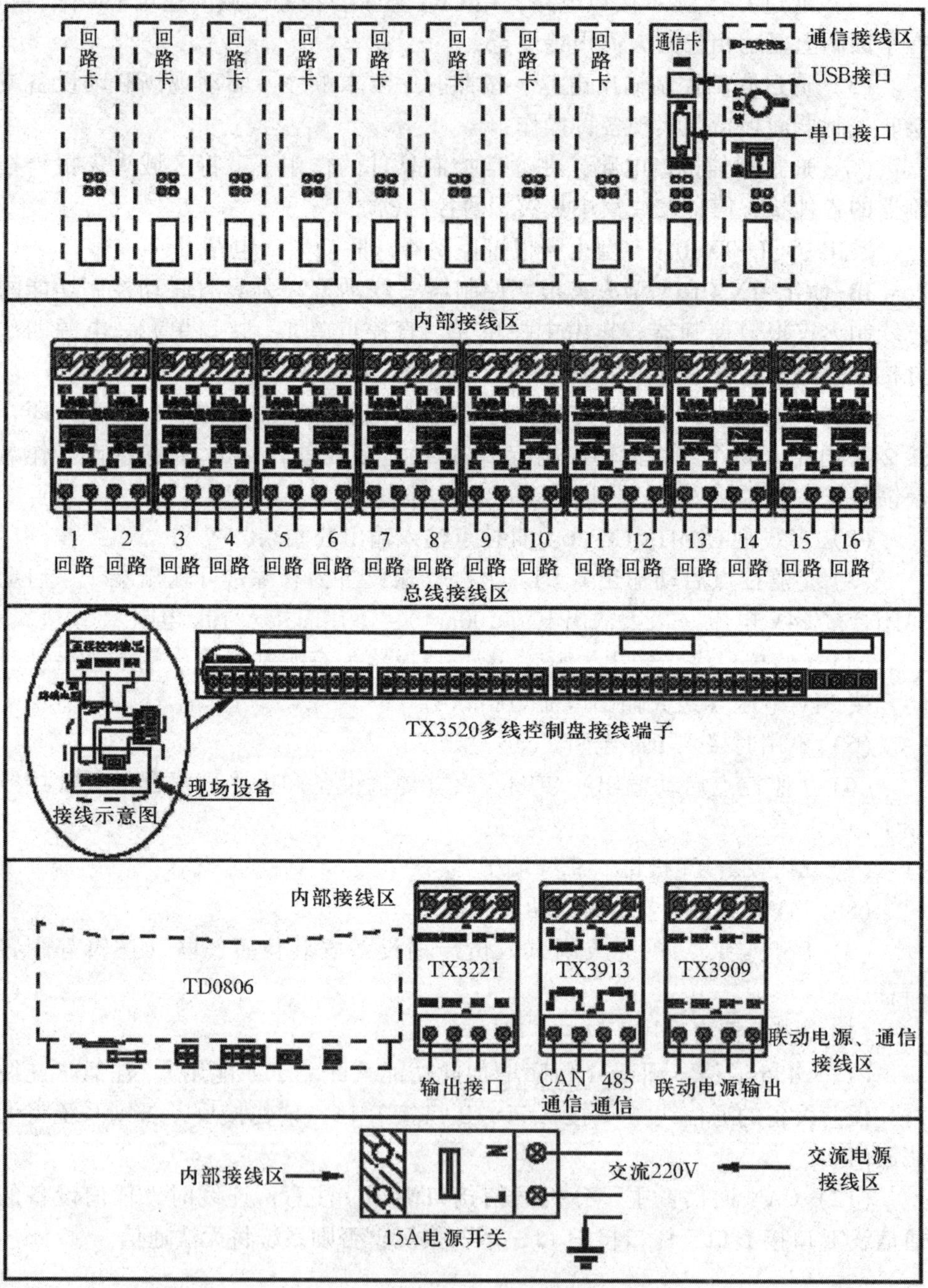

图 2-4-11 JB-QGL-TX3016A 型火灾报警控制器（联动型）外部接线端

（二）通用火灾报警控制器

无论是区域火灾报警控制器还是集中火灾报警控制器，都应具备火灾报警控制器主机规定的各项基本功能。按国家标准火灾报警控制器产品型号编制方法命名法，Q（区）表示区域，J（集）表示集中，而T（通用）表示既可作集中报警又可作区域报警。实际上，国内火灾报警控制器产品现状是区域控制器与集中控制器区别概念逐渐淡化，有些产品虽冠以Q型，但也可以作为集中控制器使用。例如，JB-QBL-TX3004、JB-QTL-TX3006、JB-QGL-TX3006、JB-QTL-TX3016A、JB-QGL-TX3016A等型号的产品，既可用于区域报警控制器，又可用于集中控制器。由于区域或集中火灾报警控制器有相当一部分功能相同，同时计算机及微机开发技术广泛应用到消防电子产品中，因此就产生了通用型火灾报警控制器。通用火灾报警控制器具有通用性好、功能齐全的特点，既可独立地与火灾探测器组成单一报警控制器的火灾监测报警系统，也可与火灾显示盘、区域火灾报警控制器组成较大规模的火灾探测报警系统，还可以外接联动控制装置，实行火灾探测报警与消防联动控制。通用火灾报警控制器是一种设计应用非常灵活的火灾报警控制器。近年来，不少生产厂家不再生产单一用途的区域控制器或集中控制器，而改为生产既可作区域控制器又可作集中控制器的通用控制器，这样既有利于灵活组合成集散型报警方式，又便于构成报警点数不多的规模较小的系统。最近，通用火灾报警控制器受到用户广泛欢迎，在技术上也反映出产品的系统性、成套性和适用性，值得推广。

在消防工程中，与通用火灾报警控制器配套使用的基本设备有火灾显示盘和总线隔离器。火灾显示盘是为了适应某些应用场所需要用1台区域报警控制器（针对编码地址较少的对象）或1台通用火灾报警控制器（一般针对200~3600编码地址的对象）同时监控几个火灾报警区域或多个楼层的火灾探测器的情形。这时，可在每一个火灾报警区域或某一个楼层安装1台火灾显示盘，当该区域或楼层的某一个火灾探测器发出火警或故障信息时，火灾显示盘将发出声光报警并指示出报警探测器的编码地址。火灾显示盘体积小、性能可靠，其核心采用单片机且一般设置有自检开关，可以手动检查火灾显示盘的工作状态及运行状态。

总线隔离器一般应用在总线制火灾自动报警系统中，是为了防止系统因某一局部出现故障（如短路）造成整个火灾自动报警系统无法工作。总线隔离器的作用是：使发生故障的总线部分与正常工作的总线部分隔开，以保证火灾报警控制器与总线不受故障影响，同时有利于确定故障总线的部位，便于维护。总线隔离器一般直接串联在总线上，安装在总线的分支处，形成对每一个火灾探测器回路的分段保护。

JB-QGL-TX3006 型火灾报警控制器（联动型）是一种应用广泛的通用报警控制器，该控制器是可以进行现场编程的二总线制产品。该控制器为系列化产品，最大容量为 6 个回路，每个回路可带探测器和节点型信号 242 个。控制器具有极强的现场编程能力，各回路设备间的交叉联动、各种汉字信息注释、总线制控制设备与多线制控制设备之间的相互联动等均可以现场编程设定。采用大屏幕汉字液晶显示器，各种报警状态信息均可以直观地以汉字形式显示在屏幕上，便于用户操作使用。通过回路总线可与火灾显示盘连接，通过 CAN 总线还可与 128 台其他控制器进行联网通信，完成对网络中所有设备的监视与控制。通过 RS-232 通信接口与计算机联机，实现对建筑的平面图、着火部位等的 CRT 彩色显示。在大工程中，总控制室有 1 台 JB-QGL-TX3006 型报警控制器作为集中报警控制器，监控最多 128 台 JB-QGL-TX3006 型区域报警控制器，每台区域报警控制器各自监控最多 1452 个编码部位，这样就构成一个大规模的报警系统。

JB-QGL-TX3006 型火灾报警控制器（联动型）技术特点如下：

（1）主电电源：交流 220V（187V~242V）。

（2）备用电池：12V/24Ah 铅酸电池 2 节。

（3）液晶屏规格：LCD 液晶屏 128×64。

（4）容量：最大 6 个回路，回路的部件数 242 点。

（5）使用环境：温度 0℃~40℃；相对湿度≤95%RH，不凝露。

（6）外形尺寸：550.0mm×480.0mm×1715.0mm。

JB-QGL-TX3006 型火灾报警控制器（联动型）面板外形如图 2-4-12 所示。

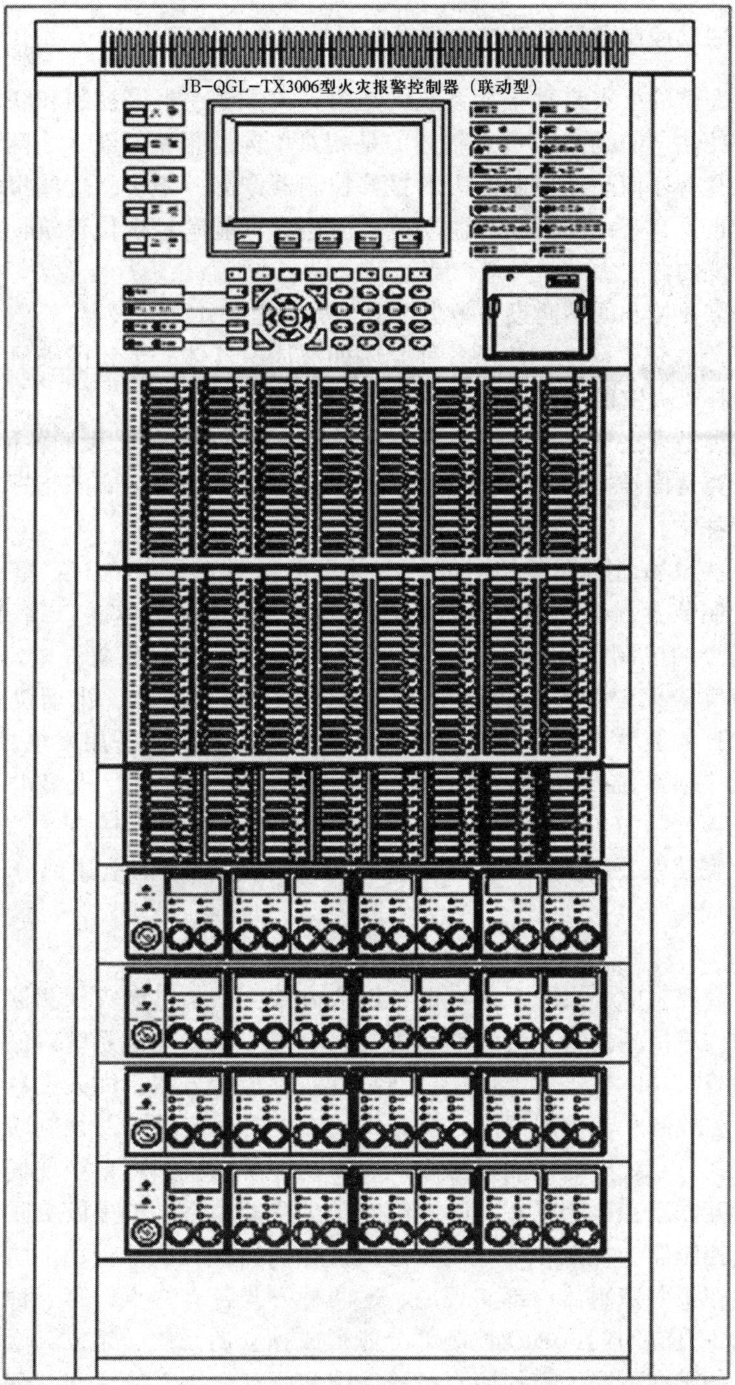

图 2-4-12　JB-QGL-TX3006 型火灾报警控制器（联动型）面板外形示意图

四、联动控制器及联动控制逻辑编程

一个完整的火灾自动报警系统，是由火灾探测、报警控制和联动控制三部分组成的。之前的章节重点叙述的是相对单纯的报警系统。实际上，单纯报警而不具有任何联动控制能力的报警控制器产品并不多，这些报警控制器或多或少也具有一定的联动控制功能，但这远不能满足现代建筑物中庞大消防监控系统的需要。

现场需要控制的消防设备种类繁多，从功能上分有三大类：

第一类是灭火系统，包括各种介质如液体、气体、干粉的喷洒装置，是直接用于扑灭火灾的各种设备；

第二类是灭火辅助系统，是用于限制火势、防止灾害扩大的各种设备；

第三类是信号指示系统，是用于报警并通过灯光与声响来指挥现场人员的各种设备。

与这些现场消防设备相对应的有关消防联动控制装置有：室内消火栓系统的控制装置，自动喷水灭火系统的控制装置，卤代烷、二氧化碳等气体灭火系统的控制装置，泡沫、干粉灭火系统的控制装置，电动防火门、防火卷帘等防火分割设备控制装置，通风、空调、防烟、排烟设备及电动防火阀的控制装置，电梯的控制装置，断电控制装置，备用发电控制装置，火灾事故广播系统及其设备的控制装置，消防通信系统，火警电铃、火警灯等现场声光报警控制装置，避难与疏散的诱导指示控制装置，事故照明装置等。在建筑物防火工程中，消防联动控制系统可由上述部分或全部控制装置组成。

（一）火灾自动报警与消防联动控制的组合方式

大多数控制中心报警系统有两种组成方式：一是由火灾探测器与报警控制器单独构成探测报警系统，然后再配以单独的联动控制系统，形成控制中心报警系统。具体在工程实践中，通常有两种组合方式，即火灾自动报警与自动灭火多线制联动控制器的组合方式和火灾自动报警与总线制联动控制器的组合方式。系统中的探测报警系统和联动控制系统，可以在现场设备或部件之间相互联系，也可以在消防控制室产生联动关系。二是以带联动控制功能的报警控制器为控制中心，既联系火灾探测器，又联系现场消防设备，联动关系是在报警控制器内部实现的。这两种方式各有特点，第一种方式是国内多年来一直应用的，联动控制部分能形成独立的系统，组成灵活、工程适用性强，便于在不同厂家的探测报警系统和联动控制系统之间互配。第二种方式是近几年发展起来的，系统简单，是当前发展的方向。

1. 火灾自动报警与自动灭火多线制联动控制器的组合方式。

多线制联动控制器一般操作简单、安全可靠，缺点是外部连线多，适用于外控设备数量少或要求高可靠性的重要外控设备。例如，联动控制器通过RS232、RS485或CAN通信接口与火灾报警控制器配合，通过被驱动的继电器触点，输出DC 24V+，再通过中间继电器盒或双切换盒，控制外控消防设备动作，各路均有启动状态指示灯。通过按动面板上的停止按钮，提供DC 24V+，经中间继电器盒或双切换盒，可使外控设备停机，各路均有停止状态指示灯。

2. 火灾自动报警与总线制联动控制器的组合方式。

总线制联动控制器将控制、返回集中在一对总线上，与多线制联动控制器相比简化布线，其优点不言而喻。

3. 火灾自动报警与联动控制合为一体的方式。

国内外先进的通用火灾报警（联动）控制器均是集报警和联动控制于一体的，从而实现手动或自动联动、跨区联动、设置防火区域，使火灾报警和联动控制达到最佳的配合效果，符合最新火灾报警和联动控制的国家消防标准。

（二）典型联动控制器的基本性能

几乎所有的国内外生产火灾报警设备的专业厂家都有与其相应的联动控制器产品，所以目前大量工程还是利用与火灾报警控制器配套使用的联动控制器来联动消防设施。现就典型的联动控制器的基本性能举例介绍如下：

1. HJ-1810型多线制可编程外控控制器。

HJ-1810型多线制可编程外控控制器主要是与JB-QB-DF1501型火灾报警控制器配套使用的。通过与该外控控制器配套使用后，具备自动/手动控制的功能，且手动优于自动。因此，不但可以按程序规定的要求进行控制，而且在火灾现场，消防中心可以直接手动控制所设置的各类控制设备，提高消防设施的适应能力。

执行信号是可编程的。对系统中的探测器和节点型信号而言，可以是系统中的任意一个报警点与某一防火分区中的任意一个报警点，组成“或门”、“与门”的关系，四种逻辑都可以通过编程后驱动所需动作的外控设备。多线制指继电器触点的输出采用多线连接的方式，目的是增加控制系统的可靠性。

该主机内有16组输出控制，每组输出有一对常开、常闭切换触点带DC 24V，使安装在被控设备现场的配套设备继电器盒（HJ-1806）动作，驱动被控设备动作。联动现场共有12只继电器盒，盒内装1个继电器，有1对常开触点及1对常开、常闭切换触点，容量为AC 250V/3A、DC 24V/5A，可分别控制16类控制对象。

面板设 16 组按钮，其中 4 组有启动、停止按钮，其余 12 组只设启动按钮。用双切换盒 HJ-1804 实现外控设备的启动、停止，并可显示外控设备的动作状态。驱动方式有自动和手动 2 种。继电器动作可分为持续动作和脉冲动作 2 种形式。

该外控控制器可通过编程器实现现场编程。它通过 RS-232 通信接口与 JB-QB-DF1501 型火灾报警控制器实现自动控制。

双切换盒被用于现场联动控制系统中，主要是将报警联动控制器发出的无源触点信号与消防控制设备内的强电控制回路隔离，并将带有强电回路的反馈执行信号与火灾报警器的弱电返回信号隔离，如水泵、风机的启动、停止和反馈是否处于运行、停止状态。这样，就在系统的布线中避免了高压线和低压线分管穿线的麻烦，以及由于火灾发生毁线停机的不利后果。

2. HJ-1811 型联动控制器。

与 JB-QB-DF1501 型火灾自动报警控制器配合使用。它由总线联动和多线联动 2 部分组成。总线联动为四总线制，其中 2 根为控制总线并有信号返回功能，另 2 根为 DC 24V 电源线，控制 128 个控制模块 HJ-1825，火警时控制外控设备，如广播、新风机、防火卷帘门、各类电磁阀，同时接收其返回信号。多线联动有 16 组控制单元，为 4n+1 线制，通过 16 个双切换盒 HJ-1804，控制一些集中的重要设备如消防泵、喷淋泵、排烟风机、正压送风机等。通过 RS-232 通信接口接收火灾报警控制器的火警信号，经过逻辑判断来控制双切换盒和控制模块，驱动相应的外控设备。联动控制器可选择自动或手动工作状态。总线联动处于手动工作时，能启动或释放某个控制模块。联动控制器在自动工作状态时能实现以下的逻辑功能：

（1）系统内任何一只探头报警，便联动一只或几只控制模块和双切换盒。

（2）某区域内特定的几只探头报警，便以“与门”的方式联动一只或几只控制模块和双切换盒。

（3）某区域内特定的几只探头报警，便以“或门”的方式联动一只或几只控制模块和双切换盒。

（4）“区（层）”逻辑编程，含义与“或门”相似，只不过把“报警点”扩大为“报警区”。例如，1 层或 2 层有探头报警，便联动几只控制模块或双切换盒。

（5）反馈控制（一次启动），即当若干个控制模块中的任意一个模块有反馈信号输入时，可以再去启动另外一些控制模块或双切换盒。

（6）控制模块和双切换盒的动作可分为持续动作和脉冲（3s）动作 2 种形式。

联动控制器设有故障报警和自动检查功能。它有现场编程的功能，不同的控制要求都能实现，通用性好。与此联动控制器或 JB-96/1502 型火灾报警控制器配套用的 HJ-1825 控制模块需 DC 24V 系统电源，监控电流<200μA，动作电流<60mA，触点容量为 250V/3A 的 2 对常开、常闭转换触点。控制模块直接安装在控制设备附近或其控制柜内，这样，控制线和返回信号线接线最短、最方便。控制模块置于“AC”开关位置时，接收 AC 220V 的返回信号；置于“DC”开关位置时，接收无源触点的返回信号。控制信号和返回信号全部集中于二总线上。现场调试时可拨动二进制地址编码开关选定 0～127 编码号。

3. XF-KZ-8401 型消防联动控制器。

该联动控制器采用高可靠性可编程控制器（PLC），其主要功能是完成对风机、电梯迫降、消防泵、喷淋泵及气体灭火系统的联动控制。控制盘采用插入式，可以按不同的保护对象插入各种功能的控制盘，完成多区域气体灭火或消防设备的集中控制。控制器配备有 OMRON SYSMAC 可编程控制器及专用电源、RH8412 型灭火控制盘、RH8421 型设备控制盘、RH8411 型电源控制盘、控制器电源、消防电源和通用立柜，可安装各类控制盘 7 块。

该控制器控制 32 台联动设备，其中 16 台为单命令设备，另外 16 台为双命令设备。控制器至每个联动设备分别布线，单命令设备 7 线，双命令设备 10 线。

该控制器的配套设备有 RH8453 型消防联动现场接口，通过接口可将现场设备的动作状态信号反馈给消防联动控制器，并完成强弱电的隔离和转换。

4. RH8460 型总线联动控制器。

这是基于微机的消防联动设备总线控制器。该控制器接收来自火灾报警器的报警信息，经逻辑处理后通过总线控制联动模块或区域联动控制器发出命令，去驱动相关的联动设备。联动设备动作后，其回答信号再经总线送回总线联动控制器，显示设备工作状态。

该控制器带有键盘，通过它可以进行对系统的控制或各种功能编辑和现场编辑。该控制器带有 6 位数码管实时显示，可显示火灾部位号和相关的联动设备号。控制器对联动设备的控制有自动、手动和确认后手动 3 种方式。对每一个联动设备都设有手动控制和状态指示（简称手动控制盘），每个手动控制盘包括 32 个手动键和 32 个指示，可按联动设备的数量确定手动控制盘的数目 n，形成可控制 n×32 个控制点。在自动控制联动设备时，可按照已编好的逻辑功能进行。每个联动设备动作的回答，直接由联动模块或区域联动控制器接收，并经总线送回总线联动控制器，不需要中继器（或输入模块）

和另外的返回总线。控制器有自检功能，并有故障报警功能。控制器配备有：STD 工业控制机主机及电源、RH8461 型总线联动控制盘、RH8464—32 型手动开关盘；24V 消防电源、15V 电源（供区域联动控制器或模块用）、通用立柜（可安装 7 块各类控制盘）。

连接联动模块或区域联动控制器：其容量为信号三总线，15V 电源两线，24V 消防电源两线。容量：8 回路×63，最多可接 504 个联动模块；连接区域联动控制器≤32 台。

RH8462 型总线制联动模块是 RH8460 型总线联动控制器的配套设备。这是一种带地址编码，由总线联动控制器控制的联动模块。模块挂接总线联动控制器的控制总线，接收总线联动控制器发出的命令，经强弱电隔离和转换，驱动与其相连的联动设备。现场设备的状态信号，通过联动模块反馈给总线联动控制器。其容量为：输出命令 2 对，常开、常闭触点，触点容量为 220V/2A、28V/5A，输入应答信号 3 对。编码方式为二进制，最大编至 63 号。

RH8463 型区域联动控制器是 RH8460 型总线联动控制器的另一种配套设备。这是一种以单片微机为基础设计的带地址编码，由总线联动控制器控制的区域联动控制器。区域联动控制器经过通信接口接收来自总线联动控制器的控制信号，发出声光报警，输出接口同时输出信号，经强弱电隔离和转换，驱动相应的联动设备。联动设备的动作状态信号通过区域联动控制器反馈回总线联动控制器。其容量为：输出命令 16 对，均为常开触点；应答信号 16 对，触点容量为 AC 250V/5A、DC 30V/5A。编码方式为二进制，最大编至 31 号。与现场联动设备的输出、输入连接为多线。

（三）报警、联动一体化的火灾自动报警及联动控制器

国内外先进的通用火灾报警（联动）控制器均是集报警和联动控制于一体的，可实现手动或自动联动、跨区联动、设置防火区域，使火灾报警和联动控制达到最佳的配合，符合最新火灾报警和联动控制国家消防标准。典型产品如 JB-QBL-TX3000 型、JB-QBL-TX3004 型、JB-QG（T）L-TX3016A 型等火灾自动报警及消防联动控制器。火灾自动报警及消防联动一体化控制器产品具有以下主要特点：

1. 火灾探测器智能化。每只探测器内均安装有 1 只单片计算机，探测器上电后计算机可对传感器采集到的环境参数（烟雾、水汽、粉尘等）信号进行分析判断，并向火灾报警控制器传送正常、火警、污染、故障等状态信号，极大降低了误报率。探测器智能化后可大大减少普通火灾报警系统中探测器与控制器之间的信息传输量，进一步提高了火灾报警系统的可靠性。另外，智能型光电感烟及电子差定温感温火灾探测器可实现电子编码及特性检查，

方便安装、调试及维修。

2. 火灾报警控制器智能化。火灾报警控制器采用大屏幕汉字液晶显示屏，清晰直观。除可显示各种报警信息外，还可显示各类图形。报警控制器可直接接收火灾探测器传送的各类状态信号，通过控制器可将现场火灾探测器设置成信号传感器，并对传感器采集到的现场环境参数信号进行数据及曲线分析，为更准确地判断现场是否发生火灾提供了有利的工具。控制器若配接 CAN 交换机，可实现 128 台控制器联网。

3. 报警及联动控制系统全功能化。控制器采用内部并行总线设计，为积木式结构，容量扩充简单方便。系统可采用报警联动共线式布线，也可采用报警和联动分线式布线，适用于目前各种报警系统的布线方式，彻底解决了变更产品设计带来的原设计图纸改动的问题。各类控制器全部通过 GB 4717-2005 及 GB 16806-2006 双项标准检验。

4. 探测器与控制器采用无极性二总线技术，整个报警系统的布线极大简化，便于工程安装、线路维修，降低了工程造价。系统还设有总线故障报警功能，随时监测总线工作状态，保证系统正常工作。

5. 控制器内设有 Watchdog 功能，对于由外界强电磁干扰造成的系统程序混乱，可自动恢复正常运行。采用软硬件滤波，提高了探测器的抗干扰能力，探测器具有自动补偿功能，对于在一定程度上因外部环境（温度湿度、灰尘、静电等）因素变化而引起的性能漂移，可自动进行补偿，提高了探测器的可靠性。

6. 信号传输距离远。探测器及模块到控制器间的传输距离达到 1500m 时系统仍可正常工作。控制器间通信距离可达到 1500m。

下面以 JB-QGL-TX3016A 型火灾报警控制器（联动型）为例介绍如下：

JB-QGL-TX3016A 型火灾报警控制器（联动型）是大屏幕网络型火灾报警控制器。为了适应工程设计的需要，本控制器兼有联动控制功能，可与相应产品配套使用，组成配置灵活的报警联动一体化控制系统，特别适合大中型火灾报警及消防联动一体化控制系统的应用。

JB-QGL-TX3016A 型火灾报警控制器（联动型）主要性能特点如下：

1. 7 寸 TFT 液晶屏规格：800×480。

2. 控制器容量：最多可带 16 个 242 地址编码点回路，8×14 点多线，5×128+1×64 点总线联动点。

3. 线制：无极性二总线，DC 24V 电源线。与其他类型控制器联网采用 CAN 通信线。

4. 使用环境：温度 0℃~42℃；相对湿度≤95%RH，不凝露。

5. 电源：主电为交流 220V（187~242V），控制器备电为 DC 12V/24AH

铅酸电池 4 节。

6. 高可靠性。控制器采用多回路大容量防火时，任何一路总线发生故障都不会影响到其他回路，从而把故障对系统的影响降到最低限度；点对点的通信方式，使每个回路都可以独立工作，并可进行最大限度的联动。另外，控制器采用多回路总线隔离设计，保证任何一路总线发生故障都不会影响其他回路正常工作，从而将总线故障对系统的影响降到最低限度。

7. 单机容量大。JB-QGL-TX3016A 型火灾报警控制器（联动型）最多可连接 16 个回路，每个回路可挂接 242 个总线设备。

8. 适合超高层建筑和楼群式建筑。控制器间通信采用 CAN 总线，适合各种结构的远距离分布通信，控制器若配接 CAN 交换机，可实现 128 台控制器联网，从而适合于超高层建筑和群楼式建筑分区控制以及地铁等分布性强的场合。

9. 专业的显示效果。大屏幕全中文液晶显示屏，智能帮助提示，人机界面友好，不同信息采用不同窗口显示，当有多种类型的信息存在时，通过键盘操作可以方便地看到各种全面细致的显示信息。

10. 方便快捷的操作。操作内容根据控制器在不同状态下的操作需求而变化，操作界面清晰易懂、方便直观，通过简单的操作就可实现系统提供的多种功能。

（四）联动逻辑编程简介

目前，国内外自动报警设备生产厂家的产品，因在组网时采用的通信协议或采用的控制软件不太一致，所以在联动编程上采用的方式也不统一。现以 JB-QGL-TX3016 型火灾报警控制器（联动型）为例就联动控制编程方法介绍如下：

1. 设备定义。

设备定义就是对某一原始编码设备进行现场设置。被定义的设备既可以是已经注册在控制器上的，也可以是未注册在控制器上的。

控制器外接的现场设备包括火灾探测器、联动模块、火灾显示盘等。这些外部设备均需进行器件设置。

原始编码由该设备所在的回路号和自身的编码号组成。

通过改变原始编码的器件设置，可进行设备类型、属性、防火分区、灵敏度、延时、联动关系、手控点号和地点的定义。

（1）设备类型：此处要求输入类型编号。类型是系统判断是何种器件或模块的重要依据，系统根据类型的不同对器件或模块进行不同的分析和控制。若器件或模块出现异常的动作或显示，应首先检查类型设置是否正确，如表 2-4-1 所示。

表 2-4-1　设备类型说明

设备类型说明			
编号	设备类型	编号	设备类型
027	消防广播	142	防火阀
046	可燃气体探测器	150	防烟排烟风机
058	火灾显示盘	152	排烟防火阀
059	手动报警按钮	153	常闭送风口
060	消火栓按钮	154	排烟口
067	点型感温火灾探测器	161	声光警报器
078	点型光电感烟火灾探测器	162	火警警铃
079	线型光束感烟探测器	189	排烟机
087	复合式感烟感温火灾探测器	190	送风机
121	输入模块	191	电梯迫降
122	输出模块	192	卷帘半降
123	输入输出模块	193	卷帘全降
124	中继模块	194	电磁阀
127	消防栓泵	195	紧急照明
134	喷淋泵	196	喷洒指示
135	水流指示器	197	照明配电
136	信号阀	198	动力配电
138	压力开关	200	放气指示灯

（2）属性：针对不同模块接收不同状态信号可设置为“火警”、“反馈”、“监管”。另外，探测器可设置灵敏度“高”、“中”、“低”。

（3）防火分区：定义项目的报警区域，用来分区联动。

（4）延时：0~99s。

（5）联动关系：描述了系统中报警设备与被控设备间的联动逻辑关系。当系统中的探测设备报警或控制模块的状态发生变化时，控制器可按照这些逻辑关系自动对被控设备执行立即启动、延时启动或立即停动等操作。

（6）手控点号：将模块或声光定义到总线操作盘的对应按键上，范围为1~128号。通过此手控点号可将总线操作盘的键号与声光或模块所带的联动设备对应起来，若想启动某设备，只需按一下对应的总线操作盘上的按键即可，无需进入操作页面输入要启动的模块或声光号码进行启动操作。总线操作盘的编号（157~188）由控制器设定，每一块总线操作盘有128个手动键号。

（7）地点：此处可输入一些提示性信息，如安装地点等。可以是汉字也可以是数字，最多可输入20个字符，1个汉字占2个字符的空间。

2. 自动联动关系的编辑方法。

现场设备主要是指接在控制器回路板无极性二总线上的设备。这些设备包括火灾探测器（如差定温感温火灾探测器、光电感烟火灾探测器等）、输入模块（如压力开关输入模块、水流指示器输入接口模块等）、输入输出模块（如防火阀模块、消火栓泵控制模块等），以及为用户特殊安装的防盗探测器模块等。另外，多线制控制盘、声光警报器、火灾显示盘等也可以接在总线上来实现统一监控。

（1）联动关系的格式。TX3016A型火灾报警控制器（联动型）的联动关系是用二次码来定义的，它描述了系统中报警设备与被控设备间的联动逻辑关系。当系统中的探测设备报警或控制模块的状态发生变化时，控制器可按照这些逻辑关系自动对被控设备执行立即启动、延时启动或立即停动操作。联动关系式由二次码及逻辑关系组成。二次码为8位数字，用于区分设备所在楼、区、层。8位数字可任意组合，例如，10101001表示一号楼一分区一层一号地址设备。逻辑关系有“+”、“×”、“=”。“+”表示或逻辑，满足任意一个条件即可输出；“×”表示与逻辑，同时满足两个或两个以上的条件才可输出；“=”表示启动。例如，

10 101001078×10101002059＝1010100316105

烟感　　与　手报　启动　声光　延时

上述联动关系式表示一楼一区一层一号感烟探测器与一楼一区一层二号手动报警按钮同时报警时，启动一楼一区一层三号声光警报器，延时5秒启动。为方便联动关系式的编写，可在其中加入通配符，主要有“#”、“&”、“＊”三种，“#”表示邻区层，“&”表示本区层，“＊”表示所有（0~9）。例如，

A. 101##＊＊＊078×101##＊＊＊059＝101##＊＊＊16105，该联动关系式表示一楼一区任意感烟探测器与一楼一区任意手动报警按钮同时报警时，启动一楼一区报警层相邻层所有声光警报器，延时5秒启动；

B. 101&&＊＊＊078×101&&＊＊＊059＝101&&＊＊＊16105，该联动关系式表示一楼一区任意感烟探测器与一楼一区任意手动报警按钮同时报警时，启动一楼一区报警层所有声光警报器，延时5秒启动。

注意：“#”与“&”在一条联动关系式中只能使用其中一个，且不能超

过两位，“＊”不受限制。

（2）逻辑联动编程中设备启动条件如表 2-4-2 所示。

表 2-4-2　逻辑联动编程中设备启动条件说明表

启动设备		启动条件
喷淋泵		“压力开关”与“烟感”
		“压力开关”与“温感”
		“压力开关”与“手报”
水幕系统	“卷帘门冷却”水幕	“卷帘门全降”与“烟感”
		“卷帘门全降”与“温感”
		“卷帘门全降”与“手报”
	“防火分隔”水幕	“温感”与“温感”
消防泵		“消火栓按钮”与“烟感”
		“消火栓按钮”与“温感”
		“消火栓按钮”与“手报”
气体喷洒		“感烟”与“感温”
		“感烟”与“手报”
		“感温”与“手报”
		“紧急启停按钮”
		宜采用：“感烟”与“感温”
送风口、正压送风机		“感烟”与“感烟”
		“感烟”与“感温”
		“感温”与“感温”
		“感烟”与“手报”
		“感温”与“手报”
排烟口		“感烟”与“感烟”
		“感烟”与“感温”
		“感温”与“感温”
排烟风机		“感烟”与“排烟口”
		“感温”与“排烟口”

续表

启动设备	启动条件
卷帘门半降	“感烟”与“感烟”
	“感烟”，专门用于联动防火卷帘半降
卷帘门全降	“感温”，专门用于联动防火卷帘全降
照明切电	水泵启动信号+防火区内任一触发器件动作

五、常用联动模块及其联动控制原理

消防联动控制中常用的联动模块有输入模块、输入输出模块、输出模块、中继模块，等等。该报警区域内的联动模块宜相对集中地设置在金属模块箱中，严禁设置在配电（控制）柜（箱）内，并且不应控制其他报警区域的设备。未集中设置的模块附近应有尺寸不小于100mm×100mm的标志。现就常用模块的性能特点，以及联动控制原理分别简述如下：

（一）TX3200A型输入模块

利用输入模块，可将现场各种主动型设备如湿式报警阀、水流指示器、压力开关、熔断型防火阀、紫外火焰探测器、缆式线型定温火灾探测器等接入到消防控制系统的总线上。占一个编码点，可接收无源常开信号。水流指示器、压力开关等设备动作后，输出的动作开关信号可由TX3200A型输入模块送入火灾报警控制器，产生报警，并可通过控制器来联动其他相关设备动作。

TX3200A型输入模块主要技术指标如下：

（1）工作电压：总线15V~28V脉冲电压。

（2）总线监视电流：≤0.55mA；总线动作电流：≤5.0mA。

（3）线制：与控制器采用无极性二总线连接。

（4）使用环境：温度-10℃~55℃；相对湿度≤95%RH，不凝露。

（5）外形尺寸：87.0mm×87.0mm×37.0mm。

（6）指示灯状态：正常监视状态为绿色巡检灯周期性地闪亮；动作状态为红色动作灯常亮，绿色巡检灯常亮。

TX3200A型输入模块外形如图2-4-13所示。

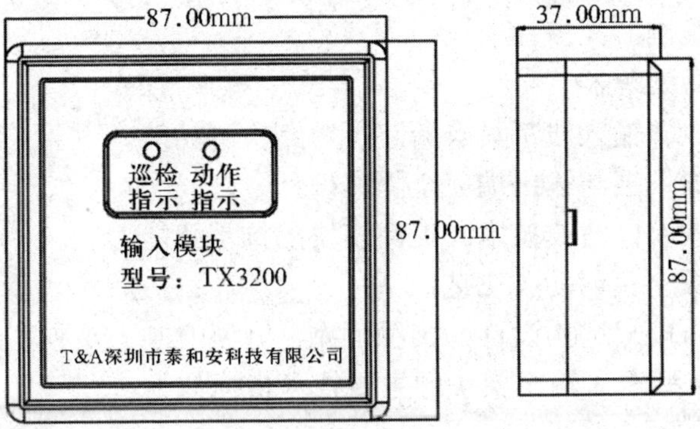

图 2-4-13　TX3200A 型输入模块外形图

TX3200A 型输入模块接线如图 2-4-14 所示。

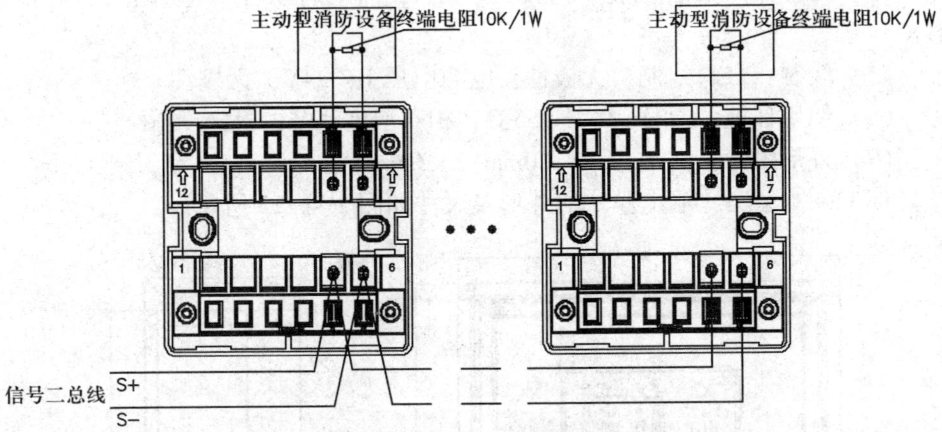

图 2-4-14　TX3200A 型输入模块接线示意图

（二）TX3208A 型输入输出模块

TX3208A 型输入输出模块（以下简称模块）符合国家标准《消防联动控制系统》（GB 16806-2006）的要求。具有动作信号输出的被动型消防设备（如排烟口、送风口、防火阀等）通过模块连接到总线上，该产品能够将控制器的联动指令传给受控设备，然后再将受控设备的动作反馈信号送回控制器。注意：模块的反馈输入端具备断路、短路检测功能，要求在其末端配接一个 10K 的终端电阻，否则控制器将报出该产品反馈端故障；对于控制线也具备断路、短路检测功能，当模块不动作时，要求常开输出端的电压在 DC 12V～48V，否则控制器将报出该模块输出线故障。

1. TX3208A 型输入输出模块特点如下：

（1）二总线制，无极性。

（2）内置微处理器。

（3）输出线、输入线都具有断路、短路检测功能。

（4）总线输入端与输出端完全隔离设计。

（5）采用软硬件滤波技术，提高模块的抗干扰能力。

（6）PCB 板全密封防护工艺。

（7）采用插拔式结构设计，接触可靠，方便安装、更换，便于施工。

2. TX3208A 型输入输出模块的主要技术指标如下：

（1）工作电压：总线 15V~28V 脉冲电压，电源电压 DC 21V~28V。

（2）总线静态电流：≤0.65mA；总线动作电流：≤3.0mA。

（3）电源监视电流：≤3.0mA；电源动作电流：≤15mA。

（4）常开输出触点容量：DC 24V/1.5A，启动时闭合，适用于 12V~48V 直流。

（5）线制：二总线制，无极性；电源电压 DC 24V，无极性。

（6）使用环境：温度-10℃~55℃；相对湿度≤95%RH，不凝露。

（7）外形尺寸：87.0mm×87.0mm×37.0mm。

TX3208A 型输入输出模块的外形及尺寸如图 2-4-15 所示。

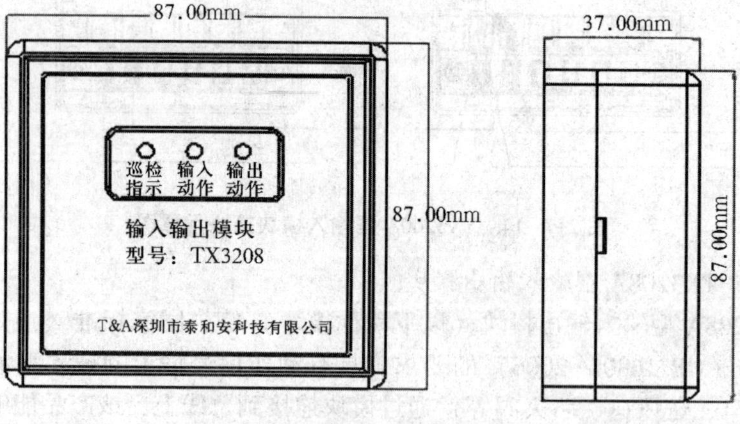

图 2-4-15 TX3208A 型输入输出模块外形及尺寸示意图

TX3208A 型输入输出模块控制高压大功率设备的连接方法如图 2-4-16 所示。

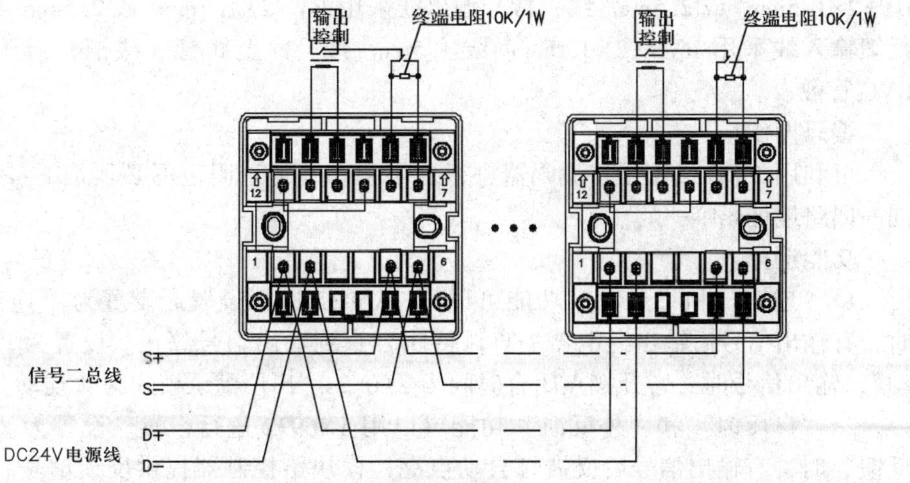

图 2-4-16　TX3208A 型输入输出模块控制高压大功率设备的连接方法示意图

TX3208A 型输入输出模块控制低压小功率设备的连接方法如图 2-4-17 所示。

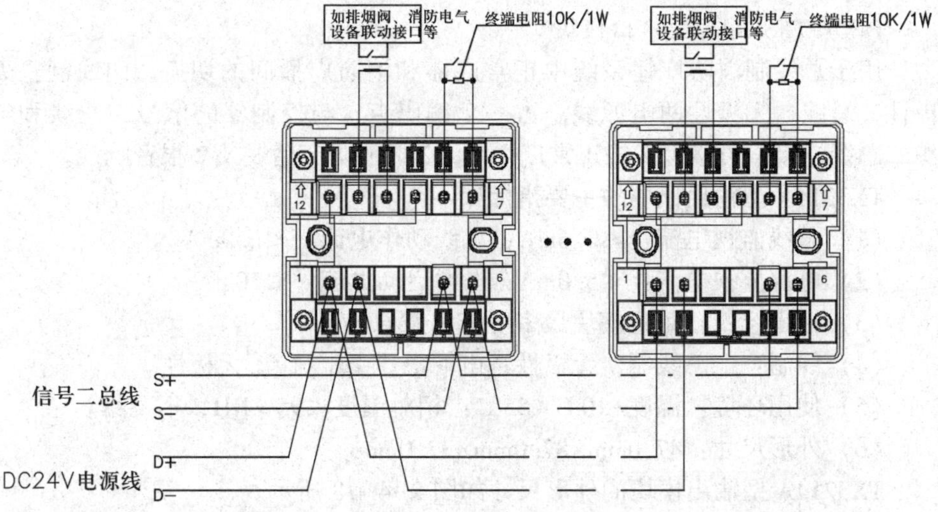

图 2-4-17　TX3208A 型输入输出模块控制低压小功率设备的连接方法示意图

特别说明：由模块直接控制的低压小功率设备应满足如下条件：

1. 工作电压范围：18V~30V（推荐采用 24V）；

2. DC 24V 电源输出电流：≤1.5A。

布线要求：

总线（BUS）采用 RVS-2×1.0mm^2 或 1.5mm^2 线，DC 24V 电源线采用

BV-2×1.5mm^2 或 2.5mm^2 线，常开输出线采用 BV-2×1.5mm^2 或 2.5mm^2 线，反馈输入线采用 RVS-2×1.0mm^2 或 1.5mm^2 线。穿金属管（线槽）或阻燃 PVC 管敷设。

编码操作：

可利用 TX6932 型手持编码器进行现场编码（地址码范围必须是 1~242，同一回路地址码唯一）。

功能选择：

1. “连动”和“点动”功能可以用 TX6932 进行设置。设置为“连动”时，有输出信号后输出继电器一直保持闭合直到输出信号停止。设置为“点动”，输出信号时，常开接点闭合时间为 2±0.2s。出厂默认模式为“连动”。

2. “自反馈”和“外反馈”功能可以用 TX6932 进行设置。设置为“自反馈”时，有输出信号后反馈灯自动点亮，模块给控制器提供反馈信号。设置为“外反馈”时，需要外部的反馈信号才能点亮反馈灯，从而模块给控制器提供反馈信号。出厂默认是“自反馈”。

3. 输出输入线故障是否检测可以用 TX6932 进行设置“检线”与“不检线”功能，出厂默认是“检线”。

（三）TX3214A 型输出模块

用于总线制消防广播系统中正常广播和消防广播间的切换。四线制：无极性二总线，无极性两电源线。占一个编码点，与控制器的信号二总线和电源二总线连接；可接入 2 根正常广播线、2 根消防广播线及 2 根音响线。

TX3214A 型输出模块的主要指标如下：

（1）总线监视电流：≤0.6mA；总线动作电流：≤2.0mA。

（2）电源监视电流：≤5.0mA；电源启动电流：≤20mA。

（3）输出容量：每只模块最多可带负载 60W。

（4）线制：二总线制，无极性；电源电压 DC 24V，无极性。

（5）使用环境：温度-10℃~55℃；相对湿度≤95%RH，不凝露。

（6）外形尺寸：87.0mm×87.0mm×37.0mm。

TX3214A 型输出模块的外形尺寸如图 2-4-18 所示。

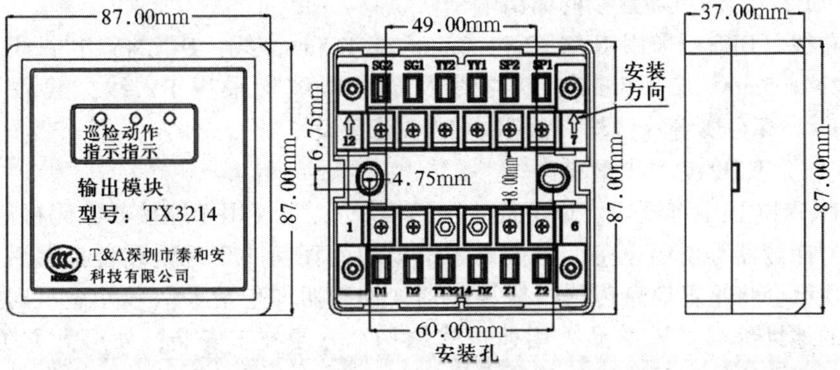

图 2-4-18　TX3214A 型输出模块外形尺寸示意及模块端子示意图

安装前应首先检查外壳是否完好无损，标志是否齐全。TX3214A 型输出模块采用明装方式，分为进线管明装和进线管暗装，安装时只需拔下模块，从预埋盒的进线孔中穿入电缆并接在模块底座的相应端子上，再插好模块即可。

模块端子如图 2-4-18 所示，模块接线方式如图 2-4-19 所示。

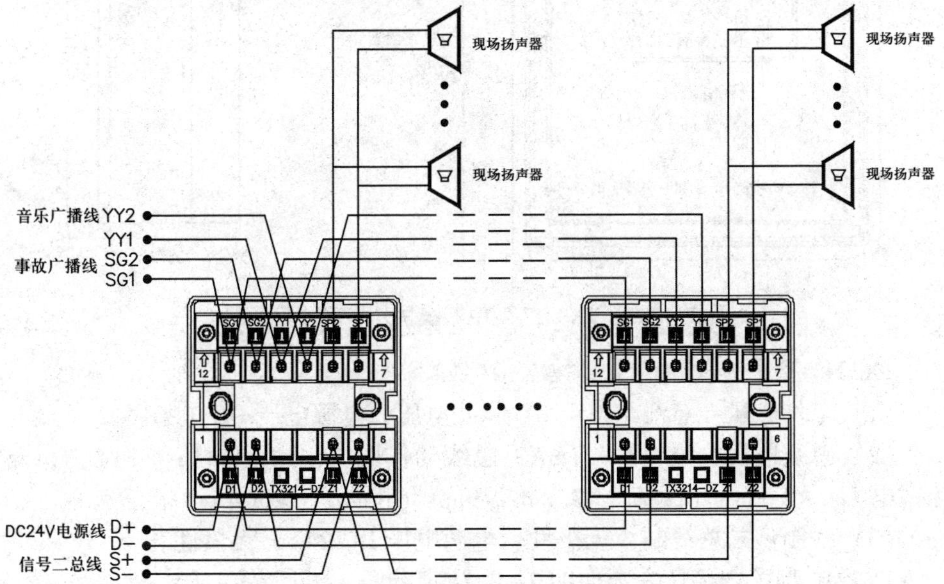

图 2-4-19　TX3214A 型输出模块接线方式示意图

D1、D2：24V 电源输入端子，无极性；Z1、Z2：信号总线输入端子，无极性；SG1、SG2：事故广播输入端子；YY1、YY2：音乐广播输入端子；

SP1、SP2：与扬声器连接的输出端子。

总线（BUS）采用 RVS-2×1.0mm^2 或 1.5mm^2 线；DC 24V 电源线采用 BV-2×1.5mm^2 或 2.5mm^2；广播线及扬声器线均采用 BV 线，截面积≥1.0mm^2。穿金属管（线槽）或阻燃 PVC 管敷设。

（四）TX3217 型中继模块

TX3217 型中继模块（以下简称中继模块），主要用于连接非编码探测器、防爆型探测器等现场设备，当接入中继模块的任何一个现场设备报警后，中继模块都会将报警信息传给报警控制器，控制器产生报警信号并显示出中继模块的地址编号。该产品采用插拔式结构，方便施工安装，外形大方美观，可自动对所连接的受监测信号输入线进行监测，并通过指示灯和信号端子给出状态指示。

TX3217 型中继模块外形尺寸如图 2-4-20 所示。

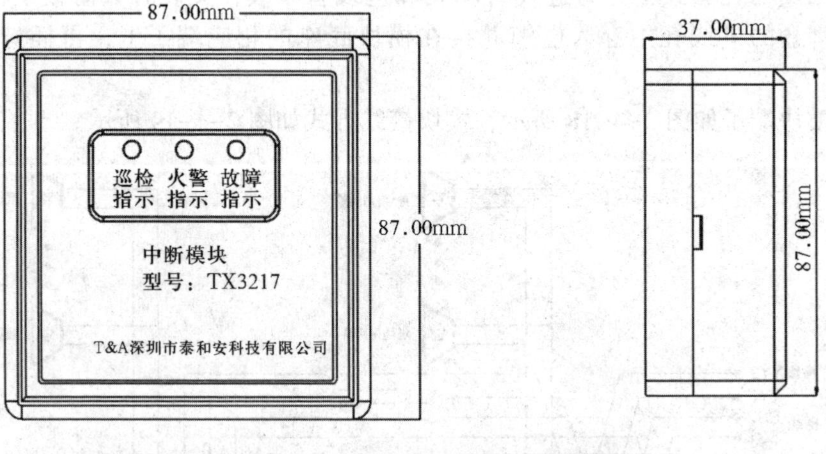

图 2-4-20　TX3217 型中断模块外形尺寸示意图

TX3217 型中继模块的主要技术指标如下：

（1）工作电压：总线 15V~28V 脉冲电压，电源电压 DC（20V~28V）。

（2）总线监视电流：≤1.1mA；总线动作电流：≤2.9mA；P1+、N1-端监视电流：<2.8mA（故障），2.8mA~9mA（正常），>11mA（报警）。

（3）线制：二总线制，无极性；电源电压 DC 24V，无极性。

TX3217 型中继模块安装如图 2-4-21 所示。

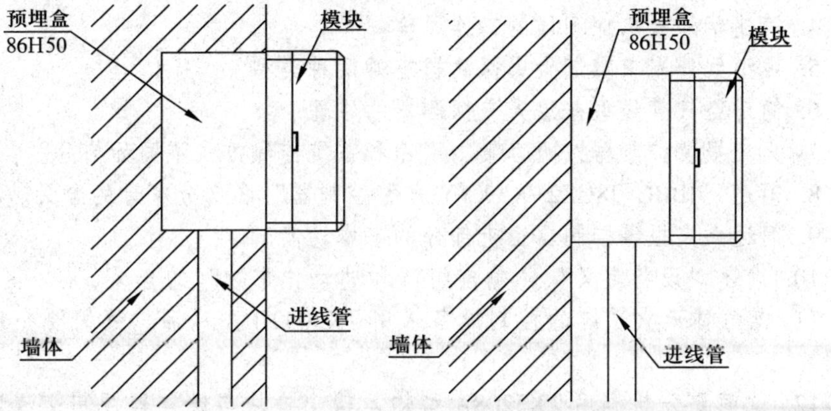

图 2-4-21　TX3217 型中继模块安装示意图

安装设备之前，必须切断回路的电源并确认全部底壳已安装牢固且每一个底壳的连接线准确无误。在监视信号输入线的末端（远离模块端），必须并联一个 6. 8k/1W 的终端电阻。

TX3217 型中继模块接线方法如图 2-4-22 所示。

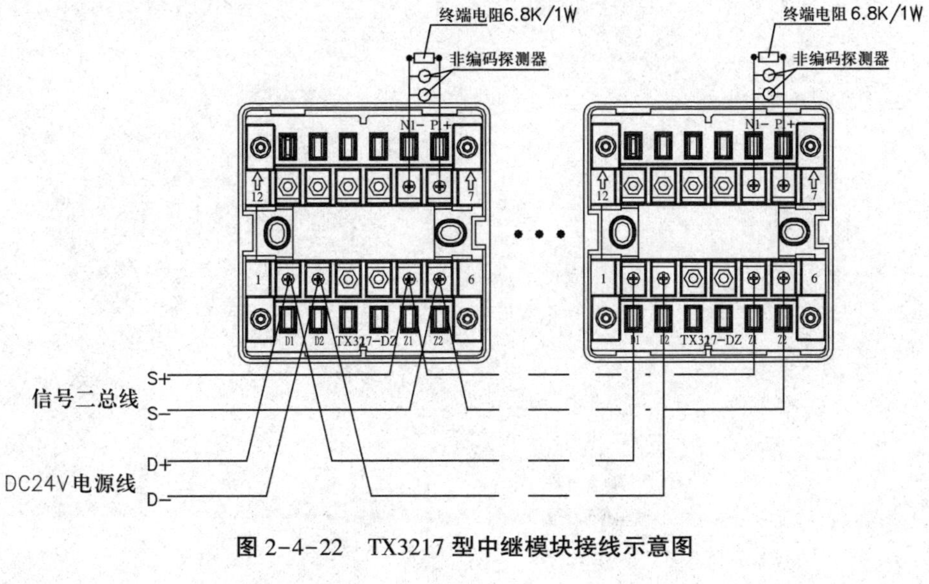

图 2-4-22　TX3217 型中继模块接线示意图

复习思考题：

1. 简述单源双室离子感烟火灾探测器的结构原理。
2. 依据结构原理不同光电感烟火灾探测器分哪两类？

3. 点型感温火灾探测器按传感器响应特性不同分哪几类？

4. 简述紫外火焰探测器的工作原理。

5. 线型红外光束感烟火灾探测器有哪两种类型？

6. 简述空气管线型差温火灾探测器的原理。

7. 火灾报警控制器按照容量、用途和系统连线方式不同如何分类？

8. 简述“JBBC-J8GZ2-XXXYY 报警控制器”各部分字母的含义。

9. 简述火灾报警控制器主机部分的基本功能。

10. 简述“设备定义”、“输出组”和“动作常数”的含义。

11. 某气体灭火系统的控制设备采用 TX3042B 型产品，试简要介绍联动编程。

12. 试简要分析利用 TX3208A 型输入输出模块与继电器控制交流设备的工作过程原理。

第三章　消防联动控制系统

内容提要：本章主要介绍气体灭火系统控制、水灭火系统控制、干粉灭火系统控制以及消火栓、防排烟系统的控制原理、设计要点等。

第一节　消防联动控制设计概述

内容提要：本节主要介绍火灾监控系统设计要点与消防联动控制的基本要求，并简要介绍两种多线制联动控制盘的性能。

一、火灾监控系统设计要点

设计人员在从事火灾自动报警及消防联动控制系统设计时，首先面临的是根据建筑物的实际情况，按照国家颁布的有关消防法规［如《火灾自动报警系统设计规范》（GB 50116-2013）、《建筑设计防火规范》（GB 50016-2014）等］来选择及配置相应控制设备，以保证设计出一个符合规范、造价合理、使用有效的火灾自动报警及消防联动控制系统。

搞好消防联动控制设计，必须统筹考虑三个方面。一是掌握相关技术规范，二是能够灵活运用联动控制设备，三是了解消防工程现场实际情况。进行消防联动控制设计，实际上是依据消防工程现场的实际情况，运用相关技术规范将优良的火灾监控系统电气设备合理运用到工程中去的过程。

在从事系统设计时，要正确计算出系统中各类地址编码点的数量，选择适当的布线方式，如报警与联动控制分回路布线或报警与联动控制同回路布线等。配置满足容量要求的控制器。在进行多线制工程方案设计时，要确定出采用多线制方案的被控设备的点数，选择满足容量要求的多线制控制盘。

从建筑电气设计考虑，火灾监控系统应与建筑消防工程中其他专业设计项目配合，合理布置火灾监控系统中的电气设备以及消防设备，达到消防要求。消防工程设计项目与火灾监控系统应考虑配合的内容如表 3-1-1 所示。

表 3-1-1 消防工程设计项目与火灾监控系统应考虑配合的内容表

序号	设计项目	火灾监控系统配合措施
1	建筑物高度	确定电气防火设计范围
2	建筑防火分类	确定电气消防设计内容和供电方案
3	防火分区	确定区域报警范围、选用探测器种类
4	防烟分区	确定防排烟系统控制方案
5	建筑物室内用途	确定探测器形式类别和安装位置
6	构造耐火极限	确定电气设备设置部位
7	室内装修	选择探测器形式类别、安装方法
8	家具	确定保护方式、采用探测器类型
9	屋架	确定屋架探测方法和灭火方式
10	疏散时间	确定紧急和疏散标志、事故照明时间
11	疏散线路	确定事故照明位置和疏散通路方向
12	疏散出口	确定标志灯位置指示出口方向
13	疏散楼梯	确定标志灯位置指示出口方向
14	排烟风机	确定控制系统与连锁装置
15	排烟口	确定排烟风机连锁系统
16	排烟阀门	确定排烟风机连锁系统
17	防火卷帘门	确定探测器连锁方式
18	电动安全门	确定探测器连锁方式
19	送回风口	确定探测器位置
20	空调系统	确定有关设备的运行显示及控制
21	消火栓	确定人工报警方式与消防泵连锁控制
22	喷淋灭火系统	确定动作显示方式
23	气体灭火系统	确定人工报警方式、安全启动和运行显示方式
24	消防水泵	确定供电方式及控制系统
25	水箱	确定报警与控制方式
26	电梯机房及电梯井	确定供电方式、探测器的安装位置
27	竖井	确定使用性质、采取隔火措施，必要时设探测器
28	垃圾道	设置探测器
29	管道竖井	按其结构及性质、采取隔火措施，必要时设探测器
30	水平运输带	穿越不同防火区，采取封闭措施

二、消防联动控制的基本要求

消防联动控制的基本要求如下：

1. 消防联动控制器应能按设定的控制逻辑向各相关的受控设备发出联动控制信号，并接受相关设备的联动反馈信号。

2. 消防联动控制器的电压控制输出应采用直流 24V，其电源容量应满足受控消防设备同时启动且维持工作的控制容量要求。

3. 各受控设备接口的特性参数应与消防联动控制器发出的联动控制信号相匹配。

4. 消防水泵、防烟和排烟风机的控制设备，除应采用联动控制方式外，还应在消防控制室设置手动直接控制装置。

5. 启动电流较大的消防设备宜分时启动。

6. 需要火灾自动报警系统联动控制的消防设备，其联动触发信号应采用两个独立的报警触发装置报警信号的“与”逻辑组合。

三、多线控制盘

多线控制盘是配在火灾报警控制器上直控单元的扩展，以下简称控制盘。控制盘通过 RS485 型火灾报警控制器进行通信，RS485 在接收到控制器的通信帧后解析数据，根据命令收集直控点状态、启动和停止直控点等。

（一）多线控制盘主要特点

1. 内置微处理器。

2. RS485 通信方式、地址由拨码开关编码。

3. 直控点点数在 6、10、14 点中任选。

4. 操作简单，外观整洁，使用方便，可靠性高。

（二）控制盘的基本功能

1. 按键可直接控制直控点启/停操作，并以有源方式输出。

2. 电锁直接对直控点进行手动允许和禁止操作。

3. 直控点设有启动状态、反馈状态和故障状态指示，并将状态信息传送至控制器。

4. 编辑控制器联动逻辑对每个直控点进行联动操作。

（三）TX3520 型多线控制盘

1. TX3520 型多线控制盘主要技术参数。

TX3520 型多线控制盘主要技术参数如表 3-1-2 所示。

表 3-1-2　TX3520 型多线控制盘主要技术参数表

内容	技术参数
工作电压	24V±10%
工作电流	≤100mA
直控点数	6、10、14 点，可选
反馈端	与公共端连接反馈输入线，反馈终端电阻范围为 4. 7k±20%
输出端	有源输出，终端电阻范围为 4. 7k±20%，与公共端配合使用，连接 TX3911 型终端器
公共端	反馈与输出的公共连接端
模式	TX3520 电平模式：负载容量为 150mA/30V DC TX6520 电平模式：负载容量为 100mA/30V DC 脉冲模式：启动后输出 3s 脉冲，然后关闭

2. TX3520 型多线控制盘外形及线路连接。

TX3520 型多线控制盘外形如图 3-1-1 所示。

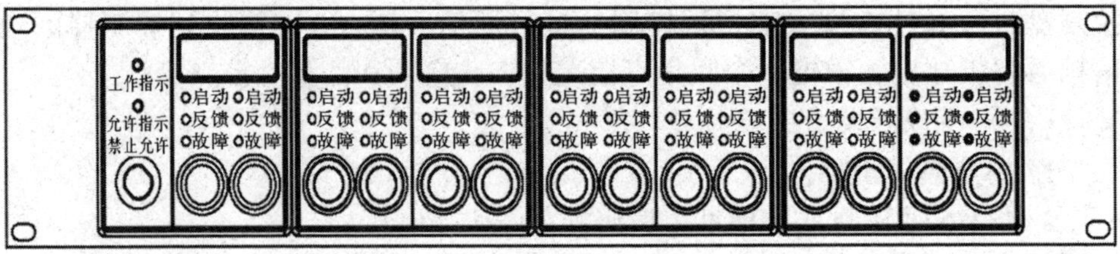

图 3-1-1　TX3520 型多线控制盘外形图

TX3520 型多线控制盘接线端子如图 3-1-2 所示。

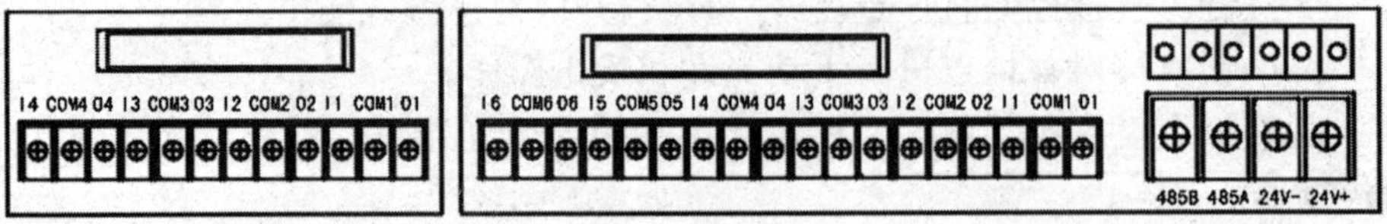

图 3-1-2　TX3520/TX6520 型多线控制盘接线端子示意图

每一个多线控制盘直控输出点（见图 3-1-3）包含三个接线点 01、COM1、I1，一个后面板包含 14 组直控输出点，每一组直控输出点对应操作盘上的一个直控点。

01：直控点启动输出；

I1：直控点反馈输入，需要接入终端电阻；

COM1：直控点输入输出公共端。

TX3520 与外部负载接线如图 3-1-3 所示。TX6520 与外部负载接线时无需 TX3911 型终端器，只需在负载端并接 4.7K 电阻。

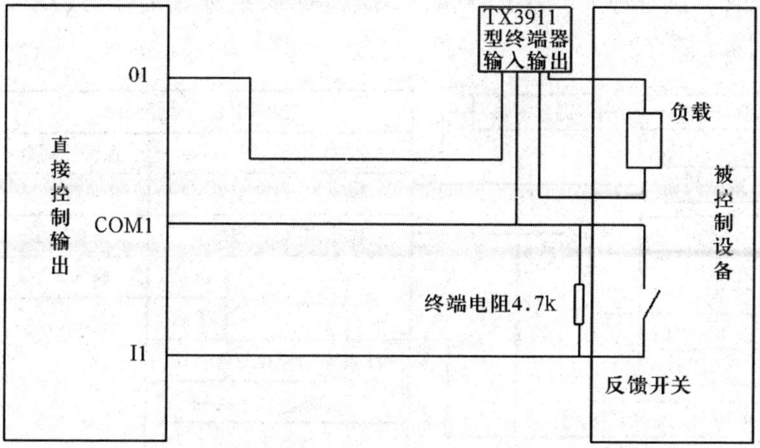

图 3-1-3　TX3520 型多线控制盘直控点输入输出接线示意图

第二节　气体灭火联动控制

内容提要：本节以高压二氧化碳灭火系统和七氟丙烷灭火系统的联动控制为例，分析了气体灭火联动控制设备的构成与工作原理。

建筑物内怕水而又比较重要的对象常用管网式气体灭火系统，如变配电室、通信机房、计算机房等重要设备间。使用较多的管网式气体灭火系统有七氟丙烷灭火系统、二氧化碳灭火系统、混合气体 IG541 灭火系统等。这些系统的自动联动、手动控制等电器设施，是构成整体灭火系统的重要部分。

气体灭火系统按照其用途可以分为全淹没式和局部应用式；按照其操作取代方式可以分为全自动、半自动和手动式；按照其保护区分为单元独立型和组合分配型。无论灭火剂是什么，气体灭火系统的联动控制原理和设备构成几乎是相同的。以七氟丙烷固定式灭火控制系统为例，系统的灭火控制过程如图 3-2-1 所示。

通常，气体灭火系统采用火灾自动报警与联动控制系统对灭火装置进行联动控制，在发出可靠火警信号后，经值班人员观察确认后驱动或自动通过气动、电动或液压装置打开气体灭火设备。必须指出，气体灭火系统一般采用分级报警形式或复合报警形式来控制自动启动，以防止因误报造成灭火系统误动作；同时，气体灭火系统还可以采用手动开启装置打开或手动停止自动装置运转，供管理人员视具体情况决定是否喷射灭火剂或是否加大保护空间灭火剂量。

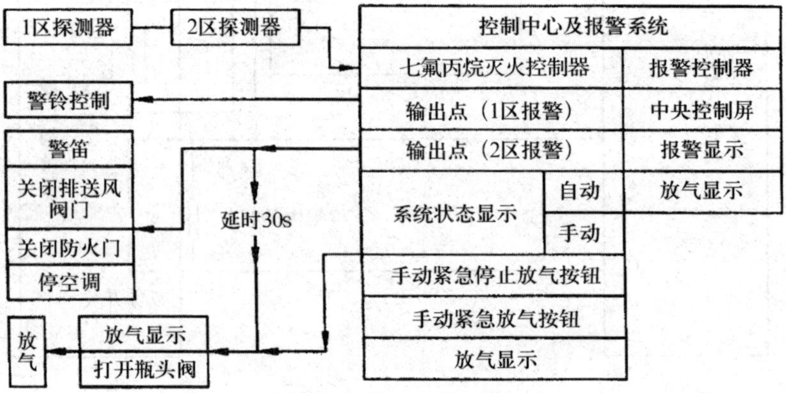

图 3-2-1　七氟丙烷灭火系统控制图

一、气体灭火系统联动控制设计的基本要求

1. 气体灭火系统应由专用的气体灭火控制器控制，气体灭火控制器直接连接火灾探测器时，其自动控制方式应遵守下列要求：

（1）应由同一防护区域内两只独立的火灾探测器的报警信号、一只火灾探测器与一只手动火灾报警按钮的报警信号或防护区外的紧急启动信号，作为系统的联动触发信号，探测器的组合宜采用感烟火灾探测器和感温火灾探测器。

（2）气体灭火控制器在接收到满足联动逻辑关系的首个联动触发信号后，应启动设置在该防护区内的火灾声光警报器，且联动触发信号应为任一防护区域内设置的感烟火灾探测器、其他类型火灾探测器或手动火灾报警按钮的首次报警信号；在接收到第二个联动触发信号后，应发出联动控制信号，且联动触发信号应为同一防护区域内与首次报警的火灾探测器或手动火灾报警按钮相邻的感温火灾探测器、火焰探测器或手动火灾报警按钮的报警信号。

（3）联动控制信号的内容包括：关闭防护区域的送（排）风机及送（排）风阀门、停止通风和空气调节系统及关闭设置在该防护区域的电动防火阀、联动控制防护区域开口封闭（门窗）装置的启动，以及启动气体灭火装置和灭火控制器设定不大于30s的延迟喷射时间等。

（4）平时无人工作的防护区，可设置为无延迟的喷射，但在接收到第二个联动触发信号之前只能执行除启动气体灭火装置以外的其他联动控制，而在接收到第二个联动触发信号后，才能启动气体灭火装置。

（5）气体灭火防护区出口外上方应设置表示气体喷洒的火灾声光警报器，指示气体释放的声信号应与该保护对象中设置的火灾声警报器的声信号有明显区别，启动气体灭火装置的同时，应启动设置在防护区入口处表示气体喷洒的火火声光警报器。

（6）组合分配系统启动时，首先开启相应防护区域的选择阀，然后启动气体灭火装置。

2. 气体灭火系统的控制器不直接连接火灾探测器时，气体灭火系统的自动控制方式应遵守下列要求：

（1）气体灭火系统的联动触发信号应由火灾报警控制器或消防联动控制器发出。

（2）气体灭火系统的联动触发信号和联动控制均应符合“气体灭火控制器直接连接火灾探测器时自动控制方式”的规定。

3. 气体灭火系统的手动控制方式应符合如下规定：

（1）在防护区疏散出口的门外应设置气体灭火装置的手动启动和停止按钮，手动启动按钮按下时气体灭火控制器应执行规定的联动操作，手动停止按钮按下时，气体灭火控制器应停止正在执行的联动操作。

（2）气体灭火控制器上应设置对应于不同防护区的手动启动和停止按钮，手动启动按钮按下时，气体灭火控制器应执行符合规定的联动操作，手动停止按钮按下时，气体灭火控制器应停止正在执行的联动操作。

4. 气体灭火装置启动及喷放各阶段的联动控制及系统的反馈信号，应反馈至消防联动控制器上，系统的联动反馈信号应包括下列内容：

（1）气体灭火控制器直接连接的火灾探测器的报警信号。

（2）选择阀的动作信号。

（3）压力开关的动作信号。

5. 在防护区域内设有手动与自动控制转换装置的系统，其手动或自动控制方式的工作状态应在防护区内、外的手动和自动控制状态显示装置上显示，该状态信号应反馈至消防联动控制器上。

另外，泡沫灭火系统的控制与气体灭火系统类似，所以泡沫灭火系统联动控制的基本要求可参考气体灭火系统。

二、高压二氧化碳气体灭火控制系统实例

对于一个气体灭火控制区，现场一般需要安装的设备主要有：气体灭火控制器、喷洒指示灯、紧急启动/停动按钮、火灾声光警报器、控制模块等。消防局警官培训基地训练塔二层高压气体灭火系统使用的电气设备主要包括：TX3042B 型气体灭火控制器、TX3315 型气体喷洒指示灯、TX3157 型紧急启停按钮、TX3301A 型火灾声光警报器、TX320 型输入输出模块、TX3470 型气体终端灭火模块等。

气体灭火控制系统如图 3-2-2 所示。

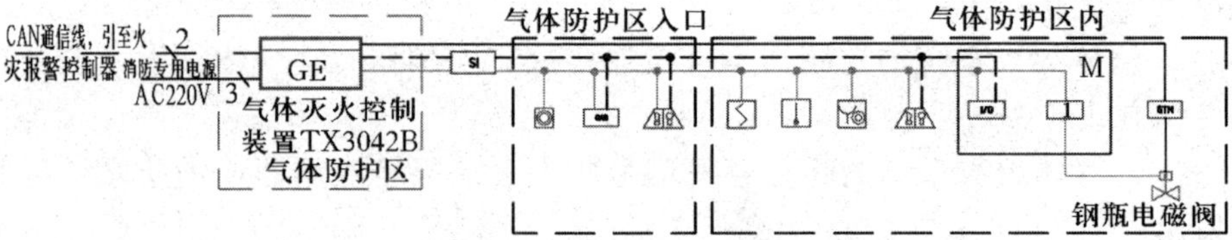

图 3-2-2　气体灭火控制系统示意图

（一）TX3042B 型气体灭火控制器

TX3042B（壁挂式）型气体灭火控制器（以下简称 TX3042B 控制装置）是深圳市泰和安科技有限公司在充分调研消防市场需求后，总结多年消防工作经验，融会行业标准《固定灭火系统驱动、控制装置通用技术条件》（GA 61-2010）的要求和精神所设计的新一代气体灭火智能控制装置。TX3042B 型气体灭火控制器外形如图 3-2-3 所示。

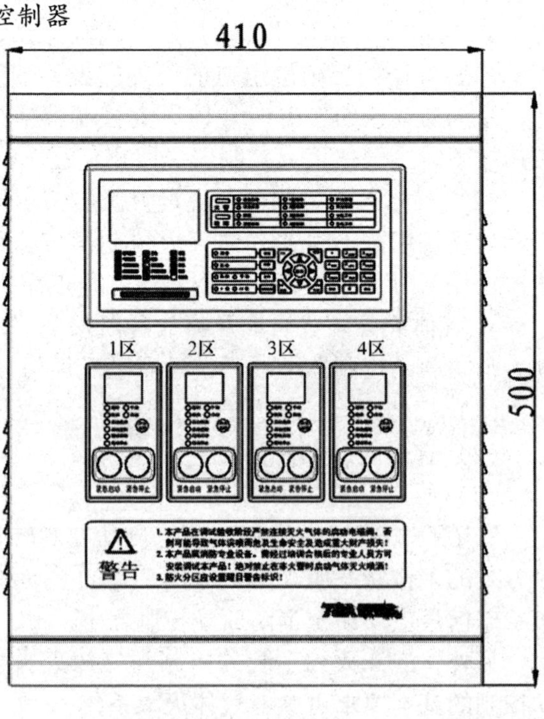

图 3-2-3　TX3042B 型气体灭火控制器外形示意图

TX3042B 控制装置采用中文 LCD 显示器，各种复杂的键盘操作一律通过菜单进行，界面友好、直观方便、

简单易懂。该控制装置具有现场编程能力，可连接4个回路，实现4个防火分区的气体灭火控制，每回路最大报警控制点容量为100点。

1. 应用功能特点。

（1）采用总线的方式与现场的紧急启停按钮、声光警报器、气体喷洒指示灯等设备连接，布线简单方便，配置灵活；

（2）具有联网功能，可向火灾报警控制器（联动型）上传启动控制信号、延时信号、启动喷洒信号、气体喷洒信号和故障信号等信息；

（3）能控制气体灭火设备启动喷洒；

（4）具有收到启动控制信号后能发出声光报警、启动现场的声光警报器、开始延时且指示延时时间，并联动启动输入输出模块实现关闭门窗、防火阀和停止空调等功能；

（5）各区延时启动的延时时间在0~99s连续可调；

（6）具有手、自动转换功能，各区可分别设置手动和自动工作方式。

TX3042B型气体灭火控制器内部结构如图3-2-4所示。

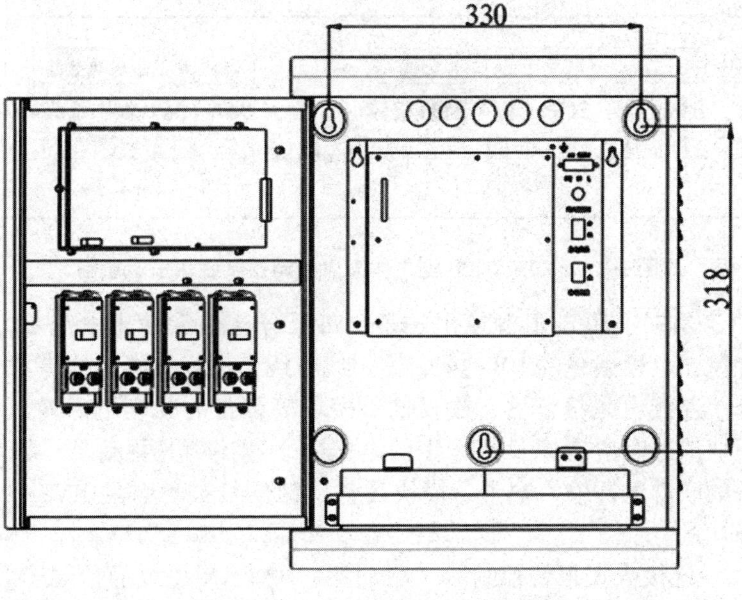

图3-2-4　TX3042B型气体灭火控制器内部结构示意图

2. TX3042B型气体灭火控制器主要指标。

TX3042B型气体灭火控制器主要指标如表3-2-1所示。

表 3-2-1　TX3042B 型气体灭火控制器主要指标表

内容	技术参数
主电电源	交流 220V（187~242V）
备用电源	12V/12Ah 两节
液晶屏规格	LCD 液晶屏 128×64
容量	最大容量 4 个气体灭火分区，可自由选择气体灭火分区，每区 100 个回路地址点
温度	0℃~40℃
相对湿度	≤95%RH，不凝露
外形尺寸	410. 0mm×500. 0mm×133. 0mm

3. TX3042B 型气体灭火控制器接线。

TX3042B 型气体灭火控制器接线端子如图 3-2-5 所示。

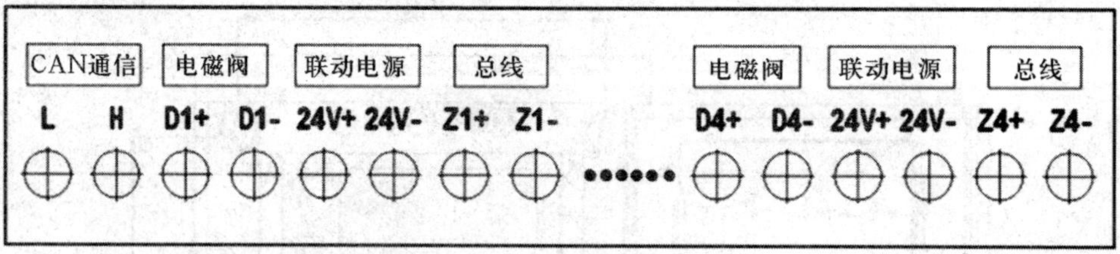

图 3-2-5　TX3042B 型气体灭火控制器接线端子示意图

24V+、24V-：联动电源输出端子，每个分区最大输出电流 1A。推荐采用正极红色、负极黑色的 BV-2×2. 5mm^{2}线布线，现场布线时应考虑长线产生的电压降。连接声光报警器、输入输出模块等设备的联动电源输入端子。模块设备反馈信号时应考虑长线产生的电压降。连接声光报警器、输入输出模块等设备的联动电源输入端子。模块设备反馈信号推荐采用 RVS-2×1. 0mm^{2}或 1. 5mm^2。

H、L：连接火灾报警控制器（联动型）的 CAN 总线通信端子。有极性，H 接火灾报警控制器 CAN 总线输出端子的“H”端，L 接火灾报警控制器 CAN 总线输出端子的“L”端。

L（1~4）+、L（1~4）：无极性二总线端子，推荐使用 RVS-2×1. 5mm^{2}线布线。连接感烟探测器、感温探测器、紧急启停按钮、放气指示灯、声光报警器、输入输出模块、手动报警按钮等设备的总线端子。

D（1~4）+、D（1~4）：气体灭火终端模块端子，推荐采用 BV-2×2.5mm² 线布线。

（二）TX3157 型紧急启停按钮

紧急启停按钮通常安装在现场，用于控制气体灭火系统的启动及停止。当被保护的区域内发生火灾时，按下紧急启动按钮，即可向气体灭火控制盘发出信号，气体灭火控制盘经延时，启动气体喷洒电磁阀；若现场人员确认无火灾发生，可立即按下紧急停止按钮，中断延时，紧急切断气体喷洒控制信号。

TX3157 型紧急启停按钮是气体灭火系统中的手动操作设备。主要用于有气体灭火设备的场所，和气体灭火控制器配合使用，用于紧急情况下在现场启动或紧急停止延时及后续动作。当人工确认灭火区域内有火灾发生时，按下启动键，可向控制器发出启动信号；若在延时期间发现灭火区域内有人员未撤离，可按下停止键，向控制器发出停止信号。

TX3157 型紧急启停按钮的外形如图 3-2-6 所示。

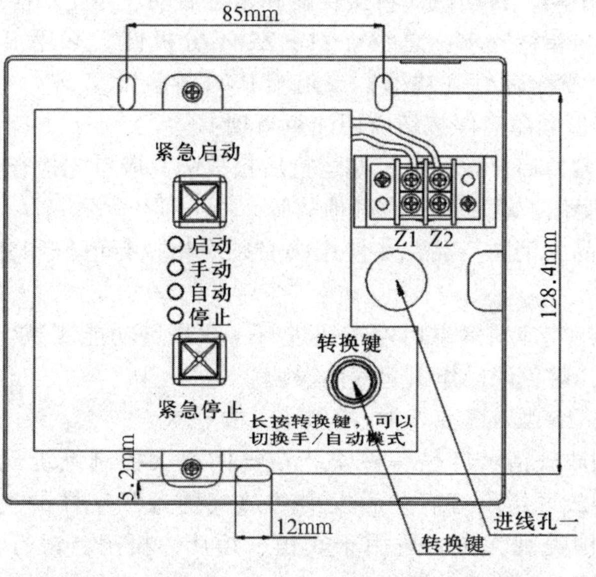

图 3-2-6　TX3157 型紧急启停按钮的外形示意图

TX3157 型紧急启停按钮主要技术指标如表 3-2-2 所示。

表 3-2-2 TX3157 型紧急启停按钮主要技术指标表

工作电压	15~28V 脉冲电压	线制	无极性二总线
总线监视电流	≤3mA	启动零件形式	可重复使用型启动按片
总线报警电流	≤6mA	温度	-10℃~55℃
编码方式	电子编码，地址 41~45	相对湿度	≤95%RH，不凝露
启动方式	按下“紧急启动”按键 1s	外形尺寸	170.0mm×154.0mm ×55.0mm
停止方式	按下“紧急停止”按键 2s	转换模式方式	人工按下“转换键”按键 2s

1. TX3157 型紧急启停按钮主要特点：

（1）抗干扰能力强，对电磁干扰有良好的抑制能力。

（2）电子编码，使用手持编码器编码，占用一个总线地址。

（3）具有手动、自动模式转换功能和紧急启动、停止功能。

（4）安装与布线要求：总线（Z1、Z2 不分极性）采用 RVS-2×1.0mm^2 或 1.5mm^2 线；穿金属管（线槽）或阻燃 PVC 管敷设。

2. TX3157 型紧急启停按钮应用注意事项：

（1）如果紧急启停按钮在长期运行后报故障，应首先检查按钮是否损坏、安装位置是否变化，然后再考虑其他故障。

（2）该产品为消防产品，在使用中必须严格执行值班和交接班制度，并做好运行记录。

（3）每隔半年应对紧急启停按钮进行一次报警功能测试，测试时要断开外部气体钢瓶，避免误操作引起气体误喷。

（三）TX3315 型放气指示灯

TX3315 型放气指示灯是一种安装在气体灭火控制系统现场的光报警设备。TX3315 型放气指示灯启动后发出“放气勿入”字样的气体喷洒灯光指示。本产品结构美观大方，适用于宾馆、饭店、机房、银行、商场、仓库、博物馆、图书馆、办公楼等场所。

TX3315 型放气指示灯在气体灭火控制系统启动气体喷洒后，“放气勿入”字样的指示灯以 1.5s 间隔闪亮，用来指示气体喷洒正在执行。TX3315 型放气指示灯外形如图 3-2-7 所示。

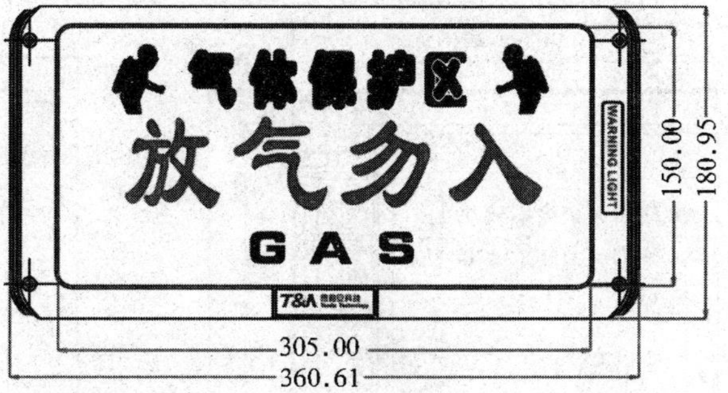

图 3-2-7　TX3315 型放气指示灯外形示意图

TX3315 型放气指示灯主要技术指标如表 3-2-3 所示。

表 3-2-3　TX3315 型放气指示灯主要技术指标表

内容	技术参数
工作电压	总线电压：15~28V 脉冲电压；电源电压：DC 21~28V
线制	无极性二总线连接，与 DC 24V 电源采用无极性二线制连接
总线监视电流	≤0. 6mA
总线启动电流	≤5mA
电源监视电流	≤2mA
电源启动电流	≤65mA
编码方式	接气体灭火控制器，编码范围可在 46~50 设定
温度	-10℃ ~55℃
相对湿度	≤95%RH，不凝露

（四）TX3470 型气体灭火终端模块

TX3470 型气体灭火终端模块用于在气体灭火控制装置系统中控制放气电磁阀，完成灭火气体喷洒。具备责任鉴定功能。该产品适用于银行、博物馆、图书馆等需保护贵重物品的场所。

TX3470 型气体灭火终端模块外形如图 3-2-8 所示。

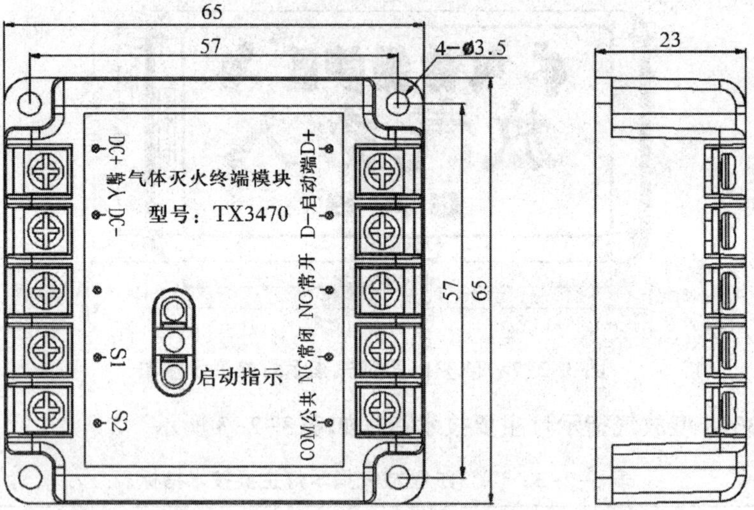

图 3-2-8 TX3470 型气体灭火终端模块外形示意图

TX3470 型气体灭火终端模块安装设备之前，请切断电源并确认底壳已安装牢靠。安装位置应注意防雨防潮，避免阳光直射。安装前应首先检查外壳是否完好无损，标志是否齐全。TX3470 型气体灭火终端模块接线说明如下：

DC1、DC2：接气体灭火控制器 D+、D-端子（无极性）。

D+、D-：接放气电磁阀。

S1、S2：调试时不需连接，投入运行后用短接线短接。

NO、NC、COM：启动输出后的无源输出接点。

要求 DC1、DC2，D+、D-线采用 BV-2×2.0mm^2线；穿金属管（线槽）或阻燃 PVC 管敷设。

气体灭火终端模块投入运行后应定期检查，建议至少每半年进行一次功能检验。灭火气体启动不当极易使喷洒现场人员中毒或窒息，造成严重的伤亡事故，绝对禁止在非火警时启动气体灭火喷洒。请务必在进行功能检验时提前将放气电磁阀断开。

三、七氟丙烷灭火系统的联动控制实例

FJ-2714 型自动灭火控制装置集火灾自动报警和气体消防控制设备于一体，组成完整的自动灭火系统。它能及时探测火情，自动发出声、光报警。在确认发生火灾的条件下，能自动驱动贮气钢瓶的阀门，喷洒七氟丙烷等灭火气体。该装置系统示意图如图 3-2-9 所示。

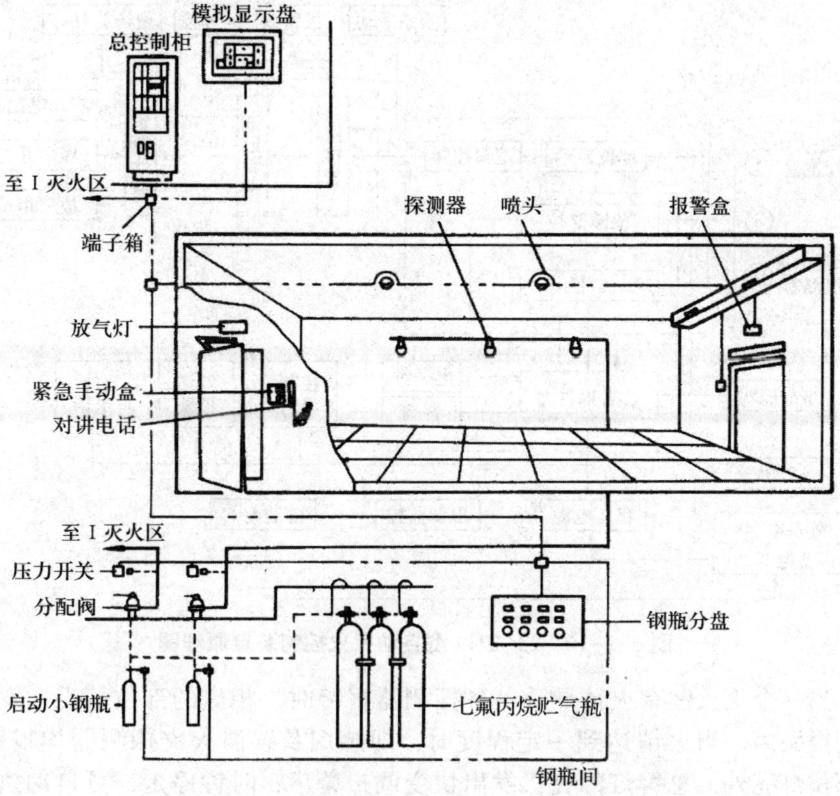

图 3-2-9　FJ-2714 型自动灭火控制装置系统示意图

该系统包括感烟火灾探测器、感温火灾探测器、总控制柜、钢瓶室控制分盘、声光报警盒、紧急启动和紧急切断按钮盒、贮气钢瓶、电磁阀、压力开关、喷头等。其原理如图 3-2-10 所示。

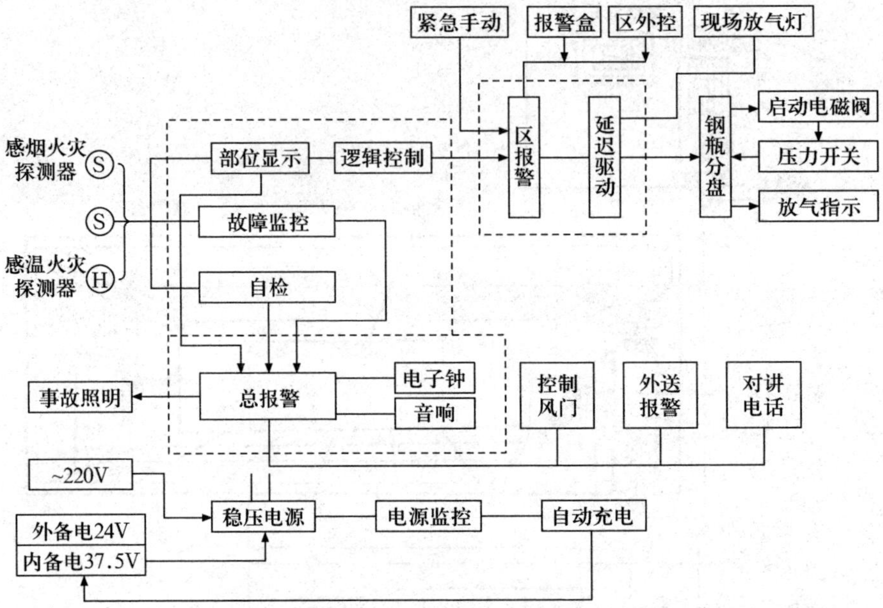

图 3-2-10 FJ-2714 型自动灭火控制装置原理图

当一个灭火区有火情导致一种探测器报警时，相应的部位灯亮，发出慢变调报警声。当火情达到一定程度时，即感烟及感温火灾探测器均报警时，除部位灯亮外，总警灯闪亮，发出快变调报警声；时钟停走，可自动执行灭火功能。手动/自动选择开关位于自动状态时，风门关闭，风机停转。延时30s 左右，电磁阀动作，打开钢瓶灭火。此时着火区放气指示灯亮。灭火后应开排风机，及时排除灭火后的残留灭火剂。灭火报警后，消防值班人员亦可操作该区的紧急启动按钮进行手动灭火，灭火程序与自动灭火相同。在自动灭火程序延时 30s 内，按下该区的紧急切断按钮，即可中断灭火程序，停止灭火功能。自动灭火功能执行必须慎之又慎，往往与人工确认相结合才能执行，其工作程序如图 3-2-11 所示。这种工作程序对于其他自动灭火控制装置都是适用的。

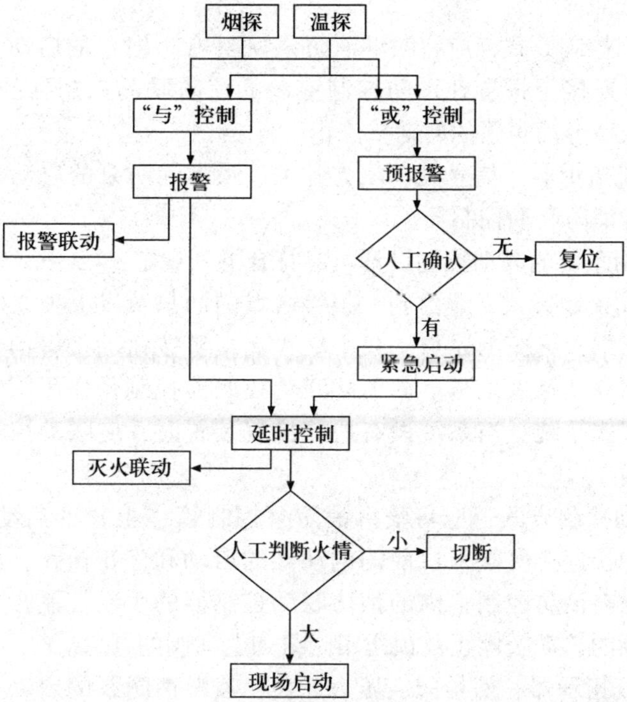

图 3-2-11　FJ-2714 型自动灭火控制装置工作程序图

第三节　水灭火联动控制

内容提要：本节主要介绍水灭火系统中湿式自动喷水灭火系统的联动控制和消火栓系统联动控制。

水灭火系统的联动控制主要包括以下几种类型的灭火系统控制：湿式自动喷水灭火系统的联动控制、干式自动喷水灭火系统的联动控制、预作用式自动喷水灭火系统的联动控制、水幕或水雾系统的联动控制、雨淋灭火系统的联动控制、消火栓系统的联动控制。

一、水灭火系统联动控制设计的基本要求

1. 湿式系统和干式系统的联动控制设计，应符合下列规定：

（1）联动控制方式，应由湿式报警阀压力开关的动作信号作为触发信号，直接控制启动喷淋消防泵，联动控制不应受消防联动控制器处于自动或手动

状态影响。

(2) 手动控制方式，应将喷淋消防泵控制箱（柜）的启动、停止按钮用专用线路直接连接至设置在消防控制室内的消防联动控制器的手动控制盘，直接手动控制喷淋消防泵的启动、停止。

(3) 水流指示器、信号阀、压力开关、喷淋消防泵的启动和停止的动作信号应反馈至消防联动控制器。

2. 预作用系统的联动控制设计，应符合下列规定：

(1) 联动控制方式，应由同一报警区域内两只及以上独立的感烟火灾探测器或一只感烟火灾探测器与一只手动火灾报警按钮的报警信号，作为预作用阀组开启的联动触发信号。由消防联动控制器控制预作用阀组的开启，使系统转变为湿式系统；当系统设有快速排气装置时，应联动控制排气阀前的电动阀的开启。

(2) 手动控制方式，应将喷淋消防泵控制箱（柜）的启动和停止按钮、预作用阀组和快速排气阀入口前的电动阀的启动和停止按钮，用专用线路直接连接至设置在消防控制室内的消防联动控制器的手动控制盘，直接手动控制喷淋消防泵的启动、停止及预作用阀组和电动阀的开启。

(3) 水流指示器、信号阀、压力开关、喷淋消防泵的启动和停止的动作信号，有压气体管道气压状态信号和快速排气阀入口前电动阀的动作信号应反馈至消防联动控制器。

3. 雨淋系统的联动控制设计，应符合下列规定：

(1) 联动控制方式，应由同一报警区域内两只及以上独立的感温火灾探测器或一只感温火灾探测器与一只手动火灾报警按钮的报警信号，作为雨淋阀组开启的联动触发信号，雨淋阀组应由消防联动控制器控制开启。

(2) 手动控制方式，应将雨淋消防泵控制箱（柜）的启动和停止按钮、雨淋阀组的启动和停止按钮，用专用线路直接连接至设置在消防控制室内的消防联动控制器的手动控制盘，直接手动控制雨淋消防泵的启动、停止及雨淋阀组的开启。

(3) 水流指示器，压力开关，雨淋阀组、雨淋消防泵的启动和停止的动作信号应反馈至消防联动控制器。

4. 自动控制的水幕系统的联动控制设计，应符合下列规定：

(1) 联动控制方式，当自动控制的水幕系统用于防火卷帘的保护时，应由防火卷帘下落到楼板面的动作信号与本报警区域内任一火灾探测器或手动火灾报警按钮的报警信号作为水幕阀组启动的联动触发信号，并应由消防联动控制器联动控制水幕系统相关控制阀组的启动；仅用水幕系统作为防火分隔时，应由该报警区域内两只独立的感温火灾探测器的火灾报警信号作为水幕阀组启动的联动触发信号，并应由消防联动控制器联动控制水幕系统相关控制阀组的启动。

（2）手动控制方式，应将水幕系统相关控制阀组和消防泵控制箱（柜）的启动、停止按钮用专用线路直接连接至设置在消防控制室内的消防联动控制器的手动控制盘，并应直接手动控制消防泵的启动、停止及水幕系统相关控制阀组的开启。

（3）压力开关、水幕系统相关控制阀组和消防泵的启动、停止的动作信号，应反馈至消防联动控制器。

5. 消火栓系统的联动控制设计，应符合下列规定：

（1）联动控制方式，应由消火栓系统出水干管上设置的低压压力开关、高位消防水箱出水管上设置的流量开关或报警阀压力开关等信号作为触发信号，直接控制启动消火栓泵，联动控制不应受消防联动控制器处于自动或手动状态影响。当设置消火栓按钮时，消火栓按钮的动作信号应作为报警信号及启动消火栓泵的联动触发信号，由消防联动控制器联动控制消火栓泵的启动。

（2）手动控制方式，应将消火栓泵控制箱（柜）的启动、停止按钮用专用线路直接连接至设置在消防控制室内的消防联动控制器的手动控制盘，并应直接手动控制消火栓泵的启动、停止。消火栓泵的动作信号应反馈至消防联动控制器。

上述水灭火系统的联动控制，都包含消防水泵房的联动控制。另外，几个灭火系统合用一套水泵房的情况也是很普遍的事情。因此，各类水灭火系统的联动控制是非常相似的。本节主要介绍运用比较广泛的湿式自动喷水灭火系统的联动控制和消火栓系统的联动控制。

二、湿式自动喷水灭火系统的联动控制应用

自动喷水灭火系统在智能建筑和高层建筑中得到广泛的应用，是目前国内外广泛采用的一种固定式消防灭火设备。而在自动喷水灭火系统中，湿式系统即充水式闭式自动喷水灭火系统是应用最广泛的一种。典型的湿式自动喷水灭火系统的组成和联动控制原理如图 3-3-1 所示。

从图 3-3-1 可以看出，灭火设施主要设备包括：市政进水管网、消防水池与屋顶水箱、消防水泵、气压给水装置、湿式报警阀组、水泵结合器、湿式系统管网与闭式喷头、末端试水装置，等等；电器设备控制设施主要包括：报警联动控制柜、泵房控制箱（电控柜）、水流指示器和压力开关信号处理器

件、气压供水装置控制设备，等等。

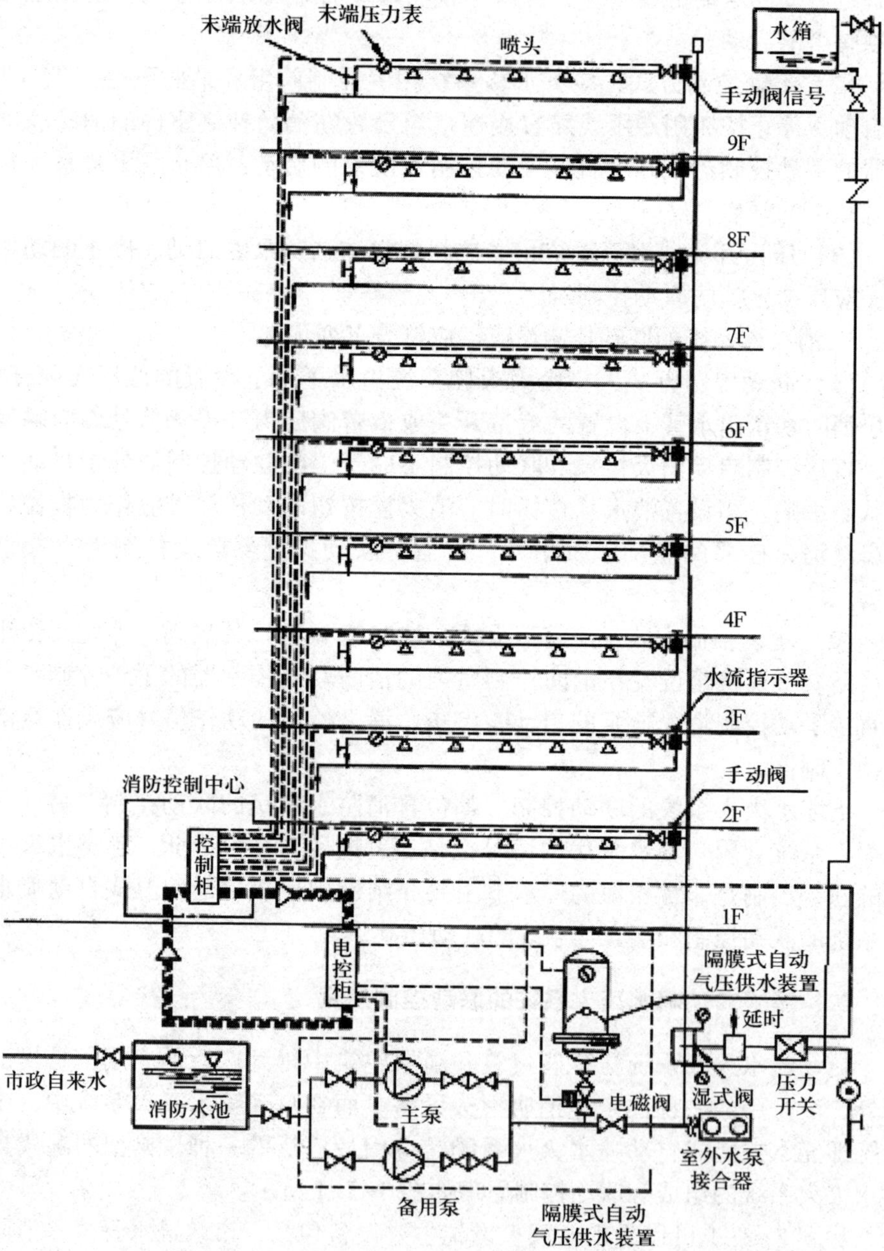

图 3-3-1 湿式自动喷水灭火系统控制原理图

湿式自动喷水灭火系统的工作过程是：当发生火灾、水喷头的温度元件达到额定温度时，水喷头动作，系统支管的水流动，水流指示器动作、湿式报警阀动作、压力开关动作，这 3 个部件的动作信号均送至消防控制室。随后，消防水泵启动，启泵信号送至消防控制室，且水力警铃报警。当支管末端放水阀或试验阀动作时，也将有相应的动作信号送入消防控制室。这样既保证了火灾时动作无误，又方便平时维修检查。

湿式自动喷水灭火系统中消防泵（喷淋泵）的联动控制逻辑过程如图 3-3-2所示。水流信号和闸阀关闭动作信号送入系统后，喷淋泵控制器（屏）产生手动或自动信号直接控制喷淋泵，同时接收返回的水位信号，监测喷淋泵工作状态，实现集中联动控制。

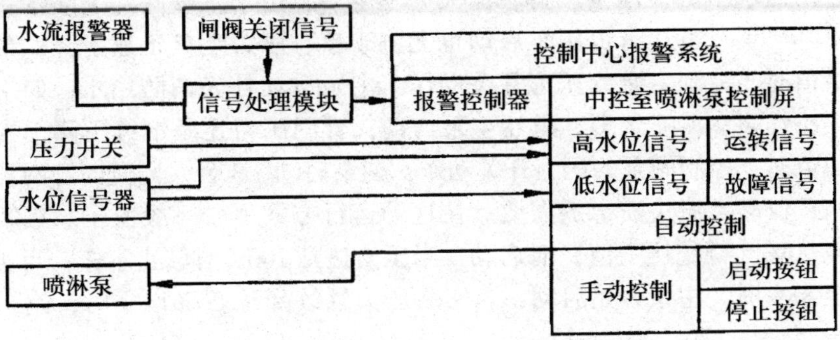

图 3-3-2　消防泵（喷淋泵）联动控制逻辑图

在高层建筑中，自动喷水灭火系统所用的喷淋泵组一般为 2~3 台泵。当采用 2 台泵时，平时配水管网中的压力水来自高位水池；一旦喷头的感温元件动作喷头喷水，管道内有消防水流动，水流指示器启动消防喷淋泵，向管网补充压力水；平时 1 台工作，1 台备用，当 1 台因故障停转，接触器断开时，备用喷淋泵立即投入运行，2 台水泵可以互为备用。这时，一主一备喷淋泵组电机主回路及控制回路的电气控制实现方式类似于消火栓系统中的消防泵情况。

当自动喷水灭火系统采用 3 台泵时，其中 2 台为压力泵，1 台为恒压泵（或称补压泵）。恒压泵一般功率很小，在 1~2kW，其作用是使消防管网中水压保持在一定范围内。当管网中的水由于渗漏压力降低到某一数值时，恒压泵出水管所接的压力开关（压力继电器）动作，其接点信号经电气控制箱（泵房控制箱）控制恒压泵启动补压；当达到一定压力后，所接压力开关断开恒压泵控制回路，使恒压泵停止运行。

必须指出，3 泵形式的自动喷水系统中 2 台压力泵一般采用一主一备，有时也把 2 台压力泵处理成一主一副，每台压力泵出水管中都接有压力开关，主泵压力开关的动作压力调整在较高数值，副泵的压力开关调得最低，即压力开关整定压力大小顺序是：恒压泵最高，主压力泵次之，副压力泵最低。平时管网内水压由恒压泵维持，但火灾发生后，由于水喷头炸裂喷水，管网压力下降严重，虽然有恒压泵启动也无济于事，压力还是迅速下降，当降至一定数值时，控制主泵的压力开关动作，主泵启动补充消防用水。如果火势大，喷头炸裂多、喷水多，虽然主泵启动，管网压力还是继续下降，当降至另一数值时，控制副泵的压力开关动作，副泵启动，3 台泵同时向管网补充消防用水，以满足喷头喷水的需要。在这种运行方式下，一般恒压泵在实际水压降至 90%（额定压力值）时启动，当压力达到 100%时停止工作；当实际水压降至 85%时，主泵开始启动；当实际压力继续降至 80%以下时，副泵也投入运行。

如果使用干式喷水灭火系统，消防控制室还应显示系统最高和最低气压；预作用系统还应显示系统的最低气压。如果高层建筑采用高、中、低分区给水系统（如图 3-3-3 所示），则在消防控制室中，应按规范要求分区实现自动喷水灭火系统的控制、显示功能。

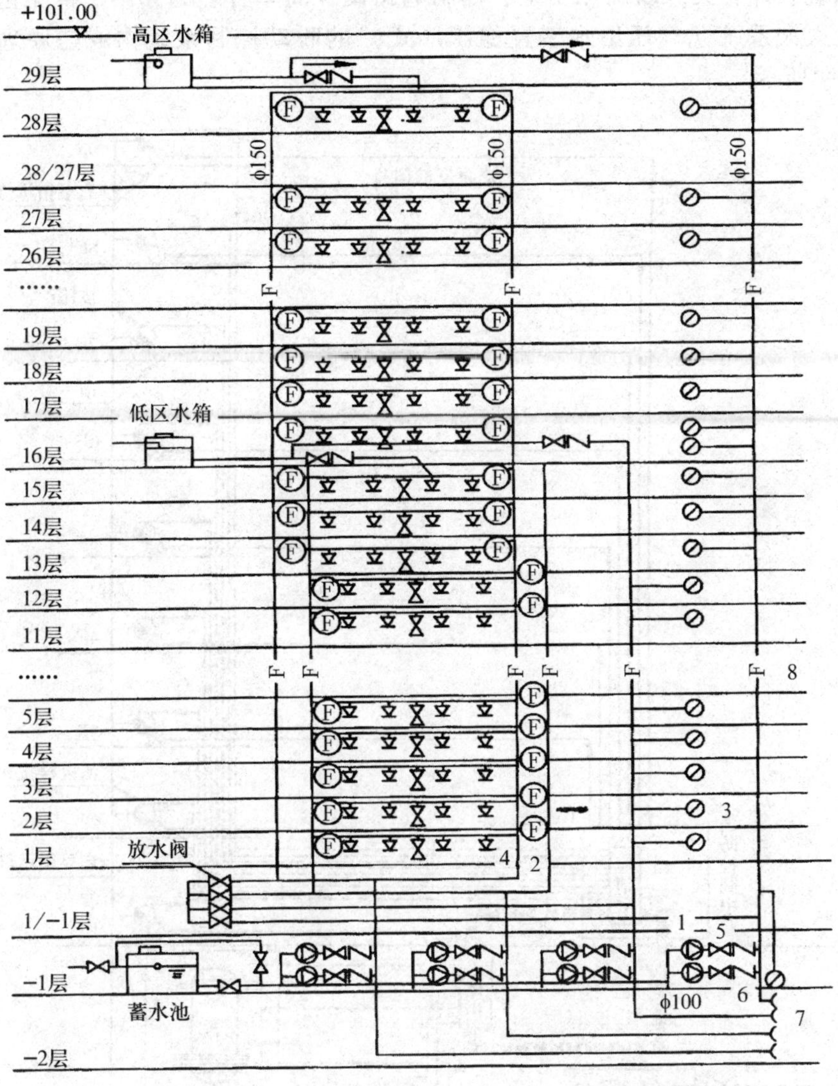

1——消防泵；2——报警阀；3——消火栓；4——自动灭火；

5——截止阀；6——单向阀；7——水泵接合器；8——消防竖管

图 3-3-3　高层建筑分区消防给水系统示意图

三、室内消火栓系统的联动控制应用

室内消火栓灭火系统由消防给水设备（包括给水管网、加压泵及阀门等）和电控部分（包括启泵按钮、消防中心启泵装置及消防控制柜等）组成。室内消火栓灭火系统中消防泵的启动和控制方式的选择，与建筑物的规模和给水系统设计有关，以确保安全、控制电路设计简单合理为原则。常见室内消火栓灭火系统（气压给水装置稳压形式）的联动控制系统构成与原理如图3-3-4所示。

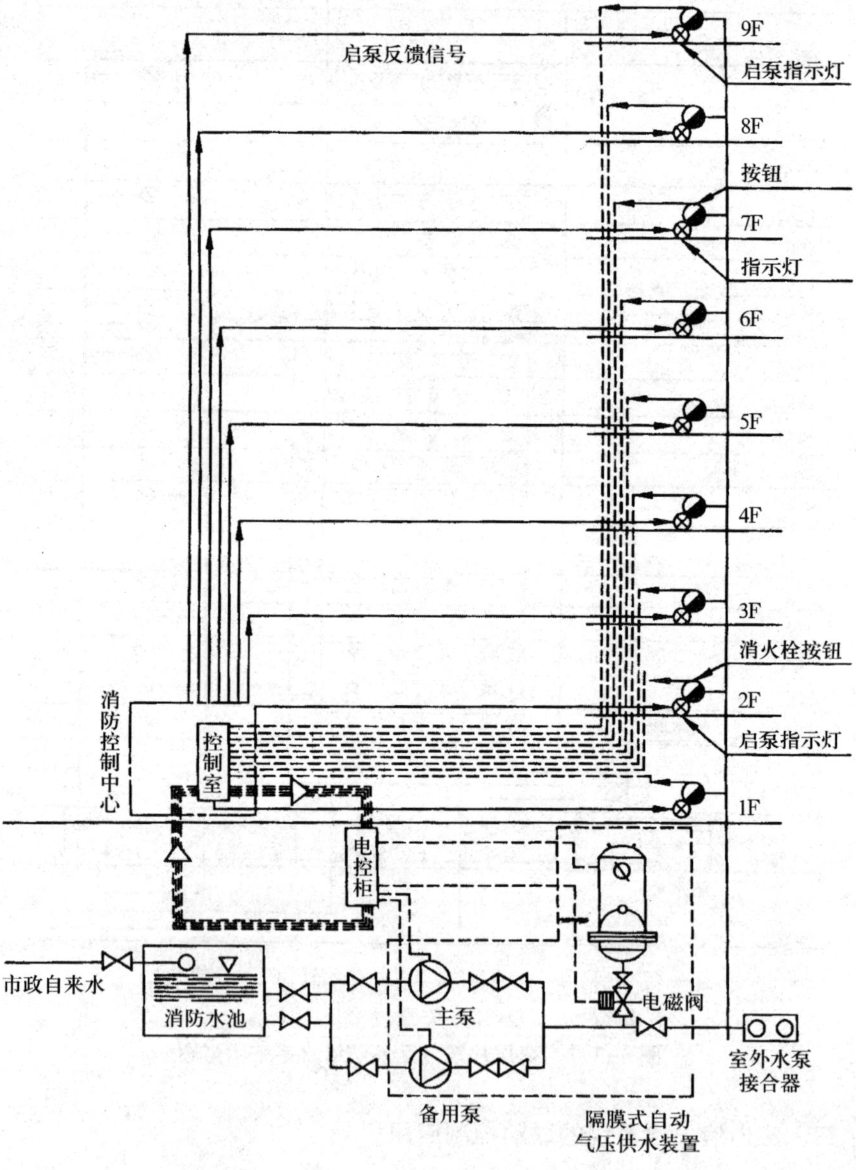

图 3-3-4　室内消火栓灭火系统控制原理图

室内消火栓灭火系统中消防泵联动控制的基本逻辑要求如图 3-3-5 所示。

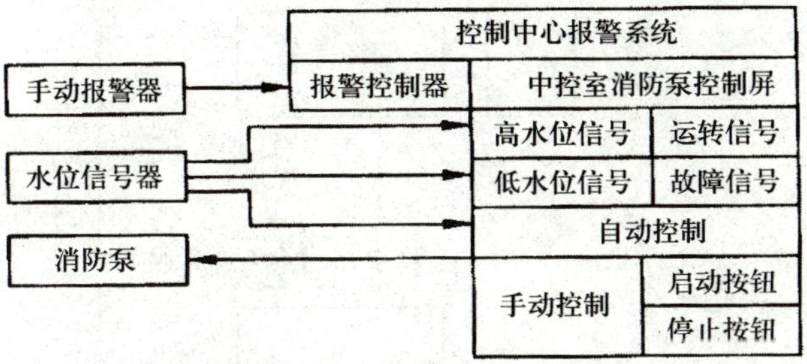

图 3-3-5　消防泵联动控制逻辑图

当手动消防按钮的报警信号进入系统的消防控制中心后，消防泵控制屏（或控制装置）产生手动或自动信号直接控制消防泵，同时接收水位信号器返回的水位信号。在一般情况下，消防泵的控制都是经消防控制室来联动控制的，应具备分散（现场）控制、集中（消防中心）管理的功能，并在满足使用要求的前提下，力求简单可靠。在高层建筑火灾自动报警系统中，消防泵有两种系统工作方式：

1. 当室内消火栓灭火系统与自动喷水灭火系统都有各自专用的供水水泵和配水管网时，消防泵一般采用一（主）用一备（1 台工作，1 台备用）工作方式；

2. 当室内消火栓灭火系统与自动喷水灭火系统有各自专用的配水管网，但供水水泵却共用时，消防泵一般采用多用一备（多台工作，1 台备用）工作方式。

在高层建筑，尤其是超高层建筑中，为了弥补室内消火栓灭火系统消防水泵扬程有限的不足，或为了达到降低消防水泵单台容量以减少自备应急柴油发电机组的额定容量，常在室内消火栓灭火系统中设置中途接力泵，其级数视建筑物高度而定。当高层建筑消火栓灭火系统由底层消防泵、中途泵和顶层加压泵组成时，各个水泵电气控制回路之间设有连锁关系，连锁要求与水系统具体形式有关。

图 3-3-6，是设有中途接力泵的消火栓灭火系统示意图。设有中途接力泵的消火栓灭火系统的联动控制工作过程原理为：火灾发生时，消防按钮立即启动顶层加压泵并向消防控制中心和就地发出声光报警信号；此时喷出的消防水由上层水箱经顶层加压泵供给，上层消防水箱水位将很快下降，当降到危险水位时，则由水位信号检测器启动底层消防泵，并经短暂延时后启动中途接力泵。当底层消防泵及中途接力泵投入运行后，顶层加压泵随即停止运行，消火栓系统用水由底层消防泵和中途接力泵直接注入。一般在水泵接

合器旁应设有消防按钮，用于直接启动中途接力泵。

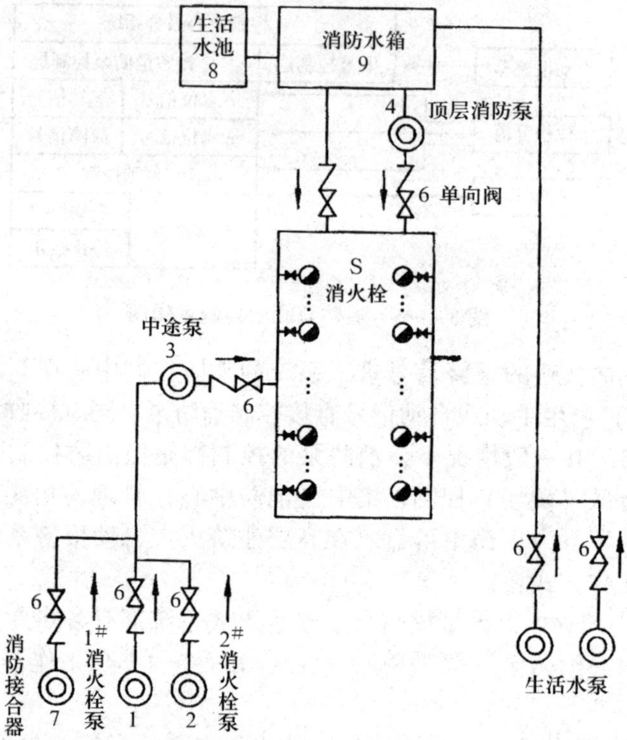

图 3-3-6　设有中途接力泵的消火栓灭火系统示意图

四、水灭火联动控制设备应用举例

水灭火系统工作性能稳定、造价低、灭火效率高、维修方便、使用期长，是目前各类建筑物使用最广泛的灭火系统。其中，应用最普遍的是湿式水灭火设备及控制装置。建筑物的各层均应设置消火栓，每个消火栓处设有启动消防水泵的按钮。这些控制信号均直接连到消防控制中心的消火栓控制器上。某层着火，只要启动消火栓，则消火栓控制器立即发出声、光报警信号，继而启动消防泵，洒水灭火。一般消防泵为一主一备。消防泵的启动信号也返回各层，各消火栓处的指示灯均亮起，每层都得知泵已运行。

（一）SM-081 型水灭火控制柜

在消防联动控制中，消防控制中心必然设置了水灭火控制装置。SM-081 型水灭火控制柜是常用的专用自动喷水灭火控制装置，该装置集中控制全楼的湿式水喷淋系统和消火栓系统、水幕灭火系统等，也可以与火灾自动报警系统等联动构成火灾自动报警与消防联动控制系统。

在建筑物每层水平供水管网上，均安装有水流指示器，这些水流指示器均由各层直接独立地接到消防控制中心的水灭火控制柜上。当某层着火，该层温度升高并达到一定温度时，闭式喷头感温元件动作、喷水，相应的此处水流指示器动作，其报警信号立刻输送到控制柜上，产生声、光报警，明确指示报警部位。随着管内水压下降，湿式报警阀也开始动作，水力警铃报警，同时水力继电器（或压力开关）也动作，给控制柜报警信号。水灭火控制柜在水流指示器和水力继电器的作用下，能自动启动喷淋泵，自动供水喷水灭火。

SM-081 型水灭火控制柜由消火栓部位道、水流指示器部位道、联动道、总控道、手动及自动控制显示面板、电源等部分组成。火灾发生时，消火栓的动作信号或水流指示器的水流信号转换为 24V 电信号，电信号输入至部位道，触发记忆电路，发出部位报警信号，同时推动音响电路和总控电路，联动中间继电器，外控触点闭合，启动消防设备。该系统原理如图 3-3-7 所示。

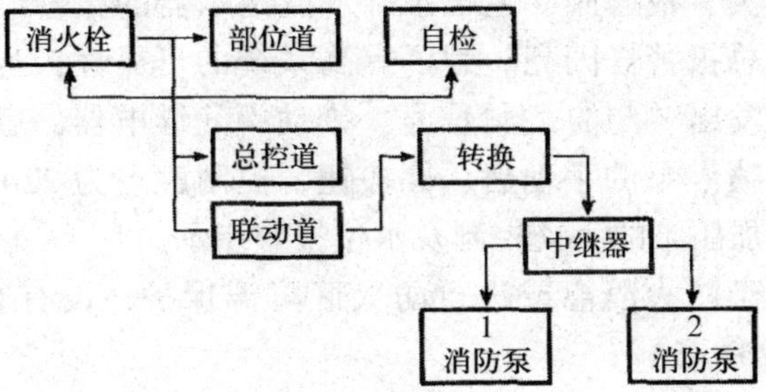

(a) 消火栓系统控制逻辑原理

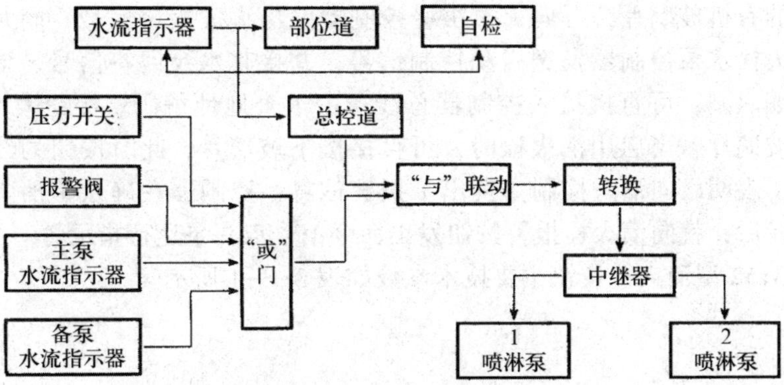

(b) 自动喷水系统控制逻辑原理

图 3-3-7　SM-081 型水灭火控制系统原理图

该控制柜内设有 2 个通用机箱、1 个标准电源插箱、4 个手动控制及显示面板。通用机箱设有 16 个标准插道，其中 8 个插道为消火栓部位道，另外 8 个插道为水流指示器部位道；每个插道有 5 个显示部位，用户可根据设备报警容量的多少进行组合。火灾发生时，消火栓控制按钮动作的 24V 电压信号传输到水灭火柜，它发出此部位的声光报警信号并记忆。总火警灯闪亮，声音为快变调。同时报警信号联动中间继电器，外控触点闭合，启动消防泵，触点容量为 220V/2A。消火栓部位道的最大容量为 40 路，每 5 路为一个标准插道，每路接受 1 个消火栓的动作信号。控制柜上设有 2 个消防泵的启、停按钮，互为备用，必要时可以直接手动启动消防泵，按钮触点的输出功率为 220V/5A。

火灾发生时，喷水头感温元件自动释放或爆裂喷水，水流指示器动作，24V 电压信号传输到水灭火控制柜，它发出此部位的声光报警信号并记忆，总报警灯闪亮，声音为慢变调。水流指示器部位道的最大容量为 35 路，每 5 路为一个标准插道，每路接受 1 个水流指示器的水流报警信号。当“或”门接受到水压力开关、报警阀、主备泵、水流指示器的报警信号时，发出快变调的报警信号，总报警灯闪亮。为了提高系统的可靠性，当水流指示器、压力开关都动作后发出“与”逻辑信号，推动中间继电器，启动喷淋泵。该控制柜上设有 2 个喷淋泵的手动启、停按钮，控制触点为 220V/5A。湿式灭火控制还包括 2 个加压泵的手动控制及水位报警指示。

水幕系统用于防火隔离或进行防火区降温保护，设有 6 个启、停按钮，触点的容量为 220V/5A。

（二）消火栓按钮

TX3152 型消火栓按钮安装在消火栓箱附近，当人工确认火灾发生后按下按钮上的有机玻璃片，可向火灾报警控制器发出火灾报警信号，同时该按钮可向消火栓水泵控制器发送启动控制信号，并接收水泵回答信号。该消火栓按钮为编码型，可直接接入控制器总线，占 1 个地址编码。按钮表面装有 1 个有机玻璃片，当启用消火栓时，可直接按下玻璃片，此时按钮的红色指示灯亮起，表明已向消防控制室发出了报警信息，控制器在确认了消防水泵已启动运行后，就向消火栓报警按钮发出命令信号点亮泵运行指示灯。

TX3152 型消火栓按钮主要技术参数如表 3-3-1 所示。

表 3-3-1　TX3152 型消火栓按钮主要技术参数表

工作电压	15~28V 脉冲电压	输出容量	DC 30V/100mA
总线监视电流	≤0.5mA	温度	-10℃~55℃
总线报警电流	≤2.5mA	相对湿度	≤95%RH，不凝露
编码方式	电子编码	外形尺寸	95.0mm×95.0mm×59.0mm（含底座）
线制	无极性二总线、与泵控制箱采用二线连接	启动零件形式	可重复使用型
		启动返回方式	DC 24V 无极性

TX3152 型消火栓按钮的外形如图 3-3-8 所示。

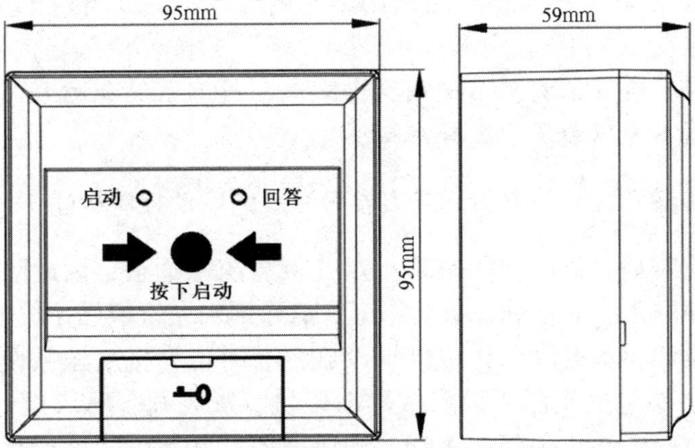

图 3-3-8　TX3152 型消火栓按钮外形示意图

TX3152 型消火栓按钮接线如图 3-3-9 所示。

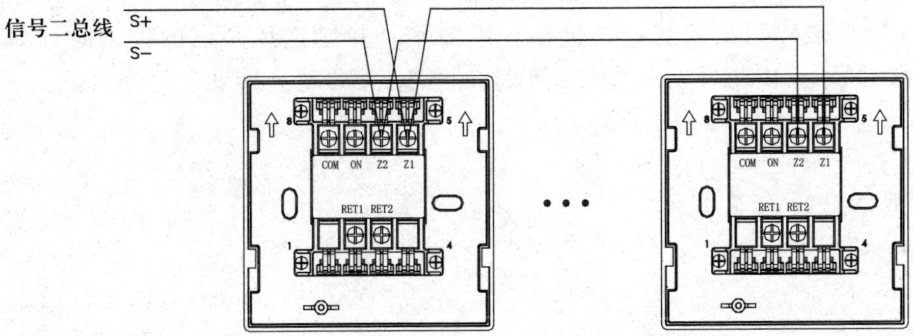

图 3-3-9　TX3152 型消火栓按钮接线示意图

TX3152 型消火栓按钮接线方法如下：

（1）Z1、Z2：与报警控制器信号总线连接，无极性。

（2）NO、COM：额定 DC 30V/100mA 无源输出端子，当消火栓按钮按下时，输出触点闭合信号，可直接控制外部设备。

（3）RET1、RET2：水泵启动回答信号输入端子，无极性。

（4）布线要求：总线（Z1、Z2）采用 RVS-2×1.0mm^2 或 1.5mm^2 线；触点线（NO、COM）采用 BV-2×1.0mm^2 或 1.5mm^2 线。穿金属管（线槽）或阻燃 PVC 管敷设。

第四节　防烟、排烟系统与防火门、防火卷帘系统的联动控制

内容提要：本节主要介绍建筑物中防烟、排烟系统和防火门、防火卷帘系统控制的基本原理和设计基本要求。

一、防排烟系统与防火门、防火卷帘系统的联动控制概述

建筑物中防烟设备的作用是防止烟气侵入疏散通道，因此防烟设备通常与正压送风相联系。而排烟设备的作用是消除烟气大量积累并防止烟气扩散。

防烟、排烟设备有时简称防排烟设施，有时也称排烟送风设施。广义的防排烟设施主要包括正压送风机、排烟风机、送风阀（防火阀）及排烟阀，以及防火卷帘门、防火门等。防烟、排烟设备及其系统的设计是综合性自动消防系统的必要组成部分。以防烟楼梯间及其前室为例，在无自然防烟、排烟的条件下，走廊作机械排烟，前室作送风、排烟，楼梯间作正压送风；其压力要符合（30~50Pa）规范的要求。

防烟楼梯间及其前室（包括合用前室）排烟送风系统的控制原理如图3-4-1所示。由此可见，风机和排烟口的动作信号都应回到消防控制室。

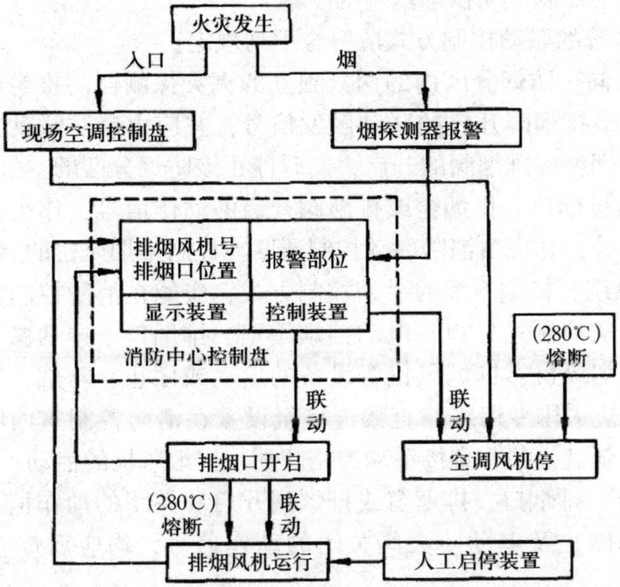

图 3-4-1　防烟楼梯间及其前室排烟送风系统控制图

防排烟系统一般是在选定自然排烟、机械排烟、自然与机械排烟并用或机械加压送风方式后设计其电气控制。因此，防排烟系统的电气控制视其所确定的防排烟设备，由以下不同内容与要求组成：

1. 消防控制室能显示各种电动防排烟设备的运行情况，并能进行连锁控制和就地手动控制。

2. 根据火灾情况打开有关排烟道上的排烟口，启动排烟风机（有正压送风机时同时启动），降下有关防火卷帘及防烟垂壁，打开安全出口的电动门，与此同时关闭有关的防火阀及防火门，停止有关防烟分区内的空调系统。

3. 设有正压送风的系统则同时打开送风口、启动送风机等。

二、防排烟系统联动控制设计的基本要求

1. 防烟系统的联动控制方式应符合下列规定：

（1）应由加压送风口所在防火分区内的两只独立的火灾探测器或一只火灾探测器与一只手动火灾报警按钮的报警信号，作为送风门开启和加压送风机启动的联动触发信号，并应由消防联动控制器联动控制相关楼层前室等需要加压送风场所的加压送风口开启和加压送风机启动；

（2）应由同一防烟分区内且位于电动挡烟垂壁附近的两只独立的感烟火灾探测器的报警信号，作为电动挡烟垂壁降落的联动触发信号，并应由消防

联动控制器联动控制电动挡烟垂壁的降落。

2. 排烟系统的联动控制方式应符合下列规定：

（1）应由同一防烟分区内的两只独立的火灾探测器的报警信号，作为排烟口、排烟窗或排烟阀开启的联动触发信号，并应由消防联动控制器联动控制排烟口、排烟窗或排烟阀的开启，同时停止该防烟分区的空气调节系统；

（2）应由排烟口、排烟窗或排烟阀开启的动作信号，作为排烟风机启动的联动触发信号，并应由消防联动控制器联动控制排烟风机的启动。

3. 防烟系统、排烟系统的手动控制方式，应能在消防控制室内的消防联动拉制器上手动控制送风口、电动挡烟垂壁、排烟口、排烟窗、排烟阀的开启或关闭及防烟风机、排烟风机等设备的启动或停止，防烟、排烟风机的启动、停止按钮应采用专用线路直接连接至设置在消防控制室内的消防联动控制器的手动控制盘，并应直接手动控制防烟、排烟风机的启动、停止。

4. 送风口、排烟口、排烟窗或排烟阀开启和关闭的动作信号，防烟、排烟风机启动和停止及电动防火阀关闭的动作信号，均应反馈至消防联动控制器。

5. 排烟风机入口处的总管上设置的280℃排烟防火阀在关闭后应直接联动控制风机停止，排烟防火阀及风机的动作信号应反馈至消防联动控制器。

三、防排烟系统的控制原理

一般而言，防排烟系统的控制有中心控制和模块控制两种方式。

防排烟系统的排烟中心控制方式工作过程原理如图3-4-2所示。

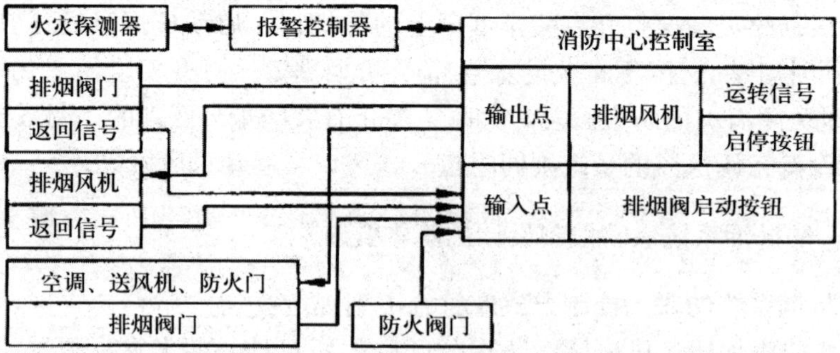

图3-4-2　中心控制方式排烟控制过程图

中心控制方式的控制过程是：消防中心控制室接到火灾报警信号后，直接产生信号控制排烟阀门开启、排烟风机启动，空调、送风机、防火门等关闭，并接收各个设备的返回信号和防火阀动作信号，监测各个设备的运行状态。

防排烟系统的排烟模块控制方式工作过程原理如图 3-4-3 所示。

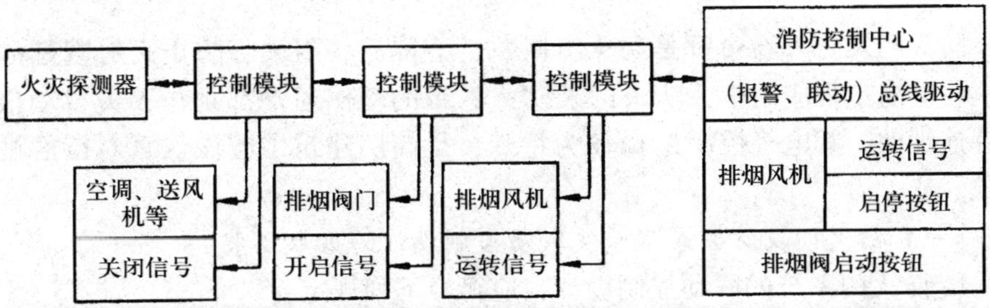

图 3-4-3　模块控制方式排烟控制过程图

模块联动方式的控制过程是：消防中心控制室接收到火灾报警信号后，产生排烟风机和排烟阀门等的动作信号，经总线和控制模块驱动各个设备动作并接收其返回信号，监测其运行状态。

应该指出，图 3-4-2 和图 3-4-3 所示为机械排烟控制过程图。机械加压送风控制原理与过程相似于排烟控制，只是控制对象变成了正压送风机和正压送风阀门，控制过程图类似于图 3-4-2 和图 3-4-3。在高层建筑中，送风机通常装在建筑物的下技术层或 2~3 层，排烟机均装在建筑物顶层或上技术层。

四、对排烟阀与防火阀的控制

（一）排烟阀的控制

排烟阀或送风阀装在建筑物的过道、防烟前室或无窗房间的防排烟系统中，用作排烟口或正压送风口。平时阀门关闭，当发生火灾时阀门接收到电动信号打开阀门。送风阀或排烟阀的电动操作机构一般采用电磁铁，当电磁铁通电时即执行开阀操作。电磁铁的控制方式有三种：一是消防控制中心火警连锁控制；二是自启动控制，即由自身的温度熔断器动作实现控制；三是就地（现场）手动操作控制。无论何种控制方式，当阀门打开后，其微动（行程）开关便接通信号回路，向控制室返回阀门已开启的信号或连锁控制其他装置。

（二）防火阀及防烟防火阀的控制

防火阀与排烟阀相反，正常时是打开的，当发生火灾时，随着烟气温度上升，熔断器熔断使阀门自动关闭，一般用在有防火要求的通风及空调系统的风道上。防火阀可用手动复位（打开），也可用电动机构进行操作。电动机构通常采用电磁铁，接受消防控制中心命令而关闭阀门，其操作原理同排烟阀。防烟防火阀的工作原理与防火阀相似，只是在机构上还有防烟要求。

五、对防火门及防火卷帘的控制

防火门及防火卷帘都是防火分隔物，有隔火、阻火、防止火势蔓延的作用。在消防工程应用中，防火门及防火卷帘的动作通常都是与火灾自动报警系统连锁的，其电气控制逻辑较为特殊，是高层建筑中应该认真对待的被控对象。

（一）防火门及防火卷帘系统联动控制设计的基本要求

1. 防火门系统的联动控制设计，应符合下列规定：

（1）应由常开防火门所在防火分区内的两只独立的火灾探测器或一只火灾探测器与一只手动火灾报警按钮的报警信号，作为常开防火门关闭的联动触发信号，联动触发信号应由火灾报警控制器或消防联动控制器发出，并应由消防联动控制器或防火门监控器联动控制防火门关闭。

（2）疏散通道上各防火门的开启、关闭及故障状态信号应反馈至防火门监控器。

2. 防火卷帘的升降应由防火卷帘控制器控制，疏散通道上设置的防火卷帘的联动控制设计，应符合下列规定：

（1）联功控制方式：防火分区内任意两只独立的感烟火灾探测器或任意一只专门用于联动防火卷帘的感烟火灾探测器的报警信号应联动控制防火卷帘下降至距楼板面 1.8m 处；任意一只专门用于联动防火卷帘的感温火灾探测器的报警信号应联动控制防火卷帘下降到楼板面；在卷帘的任意一侧距卷帘纵深 0.5~5m 处，应设置不少于两只专门用于联动防火卷帘的感温火灾探测器。

（2）手动控制方式：应由防火卷帘两侧设置的手动控制按钮控制防火卷帘的升降。

3. 非疏散通道上设置的防火卷帘的联动控制设计，应符合下列规定：

（1）联动控制方式：应由防火卷帘所在防火分区内任意两只独立的火灾探测器的报警信号，作为防火卷帘下降的联动触发信号，并应联动控制防火卷帘直接下降到楼板面。

（2）手动控制方式：应由防火卷帘两侧设置的手动控制按钮控制防火卷帘的升降，并应能在消防控制室内的消防联动控制器上手动控制防火卷帘的降落。

4. 防火卷帘下降至距楼板面 1.8m 处、下降到楼板面的动作信号和防火卷帘控制器直接连接的感烟、感温火灾探测器的报警信号，应反馈至消防联动控制器。

(二) 防火卷帘控制器

防火卷帘控制器是防火卷帘完成其防火、防烟功能所必需的重要电控设备。防火卷帘控制器由控制器主机（包括外设的手动控制装置）和速放控制装置构成，可以通过手动控制装置、配接的火灾探测器组发出的火灾报警信号和接收消防联动控制设备发出的联动控制信号控制防火卷帘的动作。

1. 防火卷帘控制器的分类：

(1) 按其用途可分为：仅用于防火分隔的防火卷帘控制器（F）、可用于疏散通道上的防火卷帘控制器（S）。

(2) 按其构成方式可分为：分体式防火卷帘控制器（F）、单体式防火卷帘控制器（D）。

2. 防火卷帘控制器的功能：

(1) 能为与其相连且要求其供电的部件供电。

(2) 能通过手动控制器装置控制防火卷帘执行上升、停止、下降动作，接收防火卷帘限位器反馈信号、控制防火卷帘执行相应动作，并发出卷帘动作声、光指示信号。

(3) 能接收来自与其相连的消防联动控制设备的半降、全降控制信号，在3s内发出控制防火卷帘完成相应动作信号，并发出防火卷帘动作声、光指示信号。

(4) 防火卷帘控制器应配有备用电源，并满足下述要求：

①备用电源宜采用密封、免维护充电电池。

②电池容量应保证防火卷帘控制器在下述情况下正常可靠工作1h：防火卷帘控制器处于通电工作状态；提供防火卷帘控制器速放控制装置完成卷帘自重垂降，控制卷帘在中限位置停止、延时后，降至下限位置所需的电源。

③有防止电池过充电、过放电的功能；在不超过生产厂家规定的电池极限放电情况下，应能在24h内对电池进行充电并使其恢复到正常状态。

(5) 防火卷帘控制器应有主、备电源转换功能；主、备电源的工作状态应有指示，主电源应有过流保护措施。主、备电源的转换应不使防火卷帘控制器发生误动作。备电源容量应能保证防火卷帘控制器在输出控制防火卷帘动作信号的条件下连续工作2h。

(三) 防火门的控制原理

防火门在建筑中的状态是：平时（无火灾时）处于开启状态，火灾时控制其关闭。防火门的控制可用手动控制或电动控制（现场感烟、感温火灾探测器控制或由消防控制中心控制）。当采用电动控制时，需要在防火门上配有相应的闭门器及释放开关。防火门的工作方式按其固定方式和释放开关分为两种：一种是平时通电、火灾时断电的关闭方式，即防火门释放开关平时通电吸合，使防火门处于开启状态，火灾时通过联动装置自动控制或手动控制切断电源，由装在防火门上的闭门器使之关闭；另一种是平时不通电、火灾时通电的关闭方式，即通常将电磁铁、油压泵和弹簧制成一个整体装置，平时不通电，防火门被固定销扣住呈开启状态，火灾时受连锁信号控制，电磁铁通电将销子拔出，防火门靠油压泵的压力或弹簧力作用而慢慢关闭。

防火门的电气控制电路与排烟阀类似，比较简单，不再赘述。

应指出，在现代建筑中经常可以看到电动安全门，它是疏散通道上的出入口，其状态是：平时（无火灾时）处于关闭或自动状态，火灾时呈开启状态。其控制目的与防火门相反，控制电路却基本相同。

（四）防火卷帘的控制原理

防火卷帘通常设置在建筑物中防火分区通道口外或需要防火分隔的部位，可以形成门帘式防火分隔。防火卷帘平时处于收卷（开启）状态，火灾发生时受消防控制中心连锁控制或手动操作控制而处于降下（关闭）状态；一般防火卷帘分两步降落，其目的是便于火灾初起时人员的疏散。防火卷帘的控制也有两种控制方式，即中心联动控制和模块联动控制。两种控制方式如图 3-4-4 所示。

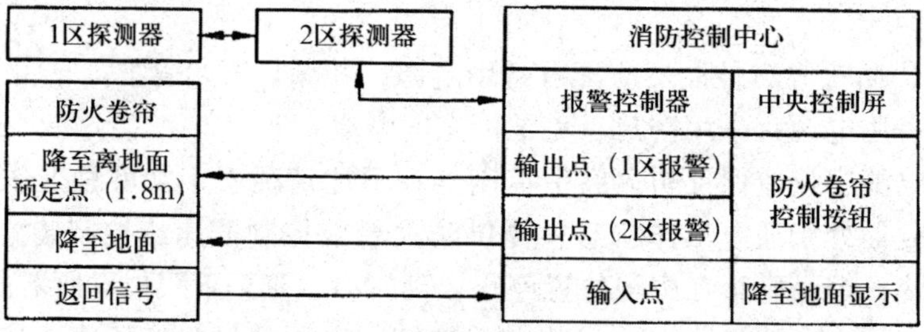

(a) 中心联动控制

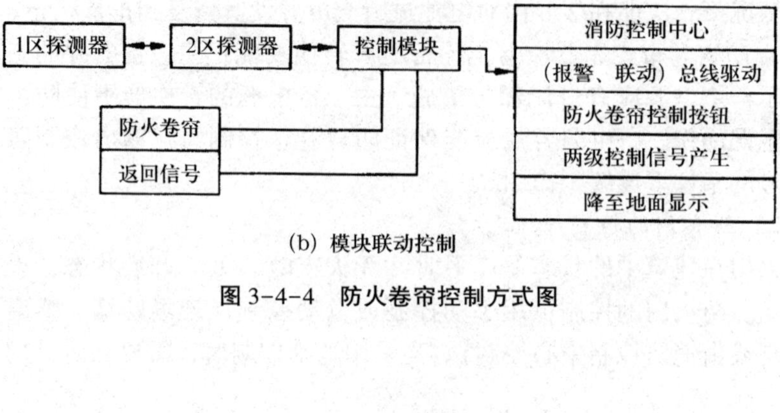

(b) 模块联动控制

图 3-4-4 防火卷帘控制方式图

火灾时，防火卷帘根据消防控制中心的连锁信号（或火灾探测器信号）指令或就地手动操作控制，使卷帘首先下降至预定点（离地面 1.8m 处），经过一段时间延时后，卷帘降至地面，从而达到人员紧急疏散、灾区隔烟、隔水、控制火势蔓延的目的。

第五节　消防应急广播与电话系统

内容提要：本节以实际例子介绍消防应急广播与电话系统的分类、基本构成和基本性能。

一、消防应急广播系统与警报装置

消防应急广播设备是发生火灾或意外事故时指挥现场人员进行疏散的设备，是自动报警系统不可缺少的并行设备，其主体设备可与消防控制室的其他消防设备一起装配在消防控制柜内，设备的工作电源统一由消防控制系统的电源提供。

消防应急广播设备与火灾警报装置类似。火灾警报装置是发生火灾或意外事故时向人们发出警告的装置，它主要包括警铃、警笛、警灯等。虽然火灾应急广播设备与火灾警报装置在设置范围上有些差异，但使用目的是一致的，即及时向人们通报火灾信息，指导人们安全、迅速地疏散。

（一）消防应急广播的设置范围与要求

1. 火灾发生时，为了便于组织人员的安全疏散和通知有关的救灾事项，《火灾自动报警系统设计规范》（GB 50116-2013）规定，控制中心报警系统和集中报警系统均应设置消防应急广播。

2. 在高层建筑内或已装有广播扬声器的建筑内，要求有消防应急广播功能，即当发生火灾时，无论扬声器当时处于何种工作状态，都应强制切换到消防应急广播线路上。消防应急广播的扩音机需专用，但可放置在其他广播机房内，在消防控制室内应能对它进行遥控自动开启，并能在消防控制室内直接用话筒播音。

3. 一般而言，消防应急广播的线路需单独敷设，并应有耐热保护措施。当某一路的扬声器或配线短路、断路时，应仅使该路广播中断而不影响其他各路广播。

4. 消防应急广播系统可与建筑物内的背景音乐或其他功能的大型广播音响系统合用扬声器，但应符合《火灾自动报警系统设计规范》提出的技术要求。当火灾应急广播与其他广播（包括背景音乐等）合用时，应符合下列技术要求：

（1）火灾时，应能在消防控制室将火灾疏散层的扬声器和公共广播扩音机强制转入应急广播状态；

（2）消防控制室应能监控用于应急广播时的扩音机的工作状态，并应具有遥控开启扩音机和采用传声器播音的功能；

（3）床头控制柜设有扬声器时，应有强制切换到应急广播的功能。

5. 消防应急广播系统中扬声器的设置应符合以下要求：

（1）消防应急广播的扬声器宜按照防火分区设置和分配，在民用建筑里，扬声器应设置在走道和大厅等公共场所，每个扬声器的额定功率不小于3W，其数量应保证从一个防火分区内的任何部位到最近一个扬声器的直线距离不大于25m，走道末端距最近的扬声器不大于12. 5m；

（2）在环境噪声大于60dB 场所设置的扬声器，在其播放范围内最远点的声压级应高于背景噪声 15dB；

（3）在客房设置专用的扬声器，其功率不小于1W；

（4）壁挂扬声器的底边距地面高度应大于2. 2m。

（二）总线制消防应急广播系统的原理与组成

在实际应用的消防应急广播系统中，有总线制和多线制两种方案可供选择。二者的区别在于，总线制系统是通过控制现场专用应急广播编码切换模块来实现广播的切换及播音控制，而多线制系统是通过消防控制中心的专用多线制应急广播切换盘来完成播音切换控制。现将应用较多的总线制消防应急广播系统实例介绍如下：

总线制消防应急广播系统由消防控制中心的广播设备（广播控制器、广播功率放大器）配合总线制 TX3016A 型火灾报警控制器、现场广播切换模块（TX3214A 型输出模块）及广播扬声器组成。各设备的工作电源由消防控制系统的电源统一提供。

利用消防应急广播切换模块（TX3214A 型输出模块），可将现场的广播扬声器接到控制器的总线上，由广播设备送来的音频广播信号，也要通过 TX3214A 型输出模块无源常开触点（事故广播端子）及常闭触点（音乐广播端子）加到扬声器上，一个广播区域可由一个 TX3214A 型输出模块来控制，总线制消防应急广播系统原理如图 3-5-1 所示。

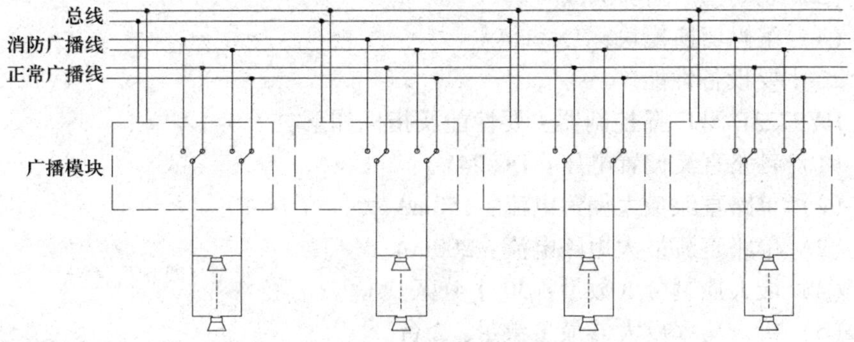

图 3-5-1　总线制消防应急广播系统原理示意图

在消防广播系统中，广播主机位于消防控制室，扬声器遍布整个建筑物，主机与扬声器的连线也就随扬声器遍布整个建筑，所以对广播线短路、断路的检测就很重要。因为广播功放输出为 120V 交流信号，直接检测交流信号比较复杂，成本也高，所以需要向广播线加入 24V 直流电压，同时利用电容的隔直流、通交流特性将直流与交流分开，达到互不影响的目的（如图 3-5-2 所示）。

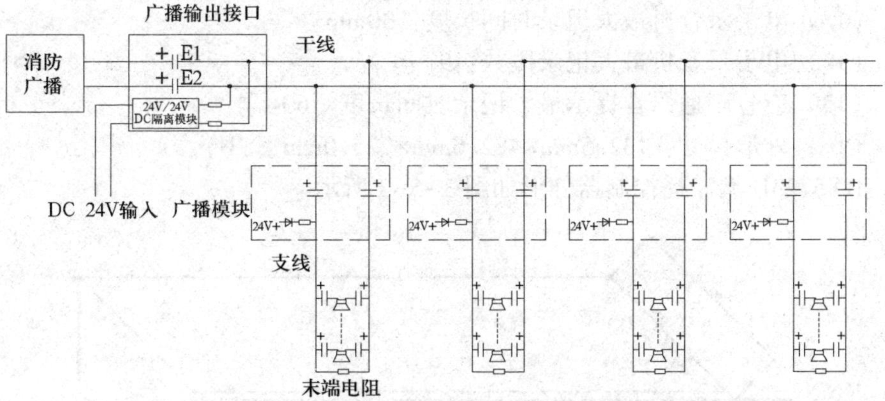

图 3-5-2　广播模块线路检测原理示意图

（三）消防应急广播系统主体设备的性能

1. 主体设备。

消防应急广播设备作为建筑物的消防指挥系统，在整个消防控制管理系统中起着极其重要的作用。消防应急广播系统的主体设备性能如下：

（1）音源：HY5723D 型广播控制器，播音话筒。

（2）功率放大器：HY5731D1/HY5732D1/HY5733D1 型系列消防广播功放盘。

（3）现场扬声器：3W。

（4）编码切换模块：TX3214A。

2. 主要设备性能。

HY5723D 型广播控制器主要性能及指标如下：

（1）各路直流偏置电压：DC 24V。

（2）单路直流最大偏置电流：150mA。

（3）单路直流最大短路电流：200mA。

（4）最大控制分区数量：30 个分区。

（5）接入功率放大器最多数量：2 台。

（6）单路功率放大器控制接点通过功率：最大 600W。

（7）音频输出电平：0dB。

（8）话筒输入电平：≤50mv（600Ω）不平衡式。

（9）电子语音输出电平：0dB。

（10）线路 1 输入电平：-10dB，输入阻抗≥47kΩ。

（11）线路 2 输入电平：0dB。

（12）监听输出功率：≥0. 2W。

（13）电子录音机最大记录时间长度：30min。

（14）电子录音机最大记录段数：99 段。

（15）应急广播语音提示最大记录时间长度：60s。

（16）外形尺寸：132. 5mm×482. 6mm×225. 0mm（3U）。

HY5723D 型广播控制器外形如图 3-5-3 所示。

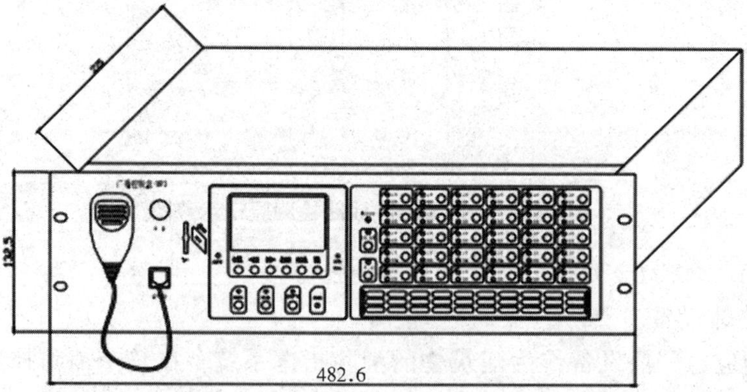

图 3-5-3 HY5723D 型广播控制器外形图

HY5731D1/HY5732D1/HY5733D1 型系列消防广播功放盘主要性能及指标如下：

（1）输入电平：775mV。

（2）输入阻抗：非平衡 600Ω。

（3）电压调整率：≤2dB。

（4）频率特性：80Hz～8kHz（90～145V）。

（5）谐波失真：63Hz～16kHz≤5%。

（6）输出特性：定压 120V。

（7）使用条件：温度 0℃～40℃，湿度 20%～90%RH。

（四）消防应急广播控制方式

集中报警系统和控制中心报警系统应设置消防应急广播。消防应急广播系统的联动控制信号应由消防联动控制器发出。当确认火灾后，应同时向全楼进行广播。相关控制要求如下：

1. 消防应急广播的单次语音播放时间宜为 10s～30s，与火灾声警报器分时交替工作，可采取 1 次火灾声警报器播放、1 次或 2 次消防应急广播播放的交替工作方式循环播放。

2. 在消防控制室应能手动或按预设控制逻辑联动控制选择广播分区、启动或停止应急广播系统，并应能监听消防应急广播；在通过传声器进行应急广播时，应自动对广播内容进行录音。

3. 消防控制室内应能显示消防应急广播的广播分区工作状态。

4. 消防应急广播与普通广播或背景音乐广播合用时，应具有强制切入消防应急广播的功能。

消防应急广播与建筑物内其他广播音响系统合用扬声器时，为保证广播控制的正确性，合用扬声器条件下接线方式如图 3-5-4 所示。

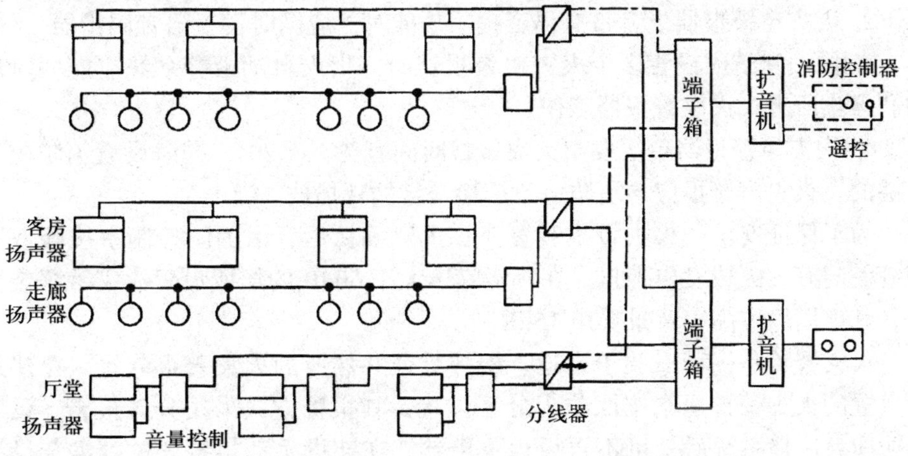

图 3-5-4　火灾应急广播与一般广播系统合用接线示意图

一旦发生火灾，要求能在消防控制室采用如下两种控制切换方式，将全楼的扬声器和广播音响扩音机强制转入火灾事故广播状态：

1. 消防应急广播系统仅利用音响广播系统的扬声器和传输线路，其扩音机等装置应是专用的，当发生火灾时，应由消防控制室切换输出线路，使音响广播系统投入消防应急广播；

2. 消防应急广播系统完全利用音响广播系统的扩音机、扬声器和传输线路等装置时，消防控制室应设有紧急播放盒（内含话筒放大器和电源、线路输出遥控按键等），用于火灾时遥控音响广播系统紧急开启作火灾紧急广播。

以上两种控制方式都应注意，要使扬声器无论处于关闭或播放音乐等状态，都能紧急播放消防应急广播。特别是在设有扬声器开关或音量调节器的系统中，应急广播应采用继电器切换到消防应急广播线路上的方式。无论采用哪种控制方式，都应能使消防控制室采用电话直接广播和遥控扩音机的开闭及输出线路的分区播放，还要能显示火灾事故广播扩音机的工作状态。

（五）火灾警报装置简述

火灾自动报警系统应设置火灾声光警报器，并应在确认火灾后启动建筑内的所有火灾声光警报器。未设置消防联动控制器的火灾自动报警系统，火灾声光警报器应由火灾报警控制器控制；设置消防联动控制器的火灾自动报警系统，火灾声光警报器应由火灾报警控制器或消防联动控制器控制。相关设置与控制要求如下：

1. 公共场所宜设置具有同一种火灾变调声的火灾声警报器；具有多个报警区域的保护对象，宜选用带有语音提示的火灾声警报器；学校、工厂等各类日常使用电铃的场所，不应使用警铃作为火灾声警报器。

2. 火灾声警报器设置带有语音提示功能时，应同时设置语音同步器。

3. 同一建筑内设置多个火灾声警报器时，火灾自动报警系统应能同时启动和停止所有火灾声警报器工作。

4. 火灾声警报器单次发出火灾警报时间宜为 8s～20s，同时设有消防应急广播的，火灾声警报应与消防应急广播交替循环播放。

为了保证安全，火灾警报装置应在火灾确认后，由消防控制室按疏散顺序统一向有关区域发出警报。在环境噪声大于 60dB 的场所设置火灾警报装置时，其声压级应高于背景噪声 15dB。

火灾警铃是一种安装于走道、楼梯等公共场所的火灾警报装置。在建筑中设置的火灾警铃通常按照防火分区设置，其报警方式采用分区报警。设置消防应急广播系统后，可不再设火灾警铃。在装设手动报警开关处需装设火灾警铃或讯响器，一旦发现火灾，操作手动报警开关就可向本地区报警。火灾警铃或讯响器工作电压一般为 DC 24V，多采用嵌入墙壁方式安装。

TX3301A 型火灾声光警报器是一种安装在现场的声光报警设备，可由消防控制中心的火灾报警控制器启动，也可通过安装在现场的气体灭火控制器直接启动。启动后警报器发出强烈的声光警报，以达到提醒现场人员注意的目的。其光显示采用多支超高亮红色发光二极管作为光源，显示醒目、寿命长、功耗低。TX3301A 型火灾声光警报器与信号总线及电源总线分别采用无极性二总线连接，接线方便；具有电源总线掉电检测功能，若电源总线掉电，可将故障信息传到控制器。

TX3301A 型火灾声光警报器的主要技术指标如下：

（1）工作电压：信号总线电压 DC 15~28V，消防电源 DC 21~28V。

（2）工作电流：总线监视电流≤0.6mA，报警电流≤5mA；电源监视电流≤2mA，报警电流≤50mA。

（3）输出音响：在其正前方 3m 水平处为 75~100dB（A 计权）。

（4）变调周期：3.5~4.5s。

（5）闪光频率：1.0~1.6Hz。

（6）编码方式：电子编码，编码范围在 1~242 之间任意设定。

（7）线制：与控制器无极性二线制连接，与消防电源无极性二线制连接。

（8）使用环境：温度-10℃~55℃；相对湿度≤95%，无凝露。

（9）外形尺寸：145.0mm×115.0mm×60.0mm。

（10）执行标准：GB 26851-2011。

（11）壳体材料和颜色：低温 ABS，红色和黑色。

火灾警报装置的现场设备除上述 TX3301A 型火灾声光警报器外，还有火灾声警报器和火灾光警报器，具体性能请参见第二章第三节的内容。

二、广播功放器与扬声器的匹配

在专业扩声领域里，音响器材的配置是十分考究的，其中功率放大器与音箱的配置是最重要的。现代消防应急广播系统通常与日常音乐广播混合设计，在设计、安装消防应急广播系统时，必然会遇到功率放大器与音箱的配接问题。广播功放器与扬声器配接得好，会在音调、音质等方面冷暖相宜、软硬适中，最终使整套器材还原音色呈中性。从技术方面考虑，功率放大器与音箱配接的要素有：阻抗匹配、功率储备与功率匹配、阻尼系数的匹配，等等。

（一）功放器、扬声器相关的基础知识

1. 甲类、乙类和甲乙类放大器的特性。

甲类（Class-A）放大器的输出晶体管（或电子管）的工作点在其线性部

分的中点，不论信号电平如何变化，它从电源取出的电流总是恒定不变的，它是低效率的，用作声频放大时由于信号幅度不断变化，其实际效率不可能超过25%，可由单管或推挽工作。甲类放大器的优点是无交越失真和开关失真，而且谐波分量中主要是偶次谐波，在听感上低音厚实，中音柔顺温暖，高音清晰利落、层次感好，十分讨人喜欢。但一直因为耗电多、效率低、容易发热和对散热要求高而未能在大功率的放大器中得到广泛使用。由于器件长期工作于大电流高温下，容易引起可靠性和寿命方面的问题，而且整机成本高，所以通过制造甲类功率放大器出名的厂家，现在已大多停止生产晶体管甲类功率放大器。

乙类（Class-B）放大器的偏置使推挽工作的晶体管（或电子管）在无驱动信号时处于低电流状态，当加上驱动信号时，一对管子中的一支半周期内电流上升，而另一支管子则趋向截止，到另一个半周期，情况相反，由于两管轮流工作，必须采用推挽电路才能放大完整的信号波形。乙类放大器的优点是效率较高，理论上可达到78%，缺点是失真较大。

甲乙类（Cass-AB）放大器在低电平驱动时，放大器为甲类工作，当提高驱动电平时，转为乙类工作。甲乙类放大器的长处在于它比甲类提高了小信号输入时的效率，随着输出功率的增大，效率增高，虽然失真比甲类大，但至今仍是应用最广泛的晶体管功率放大器。

2. 功率分频器与电子分频器。

分频器是指将不同频段的声音信号区分开来，分别给予放大，然后送到相应频段的扬声器中再进行重放。

功率分频器位于功率放大器之后，设置在音箱内，通过LC滤波网络，将功率放大器输出的功率音频信号分为低音、中音和高音，分别送至各自的扬声器。其特点是连接简单、使用方便，但消耗功率，易出现音频谷点，产生交叉失真。它的参数与扬声器阻抗有着直接关系，而扬声器的阻抗又是频率的函数，与标称值偏离较大，因此误差也较大，不利于调整。

在高质量声音重放时，需要进行电子分频处理。电子分频器是将音频弱信号进行分频的设备，位于功率放大器前，分频后再用各自独立的功率放大器，把每一个音频频段信号给予放大，然后分别传送到相应的扬声器单元。因电流较小故可用较小功率的电子有源滤波器实现，调整较容易，减少了功率损耗及扬声器单元之间的干扰，使得信号损失小、音质好。但此方式每路要用独立的功率放大器，成本高、电路结构复杂，多应用于专业扩声系统。

3. 均衡器与激励器。

均衡器是一种可以分别调节各种频率成分电信号放大量的电子设备，通过对各种不同频率的电信号的调节来补偿扬声器和声场的缺陷。均衡器分为3类：图示均衡器、参量均衡器和房间均衡器。

（1）图示均衡器：亦称图表均衡器，通过面板上推拉键的分布，可直观地反映出所调出的均衡补偿曲线，各个频率的提升和衰减情况一目了然，它采用恒定Q值技术，每个频点设有一个推拉电位器，无论提升还是衰减某频率，滤波器的频带宽始终不变。常用的专业图示均衡器则是将20Hz~20kHz的信号分成10段、15段、27段、31段来进行调节。

（2）参量均衡器：亦称参数均衡器，是对均衡调节的各种参数都可细致调节的均衡器。参量均衡器多附设在调音台上，但也有独立的参量均衡器，调节的参数内容包括频段、频点、增益和品质因数Q值等。

（3）房间均衡器：用于调整房间内的频率响应特性曲线的均衡器，即为了解决由于装饰材料对不同频率的吸收（或反射）量不同以及矫正共振的影响而设置的均衡器。

激励器是一种谐波发生器，是利用人的心理声学特性，对声音信号进行修饰和美化的声处理设备。通过给声音增加高频谐波成分等多种方法，可以改善音质、音色，提高声音的穿透力，增加声音的空间感。现代激励器不仅可以创造出高频谐波，而且还具有低频扩展和改变音乐风格等功能，使低音效果更加完美、音乐更具表现力。

使用激励器提高声音的清晰度、可懂性和表现力。使声音更加悦耳动听，降低听音疲劳，增加响度。虽然激励器只给声音增加了0~5dB的谐波成分，但实际听起来，音量好像增加了10dB左右。使声音的听觉响度明显增加，声音的立体感以及声音的分离度的增加；改善了声音的定位和层次感，还可以提高重放声音的音质。

（二）关于阻抗匹配与阻尼系数的问题

阻抗匹配是指功率放大器的额定输出阻抗，与配接音箱的额定阻抗相一致。

阻抗匹配是第一位的。它要求作为负载的音箱（扬声器）阻抗不应小于放大器的额定负载阻抗。例如，功率放大器原设计接8Ω负载，应与8Ω或8Ω以上阻抗的音箱连接。当配接16Ω音箱时，使用中除输出功率减小一半以外，尚未带来其他明显影响；而当配接4Ω负载时，输出功率将增加近1倍，如果音量又开得较大，则有可能使大功率晶体管损坏。

现在有些放大器对音箱阻抗允许有可变范围，如4~16Ω；在这种情况下，阻抗每变小1倍，功率就升高1.6倍。标定8Ω阻抗、额定功率为100W的放大器，如果改接4Ω阻抗的音箱，放大器的输出功率则为160W。在一般情况下，对阻抗有范围的放大器，取其阻抗范围的中值比较合适。

功放器的额定输出阻抗与配接音箱的额定阻抗相一致时，功率放大器处于最佳设计负载线状态，因此可以给出最大不失真功率。如果音箱的额定阻抗大于功率放大器的额定输出阻抗，功率放大器的实际输出功率将会小于额定输出功率。如果音箱的额定阻抗小于功率放大器的额定输出阻抗，音响系统能工作，但功率放大器有过载的危险，要求功率放大器有完善的过流保护措施来解决，对电子管功率放大器来讲阻抗匹配要求更严格。

阻尼系数 KD 定义为：KD＝功率放大器额定输出阻抗（等于音箱额定阻抗）/功率放大器输出内阻。

由于功率放大器输出内阻实际上已成为音箱的电阻尼器件，KD 值便决定了音箱所受的电阻尼量。实践表明，当阻尼系数较小时，扬声器低频特性、输出声压频率特性、高次谐波失真特性均会变差。阻尼系数过大，对实际性能影响并不显著。因此，比较一致的看法是：阻尼系数应在 10～100 之间。KD 值越大，电阻尼越重，当然功率放大器的 KD 值并不是越大越好，KD 值过大会使音箱电阻尼过重，以致脉冲前沿建立时间增长，降低瞬态响应指标。因此，在选取功率放大器时不应片面追求大的 KD 值。通常晶体管功率放大器 KD 值大于或等于 40，电子管功率放大器 KD 值大于或等于 6。

为了保证放音的稳态特性与瞬态特性的良好，应注意音箱的等效力学品质因数（Q_m）与放大器阻尼系数（KD）的配合。这种配合需将音箱的馈线作音响系统整体的一部分来考虑。应使音箱的馈线等效电阻足够小，小到与音箱的额定阻抗相比可以忽略不计。其实音箱馈线的功率损失小于 0. 5dB（约 12%）即可达到这种配合。

（三）关于功率储备与功率匹配

功率匹配一般指功率放大器的额定功率与扬声器的额定功率相适应。

为了达到高保真聆听的要求，额定功率应根据最佳聆听声压来确定。我们都有这样的感觉：音量小时，声音无力、单薄，动态出不来，无光泽、低频显著缺少、丰满度差，声音好像缩在里面出不来。音量合适时，声音自然、清晰、圆润、柔和丰满、有力，动态出得来。但音量过大时，声音生硬不柔和、毛糙、有扎耳根的感觉。因此，重放声压级与声音质量有较大的关系，规定听音区的声压级最好为 80～85dB（A 计权），我们可以从听音区到音箱的距离与音箱的特性灵敏度来计算音箱的额定功率与功率放大器的额定功率。

在一些要求低而投资有限的工程中，功率放大器的功率最少也要等于音箱额定功率，要特别注意保持声音不失真，过小的功率配置看起来不会损坏扬声器单元，其实不然，过小的功率极易发生过载削波，产生大量谐波，烧毁高音单元。

一般来说，放大器的额定功率应大于音箱额定功率的1/4，即125W的放大器推动100W的音箱。这样，既可以推动音箱全力工作，又可以保证器材的安全。因为，一般扬声器都有一定的抗过载能力，其允许值为额定功率的15倍左右。故按上述方法进行功率匹配是比较安全的。

在人耳听阈的20Hz~20kHz内，真正集中大量能量的音乐信号一般在中、低频段，而高频段能量仅相当于中、低频段能量的1/10。所以，一般音箱高音损失的功率比低音喇叭低得多，以求高低音平衡；而功率放大器好比一个电流调制器，它在输入音频信号的控制下，输出大小不同的电流给音箱，使之发生大小不同的声音，在一定阻抗条件下，要想让标称功率为100W的功率放大器达到200W或几倍的输出其实很容易，只是功率放大器的失真（THD）将会大大地增加。这种失真主要产生在中、低频信号中的高频谐波，其失真越大，高频谐波能量就越大，而这些高频失真信号都将随高频音乐信号一同进入高音头。这就是小功率功率放大器推动大音箱会发生烧高音头的原因。

功率放大器与音箱的功率配置与目标响度以及所使用场合也有一定的关系。在一定目标响度下，应该让音乐信号的动态在每件器材上都能得到充分的保证，如果功率放大器功率太大，其增益设置很小时，响度已达到要求，但这时功率放大器的增益就限制了信号的动态范围。所以，功率放大器功率不能太大；否则，既浪费开支，又会带来响度和音乐动态无法兼顾以及音箱负荷过重的麻烦。根据以往经验，一般语言、音乐扩音场所和大动态的迪厅等场所是有区别的。一般扩音场所信号起伏小，不需要功率放大器长时间或很快提供很大电流给音箱，所以功率放大器功率应该比要求强劲有力的大动态扩音场所的功率要小。另外，所谓的“功率储备”也应该是针对音箱而言，值得注意的是，功率放大器的选定必须由音箱决定，不应该用“功率储备”的概念去配置功率放大器。换句话说，在一定的目标响度下，音箱可以比设计值大一些，以备不同用途，而功率放大器的功率应该严格由音箱决定，没有太大的灵活性。

总之，功率放大器与音箱功率配置的具体标准应该是：在一定阻抗条件下，功率放大器功率应大于音箱功率，但不能太大。在一般应用场所，功率放大器的不失真率应是音箱额定功率的1.2~1.5倍；而在大动态场合则应该是1.5~2倍。参照这个标准进行配置，既能保证功率放大器处在最佳状态下工作，又能保证音箱的安全，从而使音箱和功率放大器工作在稳定状态。

三、消防专用电话系统

建筑内部的消防电话系统是一种消防专用的通信系统，它通常与自动报警系统并行安装。通过消防电话系统可迅速实现对火灾的人工确认，并且及时掌握火灾现场情况及进行其他必要的通信联络，便于指挥灭火及疏散工作。消防专用电话是与普通电话分开的独立系统，一般采用集中式对讲电话或选择共电式电话总机，主机设在消防控制室，分机分设在其他各个部位。

（一）电话通信系统设置要求

1.《火灾自动报警系统设计规范》（GB 50116-2013）明确规定，消防专用电话应建成独立的消防通信网络系统；消防控制室、消防值班室或企业消防队（站）等处应设置可直接报警的外线电话。

2. 消防控制室应设消防专用电话总机，民用建筑中的下列部位应设有消防专用电话分机和塞孔：

（1）消防水泵房、发电机房、变配电室、计算机网络机房、防排烟机房、消防电梯机房、自备发电机房等与消防联动有关且经常有人值班的机房值班室均应设置消防专用电话分机；

（2）灭火系统控制、操作处或控制室通风和空调机房、企业消防站、消防值班室、总调度室、消防电梯机房等均应设置消防专用电话分机；

（3）民用建筑中手动报警按钮及消火栓启泵按钮等处宜设消防电话塞孔；

（4）建筑中各避难层应设置消防电话分机或电话塞孔，消防专用电话分机均应有区别于普通电话的标志。

3. 工业建筑中手动报警按钮、消火栓启泵按钮等处宜设消防电话塞孔。工业建筑中的下列部位应设置消防专用电话分机：

（1）总变、配电站及车间变、配电所；

（2）工厂消防队站、总调度室；

（3）保卫部门总值班室；

（4）消防泵房、取水泵房（处）、电梯机房；

（5）车间送、排风及空调机房等处。

4. 建筑中各避难层内每隔 20m 设置 1 个消防专用电话分机或电话插孔；电话插孔安装在墙上时，其底边距地面高度宜为 1. 3~1. 5m。

（二）消防电话系统的构成与原理

消防电话系统按设备构成分为总线制和多线制两种实现方式，由于工作方式的不同，两种系统所需要的设备及它们的应用方法都有所区别，但最终实现的功能是一致的。现代计算机技术的高速发展，使总线制消防电话系统应用的领域越来越宽广，下面介绍总线制消防电话系统。

1. 总线制消防电话系统的构成。

（1）HY5711B 型总线制消防电话通信盘；

（2）TX3140 型手动火灾报警按钮（带电话插孔）；

（3）HY5716B 型可编码消防电话分机；

（4）HY5714B 型可编码消防电话插孔；

（5）HY2712D 型非编码壁挂式消防电话分机或 HY2713 型手提式消防电话分机；

（6）HY2714D 型非编码消防电话插孔。

2. 总线制消防电话系统的工作原理。

总线制消防电话系统，电话主机与电话分机之间为二总线，即 2 根通话总线。编码插孔与非编码插孔之间为二线制。总线制消防电话系统连接及工作原理如图 3-5-5 所示。

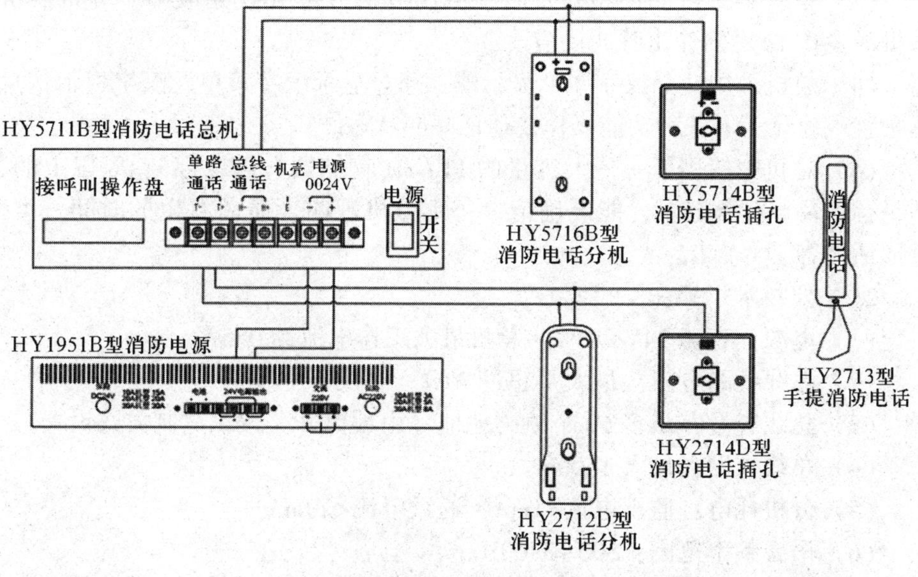

图 3-5-5 总线制消防电话系统连接及工作原理图

图 3-5-5 中电阻 R 均为 51K/0.25W 电阻，图中涉及部件主要包括：

（1）TX3140 型手动火灾报警按钮（带电话插孔）；

（2）HY5716B 型可编码消防电话分机；

（3）HY5714B 型可编码消防电话插孔；

（4）HY2712D 型非编码壁挂式消防电话分机；

（5）HY2713 型手提消防电话。

3. 布线安装的基本要求。

（1）总线电缆线应选用截面大于 1.0mm^{2}的双绞线，尽量远离干扰源。

（2）每门最多并联手动报警按钮电话插孔（TX3140 型）不超过 60 个，

否则挂接越多，通话声音越小。

（3）总线上首先要接入 HY5714B 或 HY5716B 在线设备，然后在 HY5714B “外挂”端子上接入 HY2712D 或 HY2714D，外挂部件的地址与被挂的 HY5714B 的地址相同。

（三）HY5711B 型总线制消防电话总机

1. 功能特点：

（1）采用二总线控制。总机和现场总线分机和电话插孔之间完全以二总线连接，使得系统布线达到最小化，工程施工简单。2 根总线区分正负极性，最大传输距离可达 1500m。

（2）系统容量：在二总线上最多可监控 60 个总线分机或插孔。

（3）系统实时自动巡检，及时检测出分机故障和线路故障。分机摘机，总机最多在 1s 之内作出呼叫反应。

（4）总机采用液晶汉字图形显示屏，通过显示汉字菜单及汉字提示信息，非常直观地显示了各种功能操作及通话呼叫状态。

（5）总机中使用了一片大容量的 FLASH 存储器，可以存储 9h 以上的通话录音，及 500 条记录，能准确记录每部分机呼叫、通话发生的时间、类型及通话内容。

2. 主要技术指标：

（1）电源：直流 24V±10%，总机最大工作电流约 0. 5A。

（2）总线线路电阻：最大不超过 70Ω。

（3）总线容量：最多 60 个编码地址（由编码开关按二进制方式设置）。

（4）总线长度：最大 1500m。

（5）分机耗电：监视电流<1mA，通话电流<20mA。

（6）语音频率范围：300～3400Hz。

（7）语音传输消耗：<5dB。

（8）工作环境：温度-10℃～55℃，相对湿度≤95%。

（9）大小：3U。

HY5711B 型总线制消防电话总机外形如图 3-5-6 所示。

图 3-5-6 HY5711B 型总线制消防电话总机外形图

第六节　疏散照明等消防设备联动控制简介

内容提要：本节主要介绍消防疏散指示系统和消防应急照明设施的控制。

一、消防疏散指示系统

在智能建筑消防工程中，消防疏散指示系统是必不可少的。在消防疏散指示系统中，疏散指示标志灯分为出口标志和指向标志。

消防疏散指示系统中的大多数问题是防火问题，与火灾自动报警系统有关的是疏散指示标志设置要求和疏散指示灯具的照明要求。疏散指示标志是以显眼的文字、鲜明的箭头标记指明疏散方向，引导疏散的符号标记，它与电光源的组合称为疏散指示灯。疏散指示灯在发生火灾时，能够指明疏散通道和出入口的位置及方向，便于人员有秩序地疏散，它与公共照明系统要求不同。在公共建筑内的疏散走道和居住建筑内走道长度超过 20m 的内走道，一般应该设置消防疏散指示系统。疏散指示灯（疏散照明）的点亮方式有两种：一种是平时不点亮，火灾发生时接受指令而点亮；另一种是平时点亮，兼作平时出入口的标志。在无自然采光的地下室、楼内通道与楼梯间的出入口等处，需要采用平时点亮方式。在智能建筑或高层建筑中，楼梯间照明往往兼作火灾事故疏散照明；由于通常楼梯间照明灯采用自熄开关，因此需在火灾事故发生时强行启动。

为使疏散时无论在拐弯还是出口等处都能找到出口标志，疏散通道指示灯设置位置如图 3-6-1 所示。

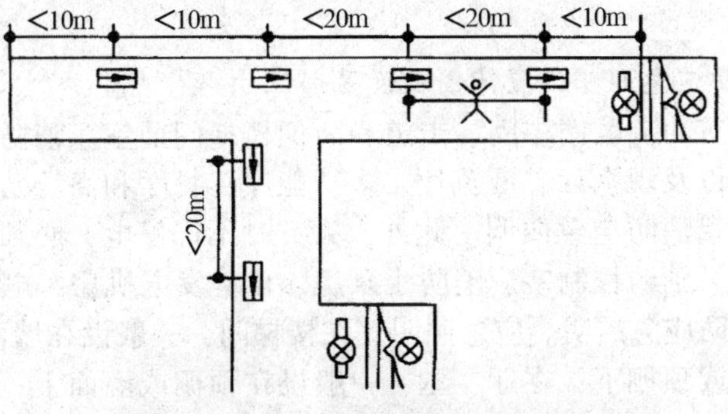

图 3-6-1　疏散通道指示灯的设置位置

疏散指示标志灯的布置要求是，指向标志一般设在距地面不超过 1m 的墙上；在该范围内符合人们行走时目视前方的习惯，容易发现目标，利于疏散。出口标志灯的安装部位一般是：建筑物通向室外的正常出口和应急出口，多层和高层建筑各楼梯间和消防电梯前室的门口，大面积厅、堂、场、馆通向疏散通道或通向前厅、侧厅、楼梯间的出口。出口标志多装在出口门上方，门太高时，可装在门侧口；为防烟雾影响视觉，其高度以 2~2.5m 为宜，标志朝向应尽量使标志面垂直于疏散通道截面。考虑到标志效果和清晰度是由亮度、图形、对比度、均匀度、视看距离和安装位置等因素决定的，疏散指示标志灯的图形和文字呈现的最低亮度不应小于 15cd/m^2，最高不大于 300cd/m^2，任何疏散指示标志灯上最低和最高亮度比在 1：10 以内。为保证疏散指示标志灯在烟雾影响下仍能使火灾逃生者清楚辨认，我国规范要求的最大视看距离为 20m。

二、消防应急照明

火灾发生时，无论是在事故停电还是人为切断电源的情况下，为了保证火灾扑救人员的正常工作和居民的安全疏散，防止疏散通道骤然变暗带来的影响，抑制人们心理上的惊慌，必须保证一定的电光源。据此而设置的照明统称为消防应急照明。消防应急照明有两个作用：一是使消防人员继续工作，二是使居民安全疏散。事实上，消防应急照明包含了疏散指示照明。

（一）消防应急照明的工作方式

消防应急照明是在发生火灾时，保证重要部位或房间能继续工作及在疏散通道上达到最低照度的照明。消防应急照明（灯）的工作方式分为专用和混用两种：专用消防应急照明平时不点亮，火灾时强行启动；混用消防应急照明与正常工作照明一样，平时即点亮作为工作照明的一部分。混用消防应急照明往往装有照明切换开关，必要时需在火灾发生时强行切换电源，启动照明设备。

（二）消防应急照明设置范围及设置部位

在智能建筑的疏散楼梯间、走道和防烟楼梯间前室、消防电梯间及其前室及合用前室以及观众厅、展览厅、多功能厅、餐厅和商场营业厅等人员密集的场所需设置消防应急照明。此外，火灾时不许停电，必须坚持工作的场所（如配电室、消防控制室、消防水泵房、自备发电机房、电话总机房等），也应该设置消防应急照明。应急照明灯在楼梯间，一般设在墙面上；在走道，一般设在墙面或顶棚下；在厅、堂，一般设在顶棚或墙面上；在楼梯口、太平门，一般设在门口上部。

（三）消防应急照明的电光源及灯具选择

消防应急照明必须采用能瞬时点亮的光源，一般采用白炽灯、快速启点日光灯等。当消防应急照明属于正常照明的一部分，需要经常点亮，且在发生故障后不需要切换电源的情况下作为消防应急照明时，也可以采用普通日光灯和其他光源。消防应急照明灯具的选用应与建筑的装饰水平相匹配，常采用的灯具有吸顶灯、深筒嵌入灯、光带式嵌入灯和荧光嵌入灯。这些嵌入灯具要作散热处理，不得安装在易燃、可燃材料上，且要保持一定的防火间距。对于消防应急照明灯和疏散指示标志灯，为提高其在火灾时的耐火性能，应设玻璃或其他不燃烧材料制作的保护罩，目的是充分发挥其在火灾期间引导疏散和扑救火灾的有效作用。

（四）消防应急照明的照度要求

照度是单位面积上接受到的光通量，单位是勒克斯（lx）。消防控制室、消防水泵房、防排烟机房、配电室、自备发电机房和电话总机房以及发生火灾时仍需继续坚持工作的地方和部位，其最低照度应与一般工作照明的照度相同。当工作照明与消防应急照明混合设置时，消防应急照明的照度应取该区域工作照明照度的10%以上；具体数值可视环境条件而定，最大为30%～50%。在设计疏散通道消防应急照明时，宜用疏散通道正常照明的一部分或全部，且主要疏散通道上的照度应不低于0.5lx。消防应急照明在布置时要注意均匀性、距离比、地形变化和照度的要求。要特别注意火灾报警按钮和消防设施处的照度，要使人们容易找到消防设施。

（五）消防应急照明供电要求

消防应急照明供电电源可以是柴油发电机组、蓄电池或城市电网电源中的任意两个的组合，以满足消防设备供电要求。消防应急照明和疏散指示标志既可集中供电，也可分散供电。对于大中型建筑，多采用集中供电方式，其总配箱设在建筑底层，通过干线向各层照明配电箱供电，各层照明配电箱装于楼梯间或附近，每回路干线上连接的配电箱不超过3个，此时的火灾事故照明电源无论是从专用干线分配电箱取得，还是从与正常照明混合使用的干线分配电箱取得，在有应急备用电源的地方，都要从最末端的分配电箱进行自动切换，如图3-6-2所示。

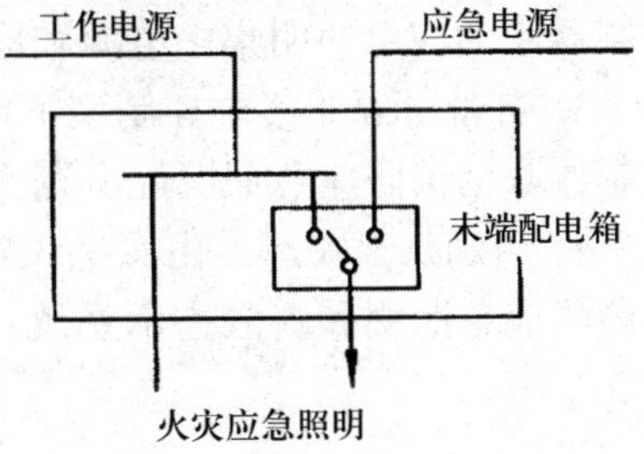

图3-6-2　应急照明的配电方式

对于分散布置的小型建筑物内供人员疏散用的疏散照明装置，由于容量较小，一般采用小型内装灯具、蓄电池、充电器和继电器的组装单元，其原理如图3-6-3所示。

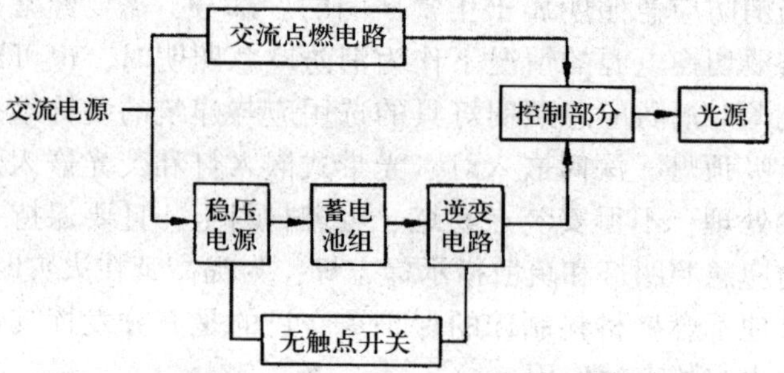

图 3-6-3 应急照明组装单元原理图

当交流电源正常供电时，一路点亮灯管，另一路驱动稳压电源工作，并以小电流给镍镉蓄电池组连续充电。当交流电源因故停电时，无触点开关自动接通逆变电路，将直流电变成高频高压交流电；同时，控制部分把原来的电路切断，而将直流点燃电路接通，转入应急照明。一般其直流供电时间不小于 45min。当应急照明达到规定时间后，无触点开关自动切断逆变电路，蓄电池组不再放电。一旦交流电恢复，灯具自动投入交流电路，恢复正常供电，蓄电池组又继续重新充电。应急白炽灯的直流供电与控制过程与上述过程相似，只是没有逆变部分，其持续供电时间要求大于 20min，电压不低于正常电压的 85%，以满足应急照明对电源的要求。

三、消防应急照明和疏散指示系统联动控制设计的基本要求

消防应急照明和疏散指示系统的联动控制设计，应符合下列规定：

1. 集中控制型消防应急照明和疏散指示系统，应由火灾报警控制器或消防联动控制器启动应急照明控制器实现。

2. 集中电源非集中控制型消防应急照明和疏散指示系统，应由消防联动控制器联动应急照明集中电源和应急照明分配电装置实现。

3. 自带电源非集中控制型消防应急照明和疏散指示系统，应由消防联动控制器联动消防应急照明配电箱实现。

4. 当确认火灾后，由发生火灾的报警区域开始，顺序启动全楼疏散通道的消防应急照明和疏散指示系统，系统全部投入应急状态的启动时间不应大于 5s。

第七节 消防控制室图形显示装置

内容提要：本节以国内生产的代表产品TX3820型消防控制室图形显示装置为例，介绍基本特性。

依据《消防控制室通用技术要求》（GB 25506-2010）和《消防联动控制系统》（GB 16806-2006）的要求，消防控制室图形显示装置是配合分布智能火灾报警控制系统应用而开发的。《消防控制室通用技术要求》规定，消防控制室应至少由火灾报警控制器、消防联动控制器、消防控制室图形显示装置或其组合设备组成。消防控制室图形显示装置应设置在消防控制室内，并符合火灾报警控制器的安装设置要求。消防控制室图形显示装置与火灾报警控制器、消防联动控制器、电气火灾监控器、可燃气体报警控制器等消防设备之间，应采用专用线路连接。

一、消防控制室图形显示装置的功能

消防控制室图形显示装置应能显示建筑物内设置的全部消防系统及相关设备的动态信息和消防安全管理信息，并应为远程监控系统预留接口，同时应具有向远程监控系统传输所能显示的信息功能。消防控制室图形显示装置所能显示和传输的消防设施运行状态信息内容如表3-7-1所示。

表3-7-1 消防设施运行状态信息表

<table>
<tr><th colspan="2">设施名称</th><th>内 容</th></tr>
<tr><td colspan="2">火灾探测报警系统</td><td>火灾报警信息、可燃气体检测报警信息、电气火灾监控报警信息、屏蔽信息、故障信息</td></tr>
<tr><td rowspan="3">消防联动控制系统</td><td>消防联动控制器</td><td>动作状态、屏蔽信息、故障信息</td></tr>
<tr><td>消火栓系统</td><td>消防水泵电源的工作状态，消防水泵的启、停状态和故障状态，消防水箱（池）水位、管网压力报警信息及消火栓按钮的报警信息</td></tr>
<tr><td>自动喷水灭火系统、水喷雾（细水雾）灭火系统（泵供水方式）</td><td>喷淋泵工作状态，喷淋泵的启、停状态和故障状态，水流指示器、信号阀、报警阀、压力开关的正常工作状态和动作状态</td></tr>
</table>

续表

设施名称		内　容
	气体灭火系统、细水雾灭火系统（压力容器供水方式）	系统的手动、自动工作状态及故障状态，阀驱动装置的正常工作状态和动作状态，防护区域中的防火门（窗）、防火阀、通风空调等设备的正常工作状态和动作状态，系统的启、停信息，紧急停止信号和管网压力信号
	泡沫灭火系统	消防水泵、泡沫液泵电源的工作状态，系统的手动、自动工作状态及故障状态，消防水泵、泡沫液泵的正常工作状态和动作状态
	干粉灭火系统	系统的手动、自动工作状态及故障状态，阀驱动装置的正常状态和动作状态，系统的启、停信息，紧急停止信号和管网压力信号
	防烟排烟系统	系统的自动、手动工作状态，防排烟风机电源的工作状态，风机、电动防火阀、电动排烟防火阀、常闭送风口、排烟阀（口）、电动排烟窗、电动挡烟垂壁的正常工作状态和动作状态
	防火门及卷帘系统	防火卷帘控制器、防火门监控器的工作状态和故障状态；卷帘门的工作状态，具有反馈信号的各类防火门、疏散门的工作状态和故障状态等动态信息
	消防电梯	消防电梯的停用和故障状态
	消防应急广播	消防应急广播的启动、停止和故障状态
	消防应急照明和疏散指示系统	消防应急照明和疏散指示系统的故障状态和应急工作状态信息
	消防电源	系统内各消防用电设备的供电电源和备用电源工作状态和欠压报警信息

消防控制室图形显示装置所能显示和传输的消防安全管理信息内容如表3-7-2所示。

表 3-7-2　消防安全管理信息表

序号	名称		内　容
1	基本情况		单位名称、编号、类别、地址、联系电话，邮政编码、消防控制电话；单位职工人数、成立时间、上级主管（或管辖）单位名称、占地面积、总建筑面积、单位总平面图（含消防车道、毗邻建筑等）；单位法人代表、消防安全责任人、消防安全管理人及兼职消防管理人的姓名、身份证号码、电话
2	主要建、构筑物等信息	建（构）筑	建筑物名称、编号、使用性质、耐火等级、结构类型、建筑高度、地上层数及建筑面积、地下层数及建筑面积隧道高度及长度等、建造日期、主要储存物名称及数量、建筑物内最大容纳人数、建筑立面图及消防设施平面布置图；消防控制室位置、安全出口的数量、位置及形式（指疏散楼梯）；毗邻建筑的使用性质、结构类型、建筑高度、与本建筑的间距
		堆场	堆场名称、主要堆放物品名称、总储量、最大堆高、堆场平面图（含消防车道、防火间距）
		储罐	储罐区名称、储罐类型（指地上、地下、立势、卧势、浮顶、固定顶等）、总容积、最大单罐容积及高度、储存物名称、性质和形态、储罐区平面图（含消防车道、防火间距）
		装置	装置区名称、占地面积、最大高度、设计日产量、主要原料、主要产品、装置区平面图（含消防车道、防火间距）
3	单位（场所）内含消防安全重点部位信息		重点部位名称、所在位置、使用性质、建筑面积、耐火等级、有无消防设施、责任人姓名、身份证号码及电话
4	室内外消防设施信息	火灾自动报警系统	设置部位、系统形式、维保单位名称、联系电话；控制器（含火灾报警、消防联动、可燃气体报警、电气火灾监控等）、探测器（含火灾探测、可燃气体探测、电气火灾探测等）、手动火灾报警按钮、消防电气控制装置等的类型、型号、数量、制造商；火灾自动报警系统图

续表

序号	名称		内　容
		消防水源	市政给水网形式（指环状、支状）及管径、市政管网向建（构）筑物供水的进水管数量及管径、消防水池位置及容量、屋顶水箱位置及容量、其他水源形式及供水量、消防泵房设置位置及水泵数量、消防给水系统平面布置图
		室外消火栓	室外消火栓管网形式（环状、支状）及管径、消火栓数量、室外消火栓平面布置图
		室内消火栓系统	室内消火栓管网形式（环状、支状）及管径、消火栓数量、水泵合器位置及数量、有无与本系统相连的屋顶消防水箱
		自动喷水灭火系统（含雨淋、水幕）	设置部位、系统形式（湿式、干式、预作用，开式、闭式等）、报警阀位置及数量、水泵接合器位置及数量、有无与本系统连接的屋顶水箱、自动喷水灭火系统图
		水喷雾（细水雾）灭火系统	设置部位、报警阀位置、水喷雾（细水雾）灭火系统图
		气体灭火系统	系统形式（有管网、无管网，组合分配、独立式，高压、低压等）、系统保护的区域数量及位置、手动控制装置的位置、钢瓶间位置、灭火剂类型、气体灭火系统图
		泡沫灭火系统	设置部位、泡沫种类（指低倍、中倍、高倍，抗溶、氟蛋白等）、系统形式（指液上、液下，固定、半固定等）、泡沫灭火系统图
		干粉灭火系统	设置部位、干粉储罐位置、干粉灭火系统图
		防排烟系统	设置部位、风机安装位置、风机数量、风机类型、防排烟系统图
		防火门及卷帘	设置部位、数量
		消防应急广播	设置部位、数量、消防应急广播系统图
		应急照明及疏散指示系统	设置部位、数量、风机类型、应急照明及疏散指示系统图
		消防电源	设置部位、消防主电源在配电室是否有独立的配电柜供电、备用电源形式（市电、发电机、EPS 等）
		灭火器	设置部位、配置类型（手提式、推车式等）数量、生产日期、更换药剂日期

续表

序号	名称		内　容
5	消防设施定期检查及维护保养信息		检查人姓名、检查日期、检查类别（日检、月检、季检、年检等）、检查内容（技术规范规定的内容）及处理结果，维护保养日期、内容
6	日常防火巡查记录	基本信息	值班人员姓名、每日巡查次数、巡查时间、巡查部位
		用火用电	用火、用电、用气有无违章情况
		疏散通道	安全出口、疏散通道、疏散楼梯是否通畅，是否堆放可燃物；疏散走道、疏散楼梯、顶棚装修材料是否合格
		防火门、防火卷帘	常闭防火门是否处于正常工作状态，是否被锁闭；防火卷帘是否处于正常工作状态，防火卷帘下方是否堆放物品影响使用
		消防设施	疏散指示标志、应急照明是否处于正常完好状态；火灾自动报警系统探测器是否处于正常完好状态；自动喷水灭火系统喷头、末端试水装置、报警阀是否处于正常完好状态；室内外消火栓系统是否处于正常完好状态；灭火器是否处于正常完好状态
7	火灾信息		起火时间、起火部位、起火原因、报警方式（自动、人工等）、灭火方式（气体、喷水、水喷雾、泡沫、干粉灭火系统、灭火器、消防队等）

二、TX3820型消防控制室图形显示装置简介

TX3820型消防控制室图形显示装置外形如图3-7-1所示，其采用计算机屏幕作为火警、故障、联动信息的辅助显示设备，以直观形象的方式显示各种信息，该系统功能完备，人机界面良好。

（一）功能特点

1. 简单实用的图形用户界面，开机自动加载CRT监控程序；

2. 分色显示设备的正常、故障、火警及联动状态，清晰直观；

3. 采用CAD图形作为CRT显示背景，

图3-7-1　TX3820型消防控制室图形显示装置外形图

方便用户使用；

4. 完备的数据库管理功能，可记录系统设备状况并完成数据备份工作；

5. 可方便地对系统事件进行查询；

6. 打印机可打印系统各类信息；

7. 随时监视系统数据通信的状态，当出现通信故障时，会以声光报警，并提示用户应进行的操作；

8. 提供密码操作，便于系统管理；

9. 操作系统：中文 Windows XP 和 Windows 7 系统；

10. 通过 RS-232 口和 TX3812 型控制器相连，连接线长度不大于 15m。

（二）技术特性

1. 工作电源：AC 220V；

2. 工作电流：≤1. 0A；

3. 功耗：≤220W；

4. 通信距离：≤15m；

5. 环境温度：0℃~40℃；

6. 相对湿度：≤95%RH，不凝露；

7. 操作系统：中文 Windows XP 和 Windows 7 系统；

8. 外形尺寸：1173mm×565mm×1090mm。

复习思考题：

1. 在民用建筑里，火灾应急广播扬声器宜如何按照防火分区设置和分配？

2. 建筑内火灾应急广播的控制原则有哪些？

3. 工业建筑中应设置消防专用电话分机的部位有哪些？

4. TX3820 型消防控制室图形显示装置与 TX3016A 型控制器采用哪种通信接口？

5. 气体灭火系统按照喷洒强度和保护区域不同如何分类？

6. 简述气体灭火系统的控制逻辑关系。

7. 简述水灭火系统的控制类型。

8. 搞好消防联动控制设计，必须统筹考虑哪三个方面？

9. 简述湿式自动喷水灭火系统控制的工作过程。

10. 消防应急照明设施的设置范围及设置部位有哪些？

第四章　火灾预警系统

第一节　电气火灾监控系统

内容提要：本节主要介绍电气火灾监控系统的构成、原理及其设计应用基本要求。

一、电气火灾监控系统的工作原理

（一）电气火灾监控系统的定义

电气火灾监控系统是当被保护的电气线路中的被探测参数超过报警设定值时，能发出报警信号、控制信号并能指示报警部位的系统，由电气火灾监控设备和电气火灾监控探测器组成。电气火灾监控设备是能接收来自电气火灾监控探测器的报警信号，发出声、光报警信号和控制信号，指示报警部位，记录、保存并传达报警信息的装置。电气火灾监控探测器是探测被保护线路中的剩余电流、温度、故障电弧等电气火灾危险参数变化和由于电气故障引起的烟雾变化及可能引起电气火灾的静电、绝缘参数变化的探测器。

（二）电气火灾监控系统的工作原理

发生电气故障时，电气火灾监控探测器将保护线路中的剩余电流、温度、故障电弧等电气故障参数信息转变为电信号，经数据处理后，探测器作出报警判断，将报警信息传输到电气火灾监控器。电气火灾监控器在接收到探测器的报警信息后，经报警确认判断，显示电气故障报警探测器的部位信息，记录探测器报警的时间，同时驱动安装在保护区域现场的声光警报装置，发出声光警报，警示人员采取相应的处置措施，排除电气故障，消除电气火灾隐患，防止电气火灾的发生。电气火灾监控系统的工作原理如图 4–1–1 所示。

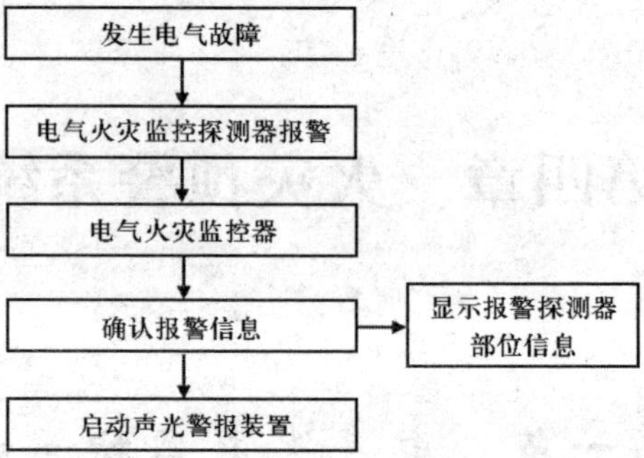

图 4-1-1 电气火灾监控系统的工作原理图

（三）电气火灾监控系统适用场所

电气火灾监控系统适用于具有电气火灾危险的场所，尤其是变电站、石油石化、冶金等不能中断供电的重要场所的电气故障探测，在产生一定电气火灾隐患的条件下发出报警信号，提醒专业人员排除电气火灾隐患，实现电气火灾的早期预防，避免电气火灾的发生。

二、电气火灾监控系统的组成及分类

（一）电气火灾监控系统组成

电气火灾监控系统由下列部分或全部设备组成：

1. 电气火灾监控器；
2. 剩余电流式电气火灾监控探测器；
3. 测温式电气火灾监控探测器；
4. 故障电弧式电气火灾监控探测器；
5. 热解粒子式电气火灾监控探测器；
6. 电气防火限流式保护器；
7. 当线型感温火灾探测器用于电气火灾监控时，可接入电气火灾监控器。

其中，系统中第 1、2、3 类产品为目前广泛使用的用于电气保护的电气火灾监控产品。第 4 类产品的国家标准已发布，为《电气火灾监控系统第 4 部分：故障电弧探测器》（GB 142874-2014）。第 5、6 类产品的国家标准也在制定过程中。

电气火灾监控系统的构成如图 4-1-2 所示。

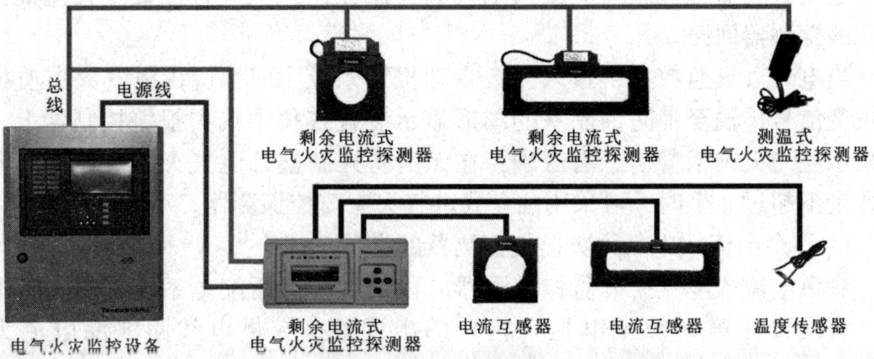

图 4-1-2　电气火灾监控系统构成实物图

（二）电气火灾监控系统分类

1. 按探测器工作方式分类。

独立式电气火灾监控探测器，即可以自成系统，不需要配接电气火灾监控设备；其独立探测保护对象电气火灾危险参数变化，并能发出声、光报警信号的探测器。

非独立式电气火灾监控探测器，即自身不具有报警功能，需要配接电气火灾监控设备组成系统。

2. 按探测器工作原理分类。

剩余电流保护式电气火灾监控探测器，即当被保护线路的相线直接或通过非预期负载对大地接通，而产生近似正弦波形且其有效值呈缓慢变化的剩余电流，当该电流大于预定数值时即自动报警的电气火灾监控探测器。

测温式（过热保护式）电气火灾监控探测器，即当被保护线路的温度高于预定数值时，自动报警的电气火灾监控探测器。

故障电弧式电气火灾监控探测器，即当被保护线路上发生故障电弧时，发出报警信号的电气火灾监控探测器。

热解粒子式电气火灾监控探测器，监测被保护区域中电线电缆、绝缘材料和开关插座由于异常温度升高而产生的热解粒子浓度变化的探测器，一般由热解粒子传感器和信号处理单元组成。

3. 按监控设备的分类。

电气火灾监控设备按系统连线方式分为多线制电气火灾监控设备和总线制电气火灾监控设备。

三、电气火灾监控系统的设计

电气火灾监控系统是一个独立的子系统，属于火灾预警系统，应独立组成。电气火灾监控探测器应接入电气火灾监控器，不应直接接入火灾报警控制器的探测器回路。

当电气火灾监控系统接入火灾自动报警系统中时，应由电气火灾监控器将报警信号传输至消防控制室的图形显示装置或集中火灾报警控制器上，但其显示应与火灾报警信息有区别；在无消防控制室且电气火灾监控探测器设置数量不超过 8 个时，可采用独立式电气火灾监控探测器。

1. 剩余电流式电气火灾监控探测器的设置。

剩余电流式电气火灾监控探测器应以设置在低压配电系统首端为基本原则，宜设置在第一级配电柜（箱）的出线端。在供电线路泄漏电流大于 500mA 时，宜在其下一级配电柜（箱）设置。

剩余电流式电气火灾监控探测器不宜设置在 IT 系统的配电线路和消防配电线路中。因为剩余电流式电气火灾监控探测器在无地线的供电线路中不能正确探测，不适合使用；而消防供电线路由于其本身要求较高，且平时不用，因此也没有必要设置剩余电流式电气火灾监控探测器。选择剩余电流式电气火灾监控探测器时，应计及供电系统自然漏流的影响，并应选择参数合适的探测器；探测器报警值宜为 300~500mA。具有探测线路故障电弧功能的电气火灾监控探测器，其保护线路的长度不宜大于 100m。

2. 测温式电气火灾监控探测器的设置。

测温式电气火灾监控探测器应设置在电缆接头、端子、重点发热部件等部位。保护对象为 1000V 及以下的配电线路，测温式电气火灾监控探测器应采用接触式设置。保护对象为 1000V 以上的供电线路，测温式电气火灾监控探测器宜选择光栅光纤测温式或红外测温式电气火灾监控探测器，光栅光纤测温式电气火灾监控探测器应直接设置在保护对象的表面。

3. 独立式电气火灾监控探测器的设置。

独立式电气火灾监控探测器的设置应符合电气火灾监控探测器的设置要求。设有火灾自动报警系统时，独立式电气火灾监控探测器的报警信息和故障信息应在消防控制室图形显示装置或集中火灾报警控制器上显示；但该类信息与火灾报警信息的显示应有区别。未设火灾自动报警系统时，独立式电气火灾监控探测器应将报警信号传至有人员值班的场所。

4. 电气火灾监控器的设置。

当设有消防控制室时，电气火灾监控器应设置在消防控制室内或保护区域附近；设置在保护区域附近时，应将报警信息和故障信息传入消防控制室。未设消防控制室时，电气火灾监控器应设置在有人员值班的场所。

第二节　可燃气体探测报警系统

内容提要：本节主要介绍可燃气体探测报警系统的构成、原理及其设计应用基本要求。

可燃气体探测报警系统由可燃气体报警控制器、可燃气休探测器和火灾声警报器组成，能够在保护区域内泄露可燃气体的浓度低于爆炸下限的条件下提前报警，从而预防由于可燃气体泄漏引发的火灾和爆炸事故的发生。

一、可燃气体探测报警系统组成及工作原理

可燃气体探测报警系统是火灾自动报警系统的独立子系统，属于火灾预警系统。可燃气体探测报警系统的组成如图 4-2-1 所示。

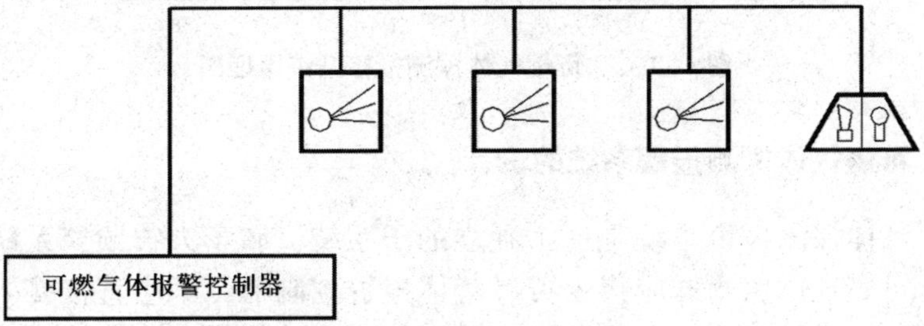

图 4-2-1　可燃气体探测报警系统组成示意图

（一）可燃气体报警控制器

可燃气体报警控制器用于为所连接的可燃气体探测器供电，接收来自可燃气体探测器的报警信号，发出声、光报警信号和控制信号，指示报警部位，记录并保存报警信息的装置。

（二）可燃气体探测器

可燃气体探测器是能对泄漏可燃气体响应，自动产生报警信号并向可燃气体报警控制器传输报警信号及泄漏可燃气体浓度信息的器件。

（三）可燃气体探测报警系统的工作原理

当发生可燃气体泄漏时，安装在保护区域现场的可燃气体探测器将泄漏可燃气体的浓度参数转变为电信号，经数据处理后，将可燃气体浓度参数信息传输至可燃气体报警控制器；或直接由可燃气体探测器作出泄漏可燃气体浓度超限报警判断，将报警信息传输到可燃气体报警控制器。可燃气体报警

控制器在接收到探测器的可燃气体浓度参数信息或报警信息后，经报警确认判断，显示泄漏报警探测器的部位并发出泄漏可燃气体浓度信息，记录探测器报警的时间，同时驱动安装在保护区域现场的声光警报装置，发出声光警报，警示人员采取相应的处置措施；必要时可以控制并关断燃气的阀门，防止燃气的进一步泄漏。可燃气体探测报警系统的工作原理如图 4-2-2 所示。

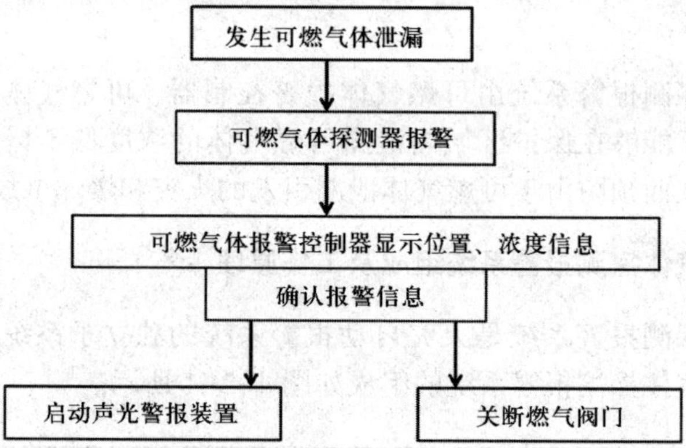

图 4-2-2 可燃气体探测报警系统原理图

二、可燃气体探测报警系统的设计

可燃气体探测报警系统是一个独立的子系统，属于火灾预警系统，应独立组成。可燃气体探测器应接入可燃气体报警控制器，不应直接接入火灾报警控制器的探测器回路。由可燃气体报警控制器将报警信号传输至消防控制室的图形显示装置或集中火灾报警控制器，但其显示信息应与火灾报警信息有区别。涉及石化行业生产过程控制的可燃气体探测器，可接入 DCS 等生产控制系统，但其报警信号应接入消防控制室。

（一）可燃气体探测器的设置

1. 探测气体密度小于空气密度的可燃气体探测器应设置在被保护空间的顶部；探测气体密度大于空气密度的可燃气体探测器应设置在被保护空间的下部；探测气体密度与空气密度相当时，可燃气体探测器可设置在被保护空间的中间部位或顶部。

2. 可燃气体探测器宜设置在可能产生可燃气体的部位附近。点型可燃气体探测器的保护半径，应符合现行国家标准《石油化工可燃气体和有毒气体检测报警设计规范》（GB 50493-2015）的有关规定。线型可燃气体探测器的保护区域长度不宜大于 60m。

（二）可燃气体报警控制器的设置

当有消防控制室时，可燃气体报警控制器可设置在保护区域附近；当无消防控制室时，可燃气体报警控制器应设置在有人员值班的场所。可燃气体报警控制器的设置应符合火灾报警控制器的安装设置要求。

（三）可燃气体探测报警系统的分类及适用场所

1. 可燃气体探测器分类。

现有可燃气体探测器主要有7个品种，即测量范围为0~100%LEL的点型可燃气体探测器、测量范围为0~100%LEL的独立式可燃气体探测器、测量范围为0~100%LEL的便携式可燃气体探测器、测量人工煤气的点型可燃气体探测器、测量人工煤气的独立式可燃气体探测器、测量人工煤气的便携式可燃气体探测器、线型可燃气体探测器。

上述7种可燃气体探测器可按不同特征进行分类。

（1）按防爆要求分类：

①防爆型可燃气体探测器；

②非防爆型可燃气体探测器。

（2）按使用方式分类：

①固定式可燃气体探测器；

②便携式可燃气体探测器。

（3）按探测可燃气体的分布特点分类：

①点型可燃气体探测器；

②线型可燃气体探测器。

（4）按探测气体特征分类：

①探测爆炸气体的可燃气体探测器；

②探测有毒气体的可燃气体探测器。

2. 可燃气体报警控制器分类。

可燃气体报警控制器按系统连线方式分为：

（1）多线制可燃气体报警控制器，即采用多线制方式与可燃气体报警控制器连接。

（2）总线制可燃气体报警控制器，即采用总线制（一般为2~4根）方式与可燃气体探测器连接。

3. 系统适用场所。

可燃气体探测报警系统适用于使用、生产或聚集可燃气体或可燃液体蒸气场所的可燃气体浓度探测，在泄漏或聚集可燃气体浓度达到爆炸下限前发出报警信号，提醒专业人员排除火灾、爆炸隐患，实现火灾的早期预防，避免火灾、爆炸事故的发生。

三、可燃气体探测器

可燃气体探测器，是对存在可燃气体泄漏而可能导致燃烧和爆炸场所气体浓度进行监测的现场设备。当可燃气体浓度达到危险值时，可燃气体探测器及时发出报警信号或将危险信息传输给报警控制器，以防止引起爆炸和火灾。这类探测器常常用在石油化工企业及油轮、油库等布满管道、接头、阀门的场所。

可燃气体一般都是几种气体的混合物，天然气的主要成分是甲烷（CH_4），液化气的主要成分是丙烷（C_3H_8），煤气的主要成分是氢气（H_2）和一氧化碳（CO），日常生活中经常使用的打火机中的气体主要成分是异丁烷。爆炸浓度下限（Low Explosive Limit，简称 LEL），即可燃气体或蒸气在空气中的最低爆炸浓度，是可燃气体易爆程度的重要指标，比较常见气体的低爆炸浓度下限是：甲烷（CH_4）5.0%、丙烷（C_3H_8）2.2%、氢气（H_2）4.0%、一氧化碳（CO）12.5%、异丁烷 1.9%、苯（C_6H_6）1.3%等。

可燃气体探测器一般在工业与民用建筑中安装使用，它基本分为点型可燃气体探测器、独立式可燃气体探测器、便携式可燃气体探测器和线型可燃气体探测器。按防爆要求分为防爆型可燃气体探测器和非防爆型可燃气体探测器。点型、独立式可燃气体探测器又可分为室内使用型可燃气体探测器和室外使用型可燃气体探测器。点型可燃气体探测器一般通过与可燃气体报警控制器组成可燃气体监测报警控制系统进行工作。目前，大多数点型可燃气体探测器用于联网系统。独立式可燃气体探测器依靠市电或电池供电，具备报警指示功能，可独立使用，因此在家庭厨房中普遍使用。便携式可燃气体探测器一般依靠电池供电，分为主动吸气式可燃气体探测器和扩散式可燃气体探测器。

无论是何种可燃气体探测器，都需要通过气敏元件与可燃气体发生反应，将其产生的信号经过处理、放大，最终由控制装置发出报警信号。因此，气敏元件是可燃气体探测器的核心部件。目前常用的气敏元件有：半导体型气敏传感器、催化燃烧型气敏传感器（也称接触燃烧型气敏传感器或热线型气敏传感器）、电化学型气敏传感器、光学型气敏传感器。现就半导体型、催化燃烧型和电化学型等不同类型气敏传感器简述如下：

（一）半导体型气敏传感器

半导体型气敏传感器是一种低成本、高灵敏度的气敏传感器，利用简单的电路即可检测对气体是否具有良好的灵敏度。既可以用于检测 ppm 级的有毒气体，也可以用于检测百分比浓度的易燃易爆气体。

金属氧化物半导体型气敏传感器（MOS）由一个金属半导体（如 S_nO_2）构成。在清洁空气中，它的电导很低，而遇到还原性气体，如一氧化碳或可燃性气体时，传感元件的电导会增加。如果控制传感元件的温度，可以对不同的物质有一定的选择性。MOS 传感器的结构如图 4-2-3 所示。

MOS 传感器的敏感材料是金属氧化物（如 SnO_2、ZnO、Fe_2O_3、TiO_2 等），其电阻随着气体含量不同而变化。气体分子在防火隔膜表面进行还原反应以引起传感器传导率的变化。为了消除气体分子还必须发生一次氧化反应，传感器内的加热器有助于氧化反应进程。

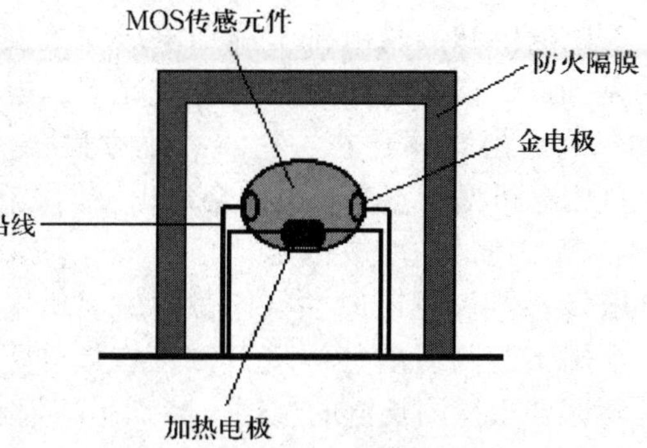

图 4-2-3　MOS 传感器结构图

目前，在工程实践中应用较多的气敏半导体元件，是利用二氧化锡（SnO_2）材料适量掺杂、添加微量钯等贵金属做催化剂，在高温条件下烧结成多晶体为 N 型的半导体材料。这类半导体材料在 250℃～300℃的工作温度下对可燃气体灵敏。它在额定工作温度下，如遇到可燃性气体，如大约 10ppm 的一氧化碳气体，就足够灵敏。

在所有气敏传感器中，半导体型气敏传感器应用最广泛，一方面由于半导体型气敏传感器能够检测的气体范围很广，另一方面由于半导体型气敏传感器价格相对低廉。但环境温、湿度对半导体影响较大，在使用时应注意对温、湿度进行补偿。

（二）催化燃烧型气敏传感器

催化燃烧型气敏传感器是利用难熔的、阻值对热敏感的金属铂丝加热后的电阻变化来测定可燃气体浓度的。当可燃气体进入探测器时，由于催化剂的催化作用，可燃气体便在铂丝表面引起氧化反应（即所谓的“无焰燃烧”），其产生的热量使铂丝的温度升高，电阻率发生变化。通过监视铂丝电阻率的变化，即可测量可燃气体的存在及其浓度。催化燃烧型气敏传感器的结构如图 4-2-4 所示。

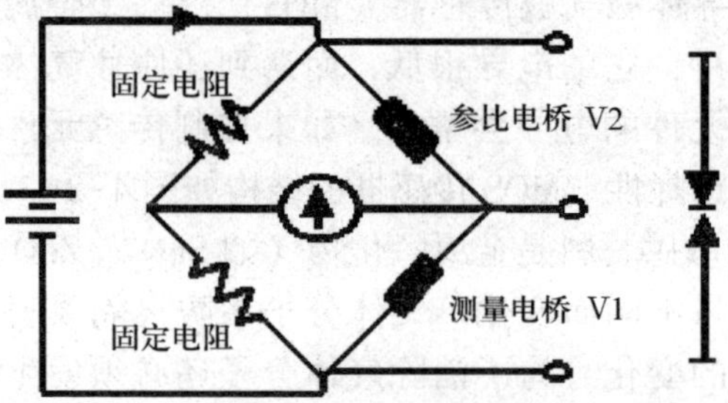

图 4-2-4　催化燃烧型气敏传感器结构图

测量时，要在参比电桥和测量电桥上施加电压使之发热从而发生催化反应，这个温度大约是 500℃ 或者更高。在正常情况下，电桥是平衡的，V1 = V2，输出为零。如果有可燃气体存在，它的氧化过程会使测量电桥被加热，温度增加，而此时参比电桥温度不变。电路会测出它们之间的电阻变化，V2 > V1，输出的电压同待测气体的浓度成正比。

催化燃烧型气敏传感器仅对还原性气体敏感，灵敏度与半导体型气敏传感器相比要低，主要用于监测易爆气体（其浓度在爆炸下限的 1/100 ~ 1/10，即大于 100ppm），不适合于探测长链的烷烃，特别是高闪点的物质。

催化燃烧型气敏传感器信号输出线性度良好，非常适合设计成直读式仪表，在此方面有半导体型气敏传感器无法比拟的优点。但催化燃烧型气敏传感器有较大的零点漂移和量程漂移，在使用过程中应定期进行校正。

某些物质可能会分解催化剂，并在催化剂表面形成固态物质，这将导致传感器灵敏度降低；高浓度的含硅化合物将使传感器立即损坏，在使用催化燃烧型气敏传感器时应引起注意。

（三）电化学型气敏传感器

电化学型气敏传感器一般利用液体（或固体、有机凝胶等）电解质与待测气体发生化学反应的原理来测量气体浓度，其输出形式可以是气体直接氧化或还原产生的电流，也可以是离子作用于离子电极产生的电动势。

一般的电化学型气敏传感器包括下面几部分：可以渗过气体但不能渗过液体的扩散式隔膜、酸性电解液槽（一般为硫酸或磷酸）、传感电极、测量电极、参比电极（三电极设计）。有些传感器还包括一个可以滤除干扰组分的滤膜。传感电极可以催化一些特殊的反应。随传感器不同，待测物质将在电极上发生氧化或者还原反应，并相对于测量电极产生正或负的电位差，利用此电位差可确定待测气体浓度。一般电化学型气敏传感器的结构如图 4-2-5 所示。

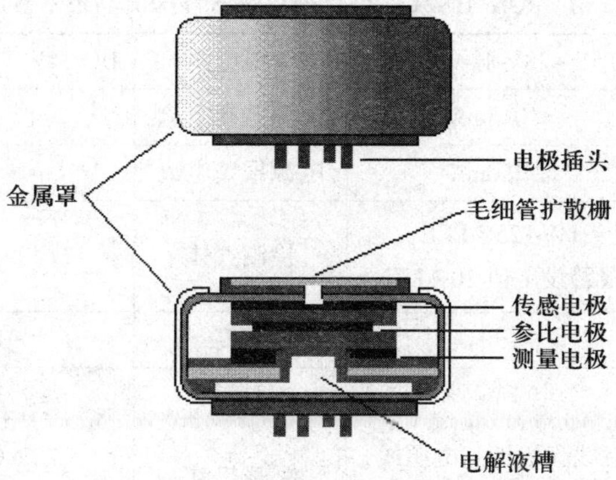

图 4-2-5　电化学型气敏传感器结构图

电化学型气敏传感器性能比较稳定，分辨率一般可以达到 0~1ppm 或更低，相对于半导体型气敏传感器和催化燃烧型气敏传感器，分辨率要高得多，非常适合用于有毒气体或微量气体的检测。

（四）可燃气体探测器应用特性

JQB-HX2132 型点型可燃气体探测器的外形及其安装如图 4-2-6 所示。

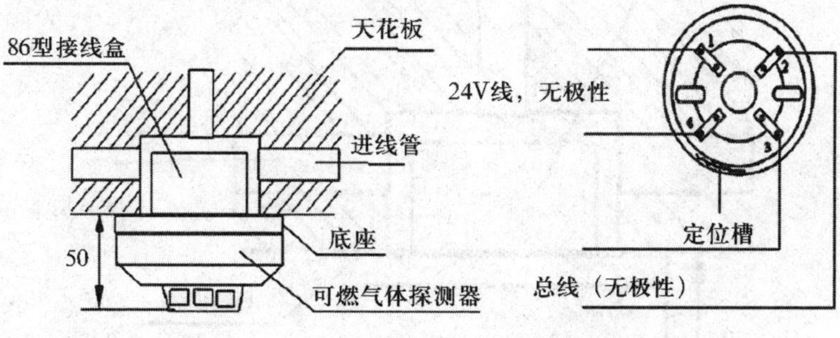

图 4-2-6　JQB-HX2132 型点型可燃气体探测器的外形及安装图

1. 技术参数。

JQB-HX2132 型点型可燃气体探测器技术参数如表 4-2-1 所示。

表 4-2-1 JQB-HX2132 型点型可燃气体探测器技术参数表

总线电压	15V～28V 脉冲电压	电源电压	DC 24V（DC 12V～DC 36V）
总线监视电流	≤0. 3mA	电源监视电流	≤55mA
总线报警电流	≤2. 0mA	电源报警电流	≤65mA
报警浓度	1%～25%LEL（报警设定值 10%LEL）	检测气体	天然气
响应时间	≤30s	温度	-10℃～50℃
编码方式	电子编码	相对湿度	≤95%RH，不凝露
线制	总线无极性、电源线无极性	外形尺寸	103. 0mm×50. 0mm（含底座）

2. 安装与布线。

（1）安装方法：JQB-HX2132 型点型可燃气体探测器安装如图 2-6-5 所示，预埋盒可采用 86H50 型标准预埋盒。

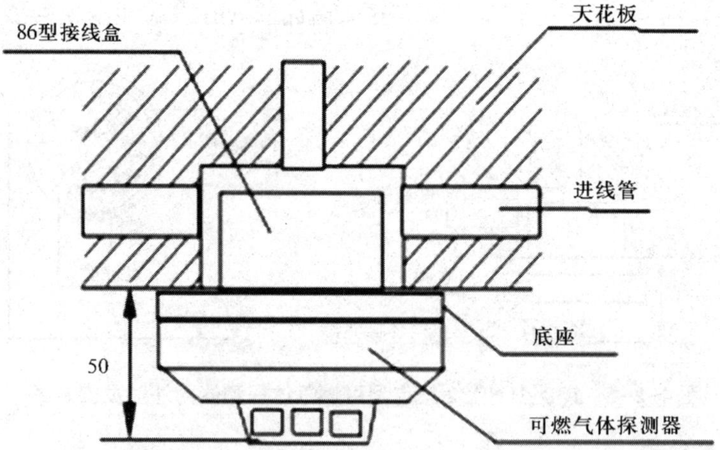

图 4-2-7 JQB-HX2132 型点型可燃气体探测器安装示意图

（2）布线要求：总线（BUS）采用 RVS-2×1. 0mm²或 1. 5mm²线，电源线采用 BV-2×1. 0mm²或 1. 5mm²线；穿金属管（线槽）或阻燃 PVC 管敷设。

3. 使用说明。

(1) 通电三分钟内为预热期，三分钟后转入正常运行状态，此时状态灯绿色常亮。报警时运行巡检灯红色直亮，状态灯橙色直亮，且探测器发出“滴”直响报警声。故障时状态灯橙色闪亮，探测器发出“滴”、“滴”的间歇报警声。

(2) 不能安装在室外及风量流动较大的场所。

(3) 应避免在探测器附近使用固发喷胶、杀虫剂、油漆、黏结剂、酒精等易挥发和易燃易爆液体。

第三节　消防设备电源监控系统

内容提要：本节主要介绍消防设备电源监控系统的构成、原理及其设计应用基本要求。

一、消防设备电源监控系统的工作原理

消防设备电源监控系统，是依据国家标准《消防设备电源监控系统》研制开发的，该系统由消防设备电源状态监控器、电源总线、通信总线和其连接的电流信号传感器、电压信号传感器、电流/电压信号传感器等设备组成，通过传感器对消防设备的主电源和备用电源进行实时检测，从而判断电源设备是否有过压、欠压、过流、断路、短路以及缺相等故障。当故障发生时能快速在监控器上显示并记录故障的部位、类型和时间，并发出声、光报警信号，从而有效保证了火灾发生时消防联动系统的可靠性。

二、消防设备电源监控系统的组成

消防设备电源监控系统由消防设备电源设备状态监控器、电压传感器、电流传感器、电压/电流传感器等部分或全部设备组成，如图 4-3-1 所示。

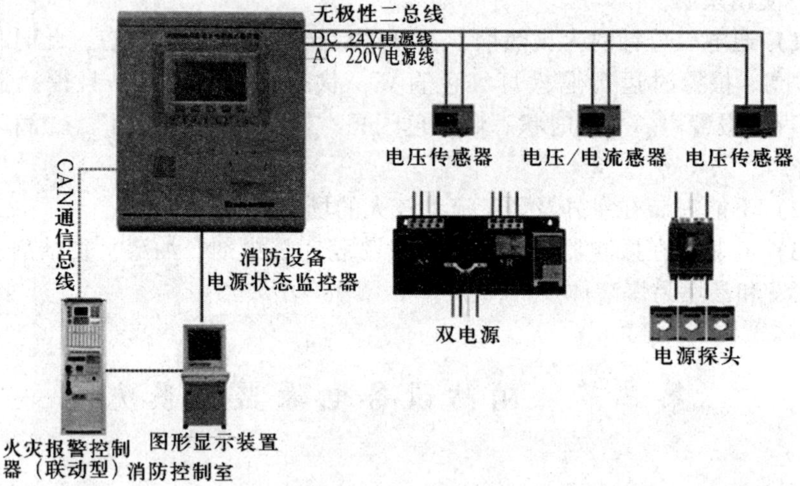

图 4-3-1 消防设备电源监控系统组成示意图

三、消防设备电源监控系统的设计

1.《火灾自动报警系统设计规范》（GB 50116-2013）要求，消防控制室内设置的消防设备应包括火灾报警控制器、消防联动控制器、消防控制室图形显示装置、消防专用电话总机、消防应急广播控制装置、消防应急照明和疏散指示系统控制装置、消防电源监控器等设备或具有相应功能的组合设备。

2.《消防控制室通用技术条件》（GB 25506-2010）要求，消防控制室应能显示系统内各消防用电设备的供电电源和备用电源的工作状态和欠压报警信息。

3. 消防电源监控器应能显示消防用电设备的供电电源和备用电源的工作状态和故障报警信息。

4. 消防电源监控器应能将消防用电设备的供电电源和备用电源的工作状态和欠压报警信息传输给消防控制室图形显示装置。

复习思考题：

1. 简述电气火灾监控系统的定义。
2. 简述电气火灾监控系统的组成及分类。
3. 简述可燃气体探测报警系统的工作原理。
4. 简述电气火灾监控系统的定义。
5. 简述消防设备电源监控系统的组成。

第五章　特定火灾探测报警系统应用

内容提要：本章主要介绍光栅光纤、分布光纤感温、吸气式感烟火灾探测系统，以及可燃气体探测报警、住宅建筑火灾自动报警和电气火灾监控系统的构成、设计、使用要领等。

第一节　光栅光纤感温火灾探测报警系统

内容提要：本节主要介绍光栅光纤感温火灾探测报警系统的构成、原理及其设计应用基本要求。

光纤传感技术是现代通信的产物，是随着光纤及通信技术的发展而逐步发展起来的一门崭新技术。光以光纤为载体，在传输的过程中，当受到外界环境（如温度、压力等）的影响时，导致传输光的强度、相位、频率、偏振态等光波量发生变化，通过监测这些量的变化可以获得相对应的物理量。自从 1989 年美国的 Morey（G. Meltz）等人首次对光栅光纤的应变与温度传感研究以来，世界各国都对其十分关注并开展了广泛的应用研究，取得了丰硕的成果。

一、光栅光纤感温技术

光栅光纤感温原理实际上是利用了光纤布拉格光栅（Fiber Bragg Grating）结构的光敏特性。光纤布拉格光栅是通过紫外准分子激光曝光使一段光纤（约 6~10mm）纤芯的折射率发生永久性改变，折射率的改变呈周期性分布，形成布拉格光栅结构。

如图 5-1-1 所示，折射率的分布周期就是光栅光纤的栅距 d。入射进光纤布拉格光栅的宽带光大部分被透射出去，而满足布拉格条件的光被光栅反射回来。反射光的波长随光栅栅距 d 的改变而改变，而光栅栅距 d 受环境温度影响非常敏感，并随环境温度的改变而变化。因此，通过检测反射光的波长变化就可以计算出环境温度的改变量。

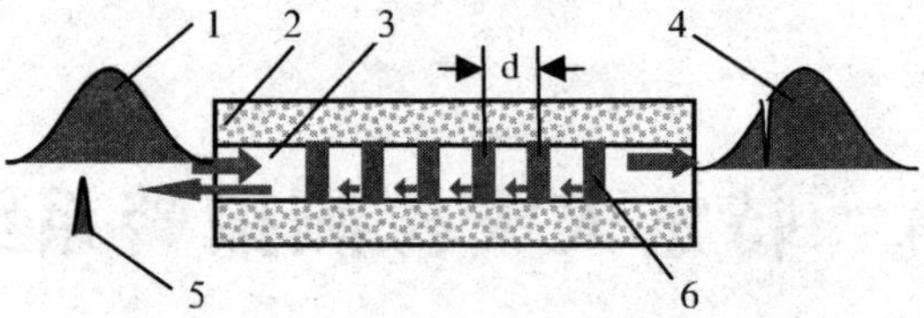

1——入射光；2——包层；3——芯层；4——透射光；
5——布拉格反射光；6——光栅；d——光栅栅距

图 5-1-1 光栅光纤感温原理图

（一）光栅光纤传感技术的基本构成

如图 5-1-2 所示，光栅光纤传感技术的基本构成包括光纤传感链和光、电信号处理器。

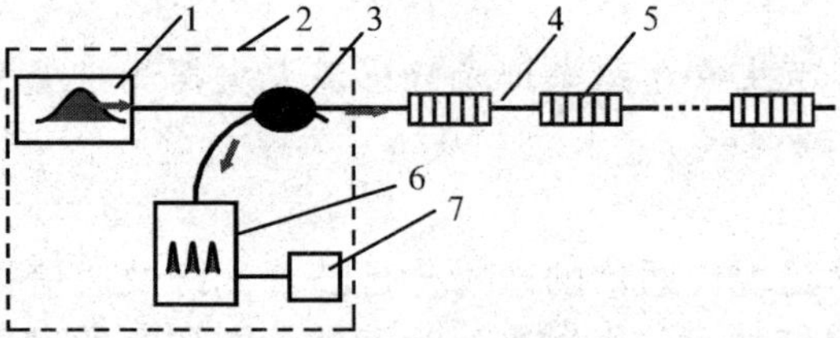

1——宽带光源；2——光、电信号处理器；3——光耦合（分路）器；
4——连接光纤；5——传感器；6——波长鉴别器；7——输出接口

图 5-1-2 光栅光纤传感技术基本构成图

光纤传感链，即光栅光纤，它包括传感器和连接光纤（传输线）。传感器是在石英单模光纤上制作多个光栅，经封装保护后形成的。传感器和连接光纤的区别在于传感器是石英单模光纤经过加工、处理、封装后的一段芯区折射率周期性调制的光纤。

光、电信号处理器是光栅光纤传感技术信息处理中心，它包含宽带光源、光耦合（分路）器、波长鉴别器及其他电信号处理器等。光、电信号处理器的功能包括：①产生足够功率的宽带光源，并将该光源耦合（入射）进光栅光纤（传感链）；②接收光栅光纤（传感链）反射回来的光信号，并且当光栅光纤（传感链）现场环境（温度、压力等）改变时，正确鉴别反射光信号的参量变化；③将相关光信号转换为电信号，并经电信号处理后通过输出接口传输给其他联机显示设备。光栅光纤传感技术是通过检测每段光栅反射回来的光信号波长参量的变化，来实现对被测温度、应力等环境参数的测量。

（二）光栅光纤传感技术的应用特点

光栅光纤传感技术的突出优点表现为：探测现场不供电、免受雷击损坏、不存在电磁干扰、本质安全防爆等。另外，光栅光纤传感技术不仅能测量温度、压力，还能测量结构的荷载、拉伸应力等。因此，光栅光纤传感技术广泛应用于航空航天、船舶、电力、通信、导航、石油化工装置以及核工业等领域。例如，石油化工的油气罐、油气井、油气管道等场所均属于易燃易爆领域，使用带电传感测量方式必然存在不安全因素，而使用光栅光纤传感技术就解决了这一问题。关于光栅光纤传感技术不存在电磁干扰的优点具有两层含义：一是指不会去干扰探测现场的精密电子设备，可广泛用于通信、导航领域的探测；二是指不会受到现场强电磁设备的干扰，可广泛用于发电、强电力领域的探测。

二、光栅光纤感温火灾探测报警系统

光栅光纤感温火灾探测报警系统集计算机、光纤通信、光纤传感、光纤传输、光电控制等技术于一体，是光栅光纤传感器技术在火灾探测报警领域的最新成果。光栅光纤感温火灾探测报警系统的优势集中表现在：温度探测灵敏度高，响应时间短；可实时显示监视区域位置和温度；可采用分布式测量方式，形成光纤传感网络；利用激光信号检测，传感本身不带电，本质安全防爆、抗电磁干扰、防雷击。

（一）系统构成

光栅光纤感温火灾探测报警系统如图 5-1-3 所示。

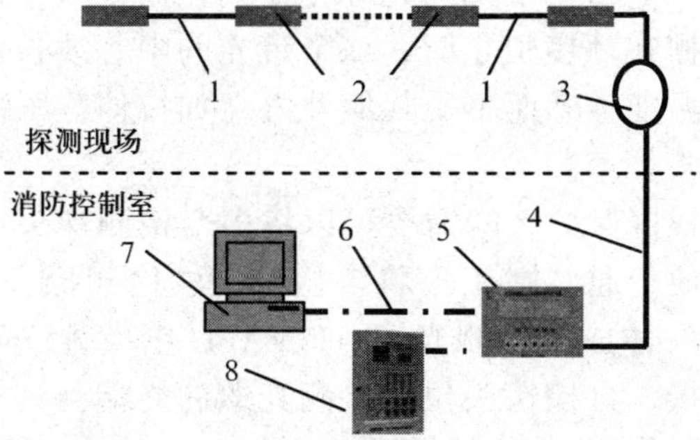

1——连接光缆；2——检测探头；3——光纤连接器；4——传输光缆；
5——信号处理器；6——电缆；7——本地或远程计算机；8——火灾报警控制器

图 5-1-3　光栅光纤感温火灾探测报警系统的构成图

光栅光纤感温火灾探测报警系统，是指由光栅光纤感温检测光缆（火灾探测器)、信号处理器、光纤连接器、传输光缆及计算机、火灾报警控制器等设备组成，能根据环境温度的变化报告火警的系统。

在实际工程安装时，通常要将光栅光纤检测探头安装在现场，信号处理器安装在控制室机柜内，其间需要传输光缆传递光信号。实际产品工程的安装连接组成为：检测光缆（包括检测探头、连接光缆、单模跳线，单区末端设自检探头)、光纤连接器、传输光缆、信号处理器。

1. 光栅光纤感温检测光缆。

光栅光纤感温检测光缆是利用光栅光纤对温度敏感的特性，来检测被监测对象温度变化的装置。它由检测探头、连接光缆、自检探头、FC/APC 单模跳线组成。

检测探头是光栅光纤感温检测光缆中的核心部件，它是利用光纤材料的光敏性，在纤芯内形成空间相位光栅，实质上是在纤芯内形成一个窄带的(透射或反射）滤波器或反射镜。

感温检测探头的结构如图 5-1-4 所示。

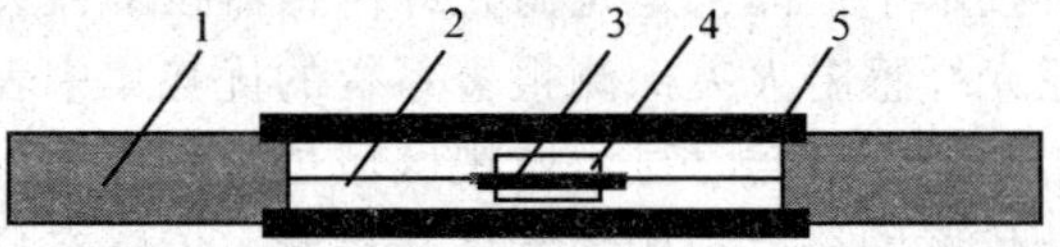

1——连接光缆；2——单模光纤；3——光栅光纤；4——导热元件；5——探头保护管

图 5-1-4 感温检测探头的结构简图

当信号处理器产生的宽带光经光纤传输到光栅处时，光栅将有选择地反射回一窄带光。光栅在环境恒定时，该窄带光的中心波长为一固定值；当光栅光纤封装后只对温度敏感而不受其他外力（如拉伸、压缩等）影响时，就构成了感温检测探头。

实际使用时，根据保护区的需要可以将多个检测探头通过连接光缆相互串接。为了安装方便，通常在工厂将自检探头、检测探头、连接光缆、FC/APC 单模跳线融接一体成为检测光缆。FC/APC 单模跳线的作用是将检测光缆与光纤连接器连接。自检探头位于检测光缆的终端，具有系统故障自诊断和提高系统可靠性的作用。

2. 信号处理器。

信号处理器是将光信号经过调制解调处理转换成电信号，并具有显示、报警和输出功能的装置。信号处理器由宽带光源、光耦合（分路）器、波长解调器、光探测器以及相应信号处理电路构成。

信号处理器的工作原理如图 5-1-5 所示。

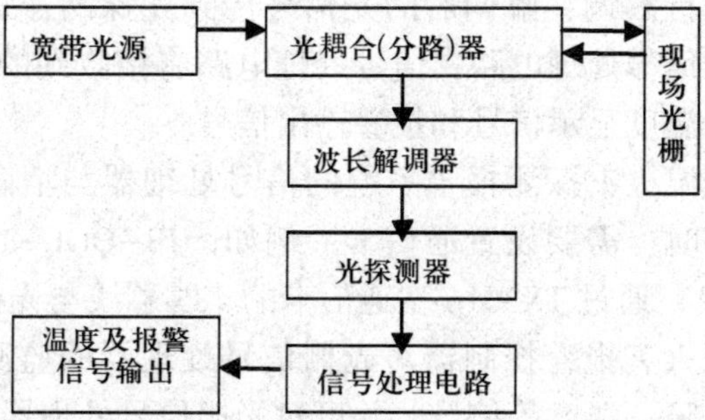

图 5-1-5　信号处理器的工作原理图

在光耦合（分路）器接收到现场光栅的反射光信号后，将光信号传给波长解调器进行解调；解调后的光信号再传给光探测器，光探测器将光信号转换为电信号传给信号处理电路；信号处理电路将接收到的电信号放大采集、数据处理并转换为温度显示信号和报警输出信号。信号处理器实时检测现场信号，同时输出预警和火警两级报警控制信号。

3. 火灾报警控制器。

火灾报警控制器是一种能为火灾探测器设备供电、接收、显示和传递火灾报警信号，并能对自动消防设施发出控制信号的报警装置。在传统火灾探测报警系统中，火灾报警控制器直接接收火灾探测器的信号，而在光栅光纤感温火灾探测报警系统中则接收信号处理器的信号。传统火灾报警控制器的主要功能包括：火灾声光报警功能、故障声光报警功能、火灾报警优先功能、火灾报警记忆功能、声报警消声及再声响功能、时钟单元功能、输出控制功能等。关于火灾报警控制器的相关内容请参见第二章第四节。

4. 光纤连接器、传输光缆、通信卡。

光纤连接器是用于连接检测光缆和传输光缆，保护光缆连接或接头的部件。

传输光缆是用于控制室内信号处理器和现场检测探头之间光信号传递的光纤。传输光缆两端通过 FC/APC 单模跳线分别与光纤连接器和信号处理器相连。

通信卡是光栅处理器信号采集卡，它将光栅信号处理器与火灾报警控制器联系起来，通常在卡上提供了光电隔离的标准 485 接口。

（二）系统工作原理

光栅光纤感温火灾探测报警系统在工作时，由宽带光源的光通过光耦合（分路）器、光纤（光缆）传输到现场光栅光纤，光栅光纤会选择性地反射窄带光，反射光波长随现场温度的变化而改变，反射光经光耦合（分路）器进入波长解调器进行解调；解调后的光信号传到光探测器进行光电转换，转换后的电信号传到信号处理电路；信号处理电路将接收到的电信号放大采集、数据处理并转换为温度显示信号和报警输出信号。

当光栅光纤感温火灾探测报警系统的信号处理器与消防控制室的火灾报警控制器需要通信时，需要设置通信卡。例如，JB-QGL-TX3016X 型火灾报警控制器（联动型）通过 TX3016 型通信卡的 485 总线与光栅光纤信号处理器连接通信，可实现火灾报警控制器对光栅信号处理器的监测，实时监控并显示预警、火警、故障、温度等信号，并可对光栅信号处理器进行复位控制。

（三）系统适用范围

1. 以光栅光纤为温度传感器，实现了无电检测，本质安全防爆，适合于各种易燃易爆场所，如石油、化工、天然气管道、仓储等。

2. 光栅光纤抗强电磁干扰、抗雷击，因此系统适合于电力、通信、军工、核工业场所使用。

3. 耐腐蚀性好、环境适应性强，适合于冶金及环境恶劣的工业场所使用。

4. 光栅光纤报警后可自动恢复重复使用，现场探头免维护，因此系统适合于地铁、公路、隧道等场所使用。

5. 光栅光纤感温火灾探测报警系统不适用的场所包括：

①临近火源、热源处；②经常受到震动或受冲击的部位；③液化石油气储罐；④要求对直径小于 10cm 的小火焰或局部过热处进行快速响应的部位。

三、光栅光纤感温火灾探测报警系统设计与安装

光栅光纤感温火灾探测报警系统设计与安装应遵循相关技术规范的要求进行，系统安装完毕后需对设备进行调试和验收。

（一）系统设计

由于光栅光纤感温火灾探测报警系统上的检测光缆由检测探头、连接光缆等组成，检测探头是现场感温元件，因此检测探头分布位置可参考传统火灾探测报警系统中点型感温探测器的布置要求进行设计。当然，光栅光纤感温火灾探测报警系统毕竟有它的独特之处，系统设计也有其特殊要求，具体应遵循如下几点：

1. 光栅光纤感温火灾探测报警系统依靠检测光缆上的检测探头（光栅）感知现场温度，探头之间通常有 3~10m 的间距，这说明实际上探头之间存在探测盲点。依据这一特性，系统特别适合油罐区使用。

2. 检测光缆的适用环境温度为-40℃~70℃，检测光缆上的检测探头与被保护对象之间不应存在遮挡物或隔离物。

3. 在储罐区布置检测光缆时，应沿罐壁呈圆形单圈分布。探测点沿圆周测量的间距宜在4~5m之间。

4. 检测光缆布置在隧道内，一般呈纵向布置在距隧道顶部0.3m左右的位置。探测点最大间距应不大于5m。

在多于双车道的隧道内布置检测光缆时，应双排布设，光缆间距为5m，两排探测点应交错布置，即一排探测点的横向位置在另一排的两个探测点中间。进行报警分区时，通常按100m划分。

5. 在电缆廊道（井）内布置检测光缆时需沿电缆走向布置，并与所保护电缆接触；探测点的位置应在电缆接头和其他易发热的部位，发热区小于1m时布置1个检测探头，大于1m时布置2个检测探头，平直无接头的地方按报警分区，每区布置1个探测点。

6. 系统使用信号处理器的数量宜与现场报警分区和检测探头的数量相匹配。通常每座储罐使用1台信号处理器；隧道每1600m长使用1台信号处理器；电缆廊道（井）内检测点数量每30点使用1台信号处理器。

（二）系统安装

关于系统安装，在此主要介绍系统中检测光缆的安装要领，其他设备的安装可参考传统火灾探测报警系统的安装方式进行。

在系统安装前要做好安装前的检查准备工作。例如，认真研究设计施工图，阅读相关使用说明书；检查系统部件的质量及产品出厂合格证和形式检验报告；整理和准备开工报告表、工程安装质量检查记录表、仪表系统调试表、检测光缆安装记录表及设备交接清单等。

1. 检测光缆安装基本要点。

（1）在检测光缆安装前一定要认真核对检测探头的安装位置是否与检测光缆上的位置相对应，是否符合设计文件要求。

（2）在安装前需对检测光缆的好坏程度进行测试，待测试正常后方可实施安装。比较简单的测试方法是：按要求将检测光缆与信号处理器相连接，加上DC 24V电源，再用开水浇淋末端检测探头，如仪表温度上升则表明检测光缆正常。

（3）检测光缆展开时不得直接抖开，必须按原成盘方向的反方向旋盘展开。

（4）用于固定检测光缆的弯卡或挂钩间距不应大于0.75m。固定后的检测光缆不能紧绷，应处于比较松弛的状态。

（5）检测光缆的多余光缆应盘好、绑扎成束，放在附近的立柱或扶手旁。

（6）当施工过程中涉及光缆需要穿钢管保护时，要求钢管与钢管、钢管与钢管附件之间的连接应采用螺纹连接。不得采用套管焊接。螺纹加工应光滑完整，管口内壁应去锋边和毛刺，不得在螺纹上缠麻或绝缘胶带。螺纹有效啮合扣数为5~6扣，外露丝扣不应过长。

2. 检测光缆在储罐区的安装。

检测光缆在储罐区安装后应保证检测探头位于要求（设计）的位置，以能够准确地检测被测量点的温度为宜。检测探头及连接光缆固定后应避免与罐内介质直接接触。检测探头可采用导热胶或机械方式固定在油罐浮顶上。

（1）在浮顶罐上安装检测光缆，一般安装在浮盘周围，挡雨板的内侧，如挡雨板上有密封橡胶装置不能揭开时，则安装在附近便于安装的地方。如果有二次密封装置，则安装在二次密封装置的螺栓上。传输光缆通常沿浮盘舷梯、罐壁护管引出至罐底，再穿管或沿桥架铺设至消防控制室。

检测光缆在内、外浮顶罐上的安装方式因所应用的罐的类型不同而有所不同。图5-1-6所示为检测光缆在内浮顶罐上安装示意图。

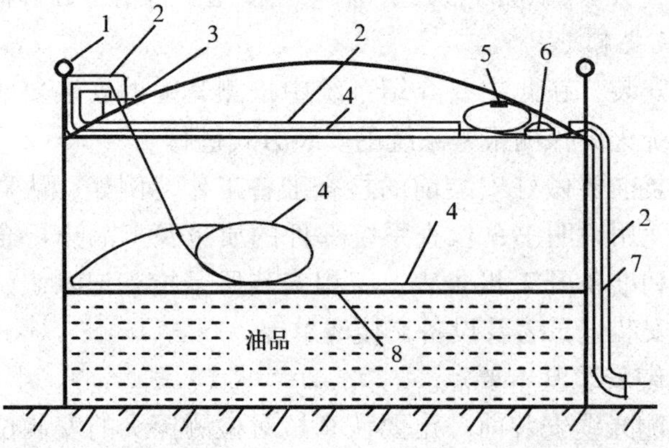

1——护栏；2——钢管；3——入孔；4——检测光缆；5——罐外检测探头；
6——光纤连接器；7——传输光缆；8——内浮盘

图5-1-6 检测光缆在内浮顶罐上安装示意图

检测光缆在内浮顶罐上安装通常做法是：检测探头用固定卡固定在内浮盘边缘或密封装置上。油罐内检测光缆留40m左右，从入孔处自然悬垂到浮顶（尽量远离静电线），其余检测光缆有序卷好放在浮盘上（不绑扎）。油罐上检测光缆留长30m，在距油罐外检测探头10m处剪断，将检测光缆从接管穿出，沿护栏下的钢管走向扶梯平台方向，穿出钢管后与油罐外检测探头的检测光缆焊接，用φ8.4钢包塑料套管保护，最后用102胶密封。

油罐外检测探头有跳线的一端，与光纤连接器内的传输光缆相连接，然后将钢管管口及光纤连接器密封好，将油罐上的检测光缆卷好放在罐顶，一边与护栏或平台的立柱绑扎住。图 5-1-7 为检测光缆外浮顶罐上安装示意图。

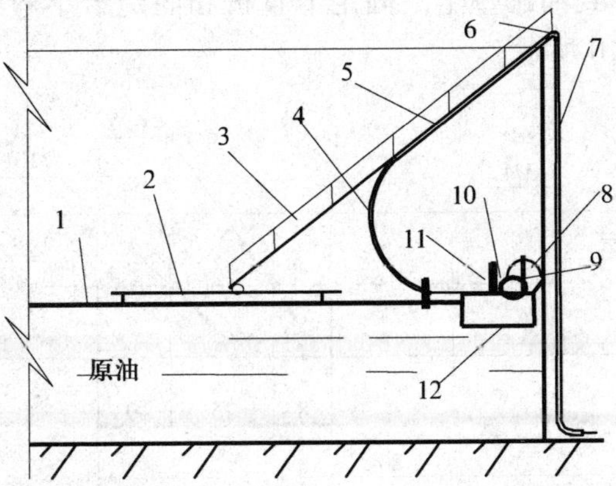

1——浮盘；2——扶梯轨道；3——扶梯；4——钢丝塑料软管（内含检测光缆）；5——钢管（内含传输光缆）；6——挠性软接管（内含传输光缆）；7——钢管（内含传输光缆）；8——检测光缆；9——挡板；10——光纤连接器；11——距离罐壁最近的立柱；12——浮仓

图 5-1-7　检测光缆在外浮顶罐上安装示意图

在外浮顶罐上安装时，建议检测探头安装于油罐浮顶的密封橡皮和挡油板之间。检测光缆尽量布置在距离罐壁最近的立柱与罐壁之间，就近安装光纤连接器。传输光缆从光纤连接器引出后，在距离罐壁最近的第二排立柱处绑扎固定，并沿扶梯引致罐外。

传输光缆在沿扶梯铺设过程中，上段采用穿钢管固定铺设，下段为钢丝塑料软管保护铺设，并且下段钢丝塑料软管应留有不小于 12m 的活动余量。使用挠性软接管将扶梯钢管与罐外钢管连接时，应确保光缆有足够大的曲率半径。

(2) 在拱顶罐上安装检测光缆，如图5-1-8 所示。

在拱顶罐上安装检测光缆，一般安装在罐顶护栏的下方，罐顶与罐壁的交界处附近，可直接安装固定在罐顶。探测点间距为 5m。

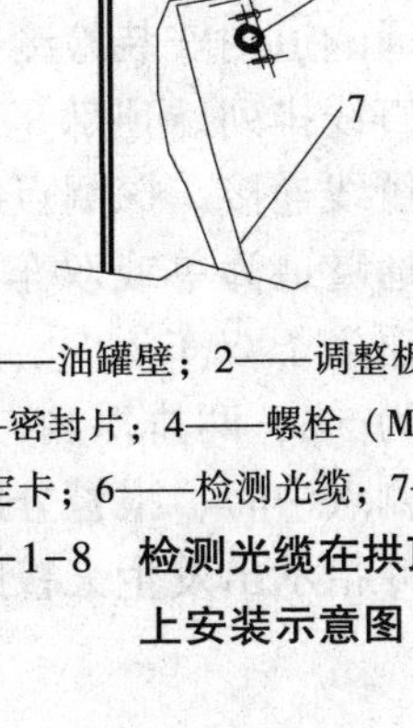

1——油罐壁；2——调整板；3——密封片；4——螺栓（M10）；5——固定卡；6——检测光缆；7——压板

图 5-1-8　检测光缆在拱顶罐上安装示意图

固定检测光缆时要用专门的固定卡固定，固定卡的间隔不能大于1m。先将检测光缆及固定卡小弯板用2个螺钉组合件固定到固定卡直板上，然后再将固定卡直板固定到油罐壁上。固定卡直板和固定卡小弯板的外形结构如图5-1-9和图5-1-10所示。

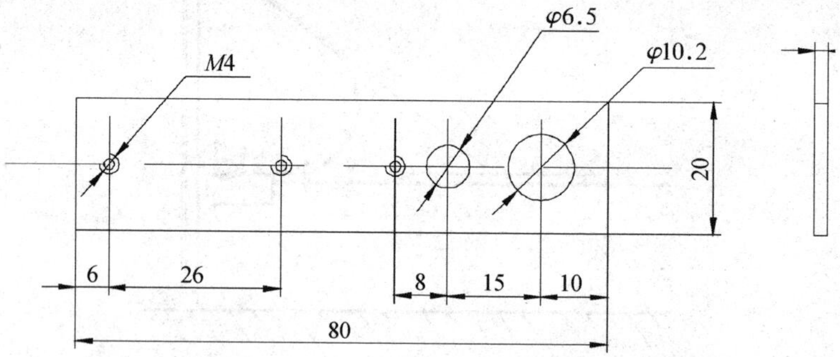

图 5-1-9　固定卡直板外形结构图

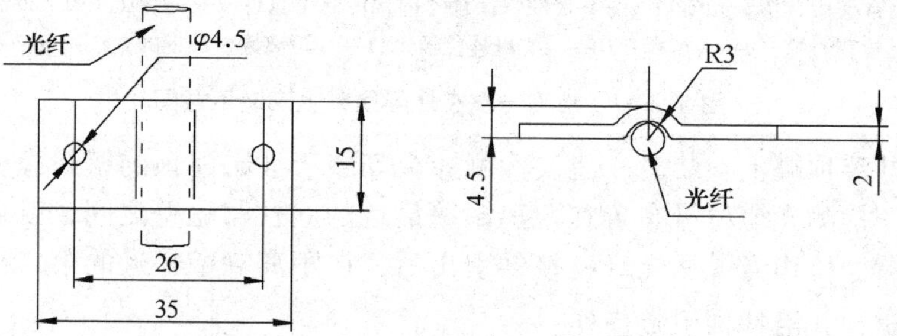

图 5-1-10　固定卡小弯板外形结构图

（3）在球罐上安装检测光缆，一般沿喷淋水管或相应的位置分别布设在罐顶、罐中和罐底各3圈，探测点的间距为4m。

3. 检测光缆在交通隧道的安装。

在交通隧道内安装检测光缆，一般呈纵向布置在距隧道顶部0.3m左右的位置，成直线排列。顶部呈纵向固定一条钢绞线，然后将检测光缆用挂钩的形式与钢绞线连接。探测点的纵向间距一般为5m。

当交通隧道为单或双车道时，检测光缆可单排布设，置于隧道中间；当隧道行车道多于双车道时，检测光缆应双排布设。双排布设时，两条光缆之间的间距为5m，两排探测点应交错布置，即一排探测点的横向位置在另一排的两个探测点中间，报警分区按100m划分。当温度出现异常上升时，检测探头报警，并指示出发生火警的区域。

4. 检测光缆在电缆廊道（井）的安装。

检测光缆在电缆廊道（井）内安装时，检测光缆沿电缆走向布置，并尽量与所保护电缆相接触，在电缆接头和其他易发热的地方布置探测点（检测探头）。发热区小于1m时布置1个探测点，大于1m时布置2个探测点；平直无接头的地方按报警分区，每区布置1个探测点。

第二节　分布式光纤感温火灾探测报警系统

内容提要：本节主要介绍分布式光纤感温火灾探测报警系统的构成、原理及其设计应用基本要求。

分布式光纤传感技术是比光栅光纤传感技术更加先进的传感技术。光栅光纤感温火灾探测技术获得的信息，是沿检测光缆间断设置光栅探头上相关点周围的温度参数；而分布式光纤感温火灾探测技术可获得光纤探测器沿途连续的温度参数。

一、分布式光纤感温技术

1871年，英国物理学家瑞利（Rayleigh）发现：当光线入射到某介质后，由于介质中分子质点不停的热运动破坏了分子之间固有的位置关系，从而产生瑞利散射。瑞利散射的强度与入射光的频率有关。1928年，印度物理学家拉曼（Raman）发现了透明介质的分子对入射光的一种特殊的散射，即拉曼散射现象：如果入射光是单色光，则在散射光谱中，在原有谱线两侧的对称位置上会出现新的弱谱线，长波侧相对比较强的谱线叫斯托克斯（Stokes）光，短波侧相对比较弱的谱线叫反斯托克斯（Anti Stokes）光。

可以说拉曼效应是在光纤介质中传输高功率信号时发生的非线性相互作用，它是由介质的分子激励所诱发的非弹性光子散射，或者说它是光（光子）与物质（分子）相互谐振的作用过程。如图5-2-1所示，角频率为 ω_p 的入射光进入介质以后，光子被介质吸收，使介质分子由基能级 E_1 激发到高能级 E_3，$E_3=E_1+\omega_p$。高能级是一个不稳定状态，它将很快跃迁到一个较低的亚稳态能级E2并发射一个角频率为 ω_s 的散射光，然后弛豫回到基态。角频率为 ω_s 的散射光称为斯托克斯（Stokes）光。

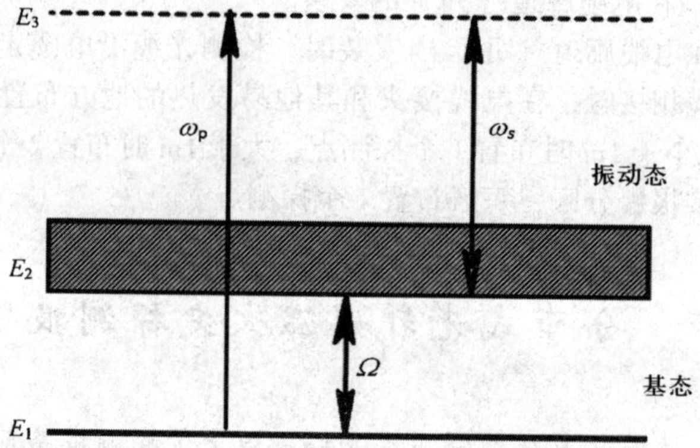

图 5-2-1　斯托克斯散射过程图

斯托克斯散射过程实际上还存在另一个散射过程，即少数分子在吸收光子能量以前已处在激发态 E_2，则它在吸收光子能量以后将被激发到一个更高的能级 E_4 上，这个分子从 E_4 跃迁直接回到基能级 E_1，将发射一个所谓的反斯托克斯（Anti Stokes）光。

光波导由掺杂的石英玻璃制成，石英玻璃由 SiO_2 分子组成，热使分子晶格产生振动，入射光照射在受热激发而振动的分子上，光量子和这些分子的电子之间会发生相互作用，因此光在光波导中会发生拉曼散射。和入射光激发晶格谐振的频率相比，散射光的谱线频率发生了位移。反斯托克斯光的强度和温度有关，斯托克斯线和温度无关，使用光波导内一点的反斯托克斯光和斯托克斯光强度的一种关系式，即可得到这一点的温度，拉曼散射如图 5-2-2 所示。

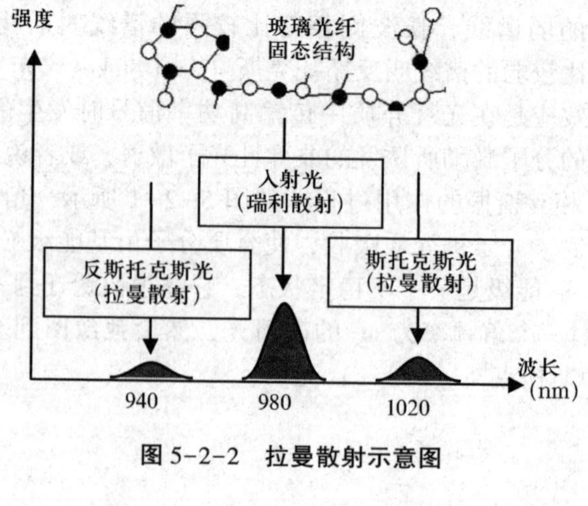

图 5-2-2　拉曼散射示意图

（一）分布式光纤传感技术的原理

光源发出的光脉冲沿着光纤传输，大部分光往前传输，但一小部分散射光信号会沿光纤反射回来，具体包括瑞利（Rayleigh）散射、拉曼（Raman）散射和布里渊（Brillouin）散射等。这些反射回来的光对多个测量参量敏感，拉曼散射对温度敏感，布里渊散射对温度和应力敏感，而不同位置反射回来的时间不一样，这就为实现分布式测量提供了有利条件。

分布式光纤传感技术是基于光纤的背向拉曼散射效应结合光时域反射测量技术或光频域反射测量技术的原理，其光纤既感知信号又传输信号，可以探测几十公里内的沿着光纤所有位置的被测表面的物理参数，特别适合于多个行业的线性火灾报警和大型工程的应力、温度和压力等的实时连续监测。

1. 光时域反射（OTDR）测量技术。

OTDR 测量技术的核心是光时域反射复用，即光源按脉冲方式工作，每一个传感光栅都有不同的时间延迟。光源发出一个短脉冲后，光纤反射回多个光脉冲，每个反射光脉冲对应不同的传感光栅。依据时间延迟数值可以区分不同的光栅。

OTDR 测量技术可以定位光纤断开的位置，从而可以对接头和插头进行评价和定位。这种定位是依靠了玻璃纤维材料的衰减特性（瑞利散射）。OTDR 的测量过程发射光脉冲，通过检测光脉冲的发射和返回的时间差决定光的散射水平和位置，和瑞利光相比，拉曼散射光测量显示的背光信号只是1‰左右，使用 OTDR 技术的分布式拉曼温度传感器必须使用昂贵的高性能的脉冲激光源（通常固体激光器）或快速信号平均技术才能实现。

2. 光频域反射（OFDR）测量技术。

OFDR 测量技术的核心是光频域反射复用，即光源的幅度用频率按三角形线性变化的信号调制，反射回的光经过光电转换再与原始三角波信号相乘。两个相乘信号之间有时间延迟，对应频率不同，从而产生拍频信号。利用拍频差异实现反射复用。

OFDR 拉曼温度传感器不像 OTDR 那样使用时间，而是使用频率。OFDR 在整个测量过程中检测的背光信号都是作为频率函数的复数形式，然后进行傅立叶变换。OFDR 的主要优点是激光器产生连续光波，背光信号的窄带检测，和脉冲技术相比，可以显著提高信噪比。这种技术上的优势使我们可以使用半导体激光二极管及利用电子器件进行信号处理。这也抵消了拉曼散射光测量（幅值和相位的复数测量）的难度，以及由于大量 FFT 运算等复数信号处理方面的难题。光纤频域反射测量技术已经发展为在光波导长度方向分辨率达几个毫米。

3. OFDR 拉曼温度测量系统的原理与构成。

OFDR 拉曼温度测量系统工作原理如图 5-2-3 所示。

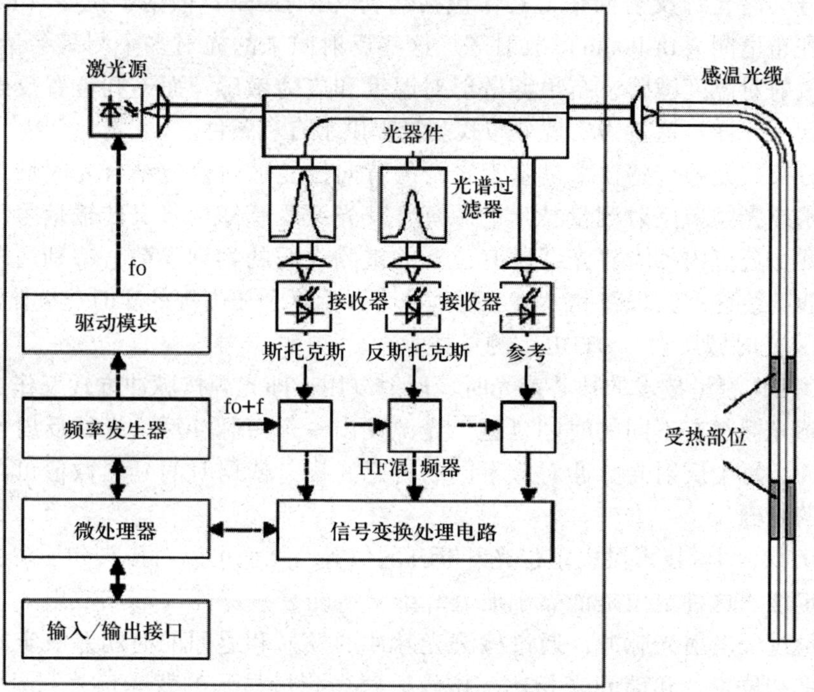

图 5-2-3 OFDR 拉曼温度测量系统工作原理图

OFDR 拉曼温度测量系统主要由控制器和作为线形温度传感器的玻璃光纤（光波导）组成，而控制器由频率发生器、激光源、光器件、HF 混频器、微处理单元等组件构成。

控制器的光路由三个通道组成，两个测量通道（反斯托克斯和斯托克斯）和一个参考通道，OFDR 是在一个测量时间间隔内，使用 HF（高频光谱）调制器及从起始频率到截止频率（100MHz）的正弦波信号调制激光器。用频率调制的激光通过光器件耦合到光波导内。从光纤各点连续背光散射的拉曼光经过光器件内的光谱过滤，然后经光检测器转化为电信号。测量的信号经放大后混频到低频光谱范围（NFrange），平均化的 NF 信号经傅立叶变换后得到各点两个拉曼背光散射曲线，这些背光散射曲线的幅值和各点的拉曼散射光的强度成比例，从两个测量通道得到的幅值的关系即可得到沿光纤探测器的光纤温度。

（二）分布式光纤测温技术的特点

分布式光纤测温技术的显著特点是抗电磁干扰、本质安全防爆和实时连续温度检测。

在工矿企业，许多物理特性的变化都直接反映在温度的升降上，因此对温度监测的意义越来越大。电缆接头、高压电缆的局部放电等位置过热是工业现场大型事故发生的主要隐患，也是事故多发的重要原因。如何实施在线检测，如何进行设备安全预测和温度趋势变化分析，如何通过实时数据对设备质量、工程质量、运行环境、运行方式、设备老化疲劳状态、负荷不平衡等进行科学分析，多年来因技术水平的局限，电力系统安全运行水平受到一定限制。虽然有企业曾经尝试利用红外测温仪、红外成像仪、感温电缆、局部放电测试仪、传统的点式测温系统解决上述问题，但由于这些测量方法无法检测高压电缆局部放电带来的过热和绝缘老化问题，而且不能实现在线检测，因此，无法为安全、经济运行、高效检修提供科学依据。

分布式光纤测温技术彻底地解决了这些问题，真正实现了电力系统运行设备的实时在线检测，通过对设备实时数据分析和预测，将故障消除在萌芽状态，真正做到防患于未然。同时，这些实时数据和分析预测结果也为今后实现状态检修，提高检修效率，降低检修成本和管理成本起了关键的作用。随着光纤应用技术的发展，光纤测温系统目前已成为世界上最先进、最有效的连续分布式温度监测系统，广泛应用于石化、电力、交通、钢铁等工业场所。

二、分布式光纤感温火灾探测报警系统

分布式光纤感温探测火灾报警系统是一种新型、高效的温度探测报警设施，它集计算机、光纤通信、光纤传感、光纤传输、光电控制等技术于一体，基于光纤的后向散射随温度变化而改变的测温原理，采用先进的 OFDR 技术，通过光纤探测器实时监测光纤上的反馈信息，测量光纤上各点的温度变化，来实时监测被检测区域的温度状况。

（一）系统特点

采用光频域（OFDR）技术的分布式光纤感温探测火灾报警系统，使系统的脉冲激光源的使用寿命更长，可靠性更高。具体系统特点如下：

1. 安全可靠：传感器基于光检测，本质安全防爆、抗工频、射频电磁干扰，误报率低。

2. 分布测量：光纤信号处理器最大可连接 4000m 长的光纤探测器，实时连续检测光纤探测器的温度。

3. 报警设置灵活：光纤探测器最多可分成 128 个探测分区，对每个探测分区可现场设置报警参数和联动关系。

4. 报警方式先进：可综合利用设置多级温度报警/温升速率/温升趋势来进行连续监测，可在任何时间准确显示任何一点的温度状态，在火灾发生前早期预警。

5. 测温、定位精确：温度精度可达±1.5℃，空间分辨率可达0.5m。准确显示事故点位置及温度数值。

6. 信息显示直观、丰富：通过计算机显示报警参数、探测分区分布、测量温度、火灾蔓延方向等信息，并可提供运行数据记录和图表。

7. 现场光纤探测器免维护：调试简单，光纤探测器采用高强度聚酰胺塑料护套或不锈钢管保护，光纤探测器本身作为传感器不需维护。可抵抗各种恶劣环境（潮湿、高温、严寒、腐蚀），使用寿命可达30年。报警后无需到现场复位和处理。

（二）系统适用范围

分布式光纤感温探测火灾报警系统，以显著成熟的技术优势和绝对安全的性能，为火灾探测提供了完整的解决方案。系统适用范围如下：

1. 重要区域的温度测量和监控，如发电厂电缆桥架、电厂锅炉烧嘴、变电站、输煤系统传输带、计算机房、通信机房、移动基站、控制机房、电缆通道等。

2. 危险区域的温度测量和监控，如油罐、气罐、煤仓、危险品仓库等。

3. 交通运输领域的温度测温和监控，如地铁、隧道、铁路、机场、船舱等。

4. 大面积、大范围的温度测量和监控，如粮仓、冷库、货仓、造纸厂、酒厂、制药厂、饮料厂、烟厂等。

5. 压力容器表面温度测量和监控，如气化炉、反应罐等。

（三）系统构成及主要设备性能

分布式光纤感温探测火灾报警系统的结构如图5-2-4所示，主要由光纤感温火灾探测器（简称光纤探测器）、火灾探测信号处理器（简称光纤信号处理器）、计算机显示处理单元、火灾报警控制器及电源等组件构成。

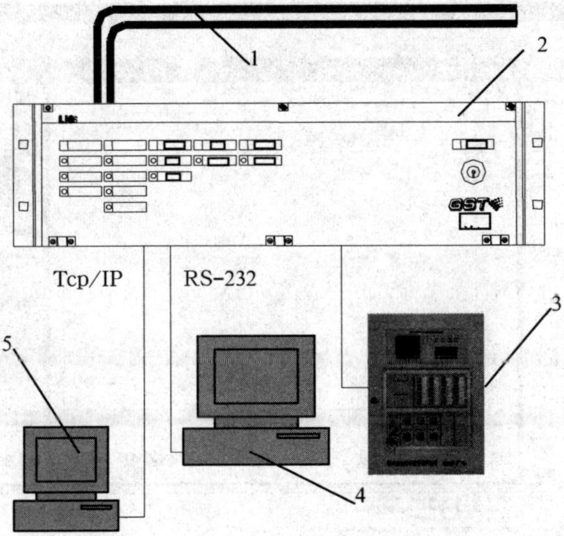

1——光纤探测器；2——光纤信号处理器；3——火灾报警控制器；
4——近程计算机；5——远程计算机

图 5-2-4　分布式光纤感温探测火灾报警系统构成图

光纤信号处理器与计算机通信接口为：通过串行通信 RS232 端口与本地计算机相连，通过局域网 TCP/IP 端口与远程计算机相连。本地计算机用来实现软件系统与光纤信号处理器的数据通信。通过光纤信号处理器的输入输出接口可实现分布式线型光纤感温火灾探测系统的报警输出、故障输出、报警信号输入、报警复位控制等功能。与编码输入输出模块配合使用，使火灾报警控制器直接接受正常、火警、预警、故障信息并可实现光纤信号处理器的复位。

依据应用环境的不同，计算机可选用普通 PC 机，或工业 PC 机。本地计算机通过 RS232 与光纤信号处理器通信，远程计算机通过局域网与光纤信号处理器通信。某产品配套的监控软件显示的监控画面如图 5-2-5 所示。

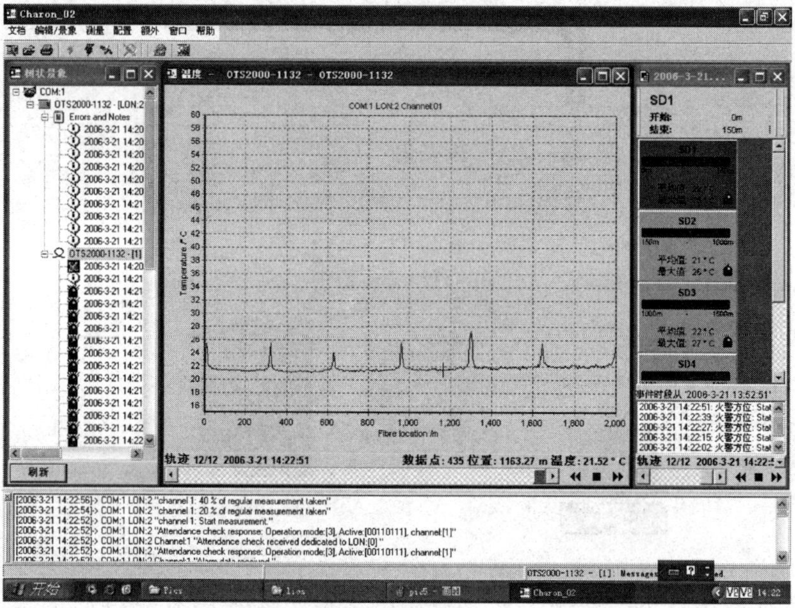

图 5-2-5　监控画面图

光纤信号处理配置的监控软件可提供系统设置及模拟显示探测数据，通过与光纤信号处理器连接的计算机，可显示多种预先设定的测量数据（如温度、频率、后散射曲线、分区报警阈值、平均温度、最大温度、火灾蔓延方向等）。其主要功能包括：

1. 实时显示光纤探测器线路上的温度分布曲线；
2. 显示各点温度随时间变化的曲线；
3. 对测量区域在长度上进行分区，最多可分成 128 个区，对一些区域进行重点监测；
4. 各区域依据温度值或升温速率设置报警值。

三、分布式光纤感温火灾探测报警系统的设计与安装

分布式光纤感温火灾探测报警系统的设计与安装应遵守《火灾自动报警系统设计规范》、《火灾自动报警系统施工及验收规范》、《火灾报警控制器》、《自动化仪表工程施工及验收规范》、《民用闭路监视电视系统工程技术规范》、《电气装置安装工程施工及验收规范》等相关条款的要求。另外，由于分布式光纤感温火灾探测报警系统的结构具有独特性，所以其设计与安装还具有其特殊要求，本部分主要讨论其特殊要求。

（一）系统设计

1. 探测区域划分。

为了迅速而准确地探测出被保护区内发生火灾的部位，需将被保护区划分成若干个探测区域。

依据分布式光纤感温火灾探测报警系统的技术现状，结合工程实践，分布式光纤感温火灾探测报警系统的探测区域长度不宜超过4000m，光纤探测器能有效探测的径向最大水平距离不应多于6m。依据目前的技术水平，在一根最长4000m的光纤探测器上，可以设置多个探测区域，但最多不应大于128个探测区域。根据不同探测区域的重要程度及保护对象危险程度，可以分别设置不同探测区域的报警阈值（如预警温度、报警温度等）。

除按照相关规定划分防火分区外，对于比较特殊和比较重要的场所或部位应单独划分探测区域。为了保证即时报警及人员安全疏散，下列场所应单独划分探测区域：

（1）敞开、封闭楼梯间，以及封闭式廊道；

（2）防烟楼梯间前室、消防电梯前室、消防电梯与防烟楼梯间合用的前室；

（3）走道、坡道、管道井、各种隧道；

（4）建（构）筑物闷顶、夹层；

（5）高压输气管道；

（6）可燃气体、液体储罐；

（7）重要监测设备、重要部位，如变压器体、电缆接头处；

（8）防火隔断中的每层电缆桥架、夹层、电缆竖井。

2. 光纤探测器布置设计。

光纤探测器可以布置设计在被监测空间的墙壁、顶部或其他位置，具体的安装位置与方式依环境及探测分区的不同而不同，但要保证当被保护区内发生火灾时能引起光纤探测器安装位置处的温度变化。

（1）在公路、铁路、地下工程隧道内布置光纤探测器时，光纤探测器应用吊夹安装在隧道顶部不高于8米的位置。同时光纤探测器距离顶部宜在50~200mm之间，距离隧道侧壁宜在1~6m之间；相邻两根光纤探测器之间的距离应不大于12m。另外，光纤探测器布置设计宜远离隧道入口。

（2）在电缆隧道、夹层、桥架、竖井设置光纤探测器时，宜接触电缆布置。当光纤探测器不能安装在电缆的表面时，应安装在被测电缆的侧上方桥架上或竖井的侧壁上。电缆隧道上的光纤探测器应设置在隧道的顶部中央，距离顶部墙50~200mm。

（3）掩埋式石油、天然气管道光纤探测器的设置，应布置在管道正上方的表面。

（4）在可燃液体和气体储罐区设置光纤探测器时，应将光纤探测器螺旋布置在储罐的侧壁上，或设置在储罐的顶部侧壁上。光纤探测器螺旋布置在储罐的侧壁上时，螺距不应大于3m。

（5）重点监测部位，如变压器、电缆接头处的光纤探测器的设置，应将光纤探测器盘绕成探测环，把探测环设置在变压器体、电缆接头的表面。探测环上光纤探测器的长度不应小于2m，环的弯曲半径不应小于光纤外径的20倍。

（6）在皮带输送装置上设置光纤探测器时，宜将光纤探测器设置在皮带输送装置左右两侧的下方，通过导热板与光纤探测器接触。

（二）光纤探测器铺设安装的基本要求

铺设光纤探测器前，应对光纤进行检查，光纤应无断点，其衰耗值应符合设计要求。光纤探测器铺设后，应测量通道的总损耗，并用光时域反射计观察光纤通道全程波导衰减特性曲线。

1. 光纤探测器的选用长度，应根据施工图选配。配盘时，应使接头避开河道、可燃气体管道和其他障碍物；架空光纤探测器的接头应设在杆旁1m以内。

2. 光纤探测器尽量不要分段铺设。必须进行分段铺设时，应对已铺设光缆进行检查，当确认无损伤后再进行接续。光纤探测器的接续应由专业人员操作，接续时应采用光功率计或其他仪器进行监视，使接续损耗达到最小。接续后应做好接续保护，并安装好光缆接头护套。接续点应作永久性标志。

3. 在建、构筑物铺设光纤探测器时，宜采用牵引机终点牵引和中间人工辅助牵引。光纤探测器在电缆槽内铺设不应过紧；当遇到桥身伸缩接口处时应做3~5个S弯，并每处均预留0.5m余量。当穿越铁路桥面时，应外加金属管保护。光纤探测器经垂直走道时，应固定在支承物上。

光纤探测器基本铺设过程如图5-2-6所示。

图5-2-6 光纤探测器基本铺设过程示意图

光纤探测器通常依赖在建、构筑物上设置加固点（如管夹等部件）进行加固。加固到建筑物、隧道顶板上的操作顺序为：安装管夹→铺设光纤探测器→加固光纤探测器到管夹。在铺设光纤过程中，光缆的牵引端头应做好技术处理，其牵引力不应大于产品说明书规定的数值。牵引速度宜为 10m/min，一次牵引的直线长度不宜超过 2km。

4. 加固点的位置应满足光纤探测器安装后稳固、平直、美观的要求。当沿着直线安装时，加固点之间的距离值应在 0. 75～1m 之间；遇到 100mm 以下较小的障碍物时，可在距离障碍物大约 150mm 处的两边各安装一个固定点，绕过障碍物的过渡光缆坡度尽量小；遇到排烟管、通风管和输送管道等较大障碍物（大于 100mm）时，需在转弯 100mm 处安装固定点以获得稳固和视觉上美观的效果，同时其弯曲半径不应小于光缆外径的 20 倍（通常大于 60mm）。具体情况如图 5-2-7 和图 5-2-8 所示。

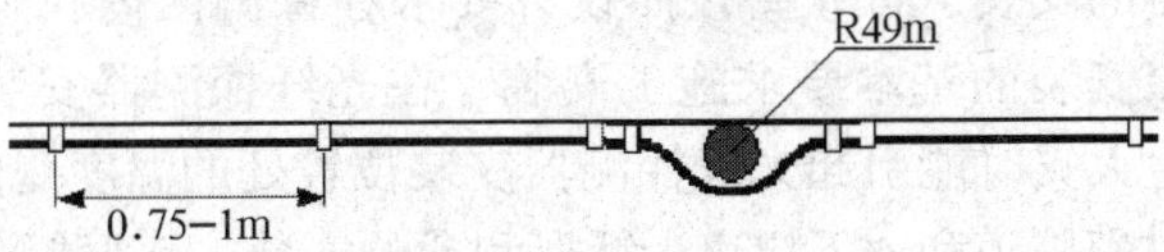

图 5-2-7　光纤探测器平直及绕过小障碍物安装图

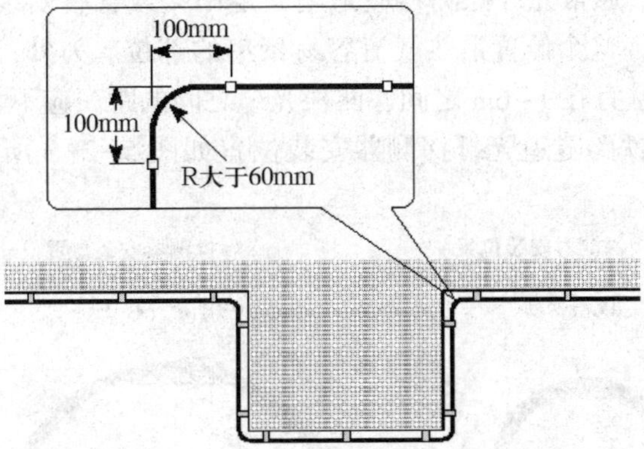

图 5-2-8　光纤探测器绕过较大障碍物安装图

5. 为了在光纤探测器铺设完毕后，便于维修和进行模拟火灾试验，应在光纤探测器接头处、光纤探测器铺设路径上的前端 200m 处、中间处、末端 200m 处各预留长度应不小于 8m 的探测环。

6. 架空光纤探测器应在杆下设置伸缩光缆余兜，光缆余兜的宽度宜为 1. 52～2m，深度宜为 0. 2～0. 25m。光缆架设完毕后，应将余缆端头用塑料胶带包扎，盘成圈置于光缆预留盒中，预留盒应固定在杆上。地下光缆引上电杆时，必须采用钢管保护。光缆余兜的数量应根据所在冰凌负荷区级别确定，具体如表 5-2-1 所示。

表 5-2-1　冰凌负荷区级与光缆余兜的数量表

负荷区级别	轻负荷区	中负荷区	重负荷区
导线上冰凌厚度（mm）	≤5	≤10	≤15
余兜数量	可不设，但不得绷紧	每 2~3 根杆宜设 1 个	每杆设 1 个

7. 光纤探测器在管道内铺设时，无接头的光缆应由人工逐段同步牵引铺设；预先做好接头的光缆，其接头部分不得在管道内穿行；光纤探测器端头应用塑料胶带包好，并盘成圈放置在托架高处。

（三）光纤探测器在隧道、油罐等场所安装

光纤探测器的安装，首先要按照设计要求在探测区内找到最合适的安装位置，然后按照安装的基本要求施工安装。在光纤探测器安装后，应确保当被保护区内发生火灾时能引起光纤探测器安装位置处的温度变化。

1. 公路、铁路隧道和地下隧道光纤探测器的安装。感温探测器的最大安装高度为 8m，而国内公路、铁路隧道和地下隧道结构很少有 8m 高的，因此只要按设计安装即可。通常光纤探测器应采用固定吊夹或管夹安装在隧道顶部 50~200mm 的位置上。这个位置是热气流容易聚集的部位。另外，光纤探测器在安装后距离隧道侧壁宜在 1~6m 之间，两根光缆之间的距离应不大于 12m。

普通公路、铁路隧道光纤探测器安装位置如图 5-2-9 所示（浅灰阴影部分）。

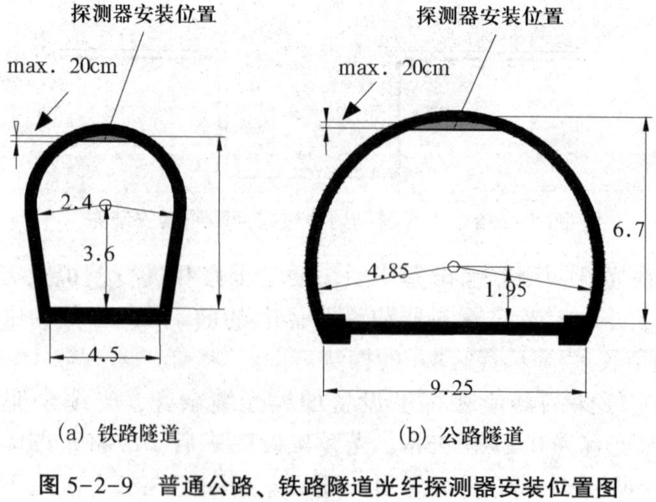

(a) 铁路隧道　　(b) 公路隧道

图 5-2-9　普通公路、铁路隧道光纤探测器安装位置图

另外，根据天气、季节、白天的时间和车辆数目不同，在通道入口会出现大的温度差异。所以，在安装光纤探测器时，要远离通道入口 15~20m 处。

2. 化工行业中储罐的光纤探测器的安装。在可燃液体和气体储罐区设置光纤探测器，经常有两种安装方式：一是将光纤探测器螺旋安装在储罐的侧壁上，螺距不应大于 3m；二是对于浮顶罐将光纤探测器安装在储罐的顶部侧壁上。

3. 电缆隧道、夹层、桥架、竖井光纤探测器的安装。为了随时监视电缆温度，电缆隧道、夹层、桥架、竖井光纤探测器安装宜采用直接接触式。针对现场实际情况，具体安装在被测电缆的侧上方桥架上、竖井的侧壁上或大型电缆隧道的顶部（参见图 5-2-9 普通公路、铁路隧道光纤探测器安装位置图）中央。具体光纤探测器安装位置如图 5-2-10 和图 5-2-11 所示。

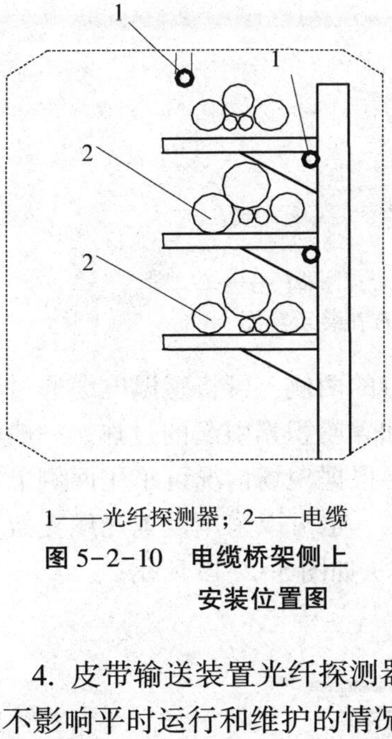

1——光纤探测器；2——电缆

图 5-2-10　电缆桥架侧上安装位置图

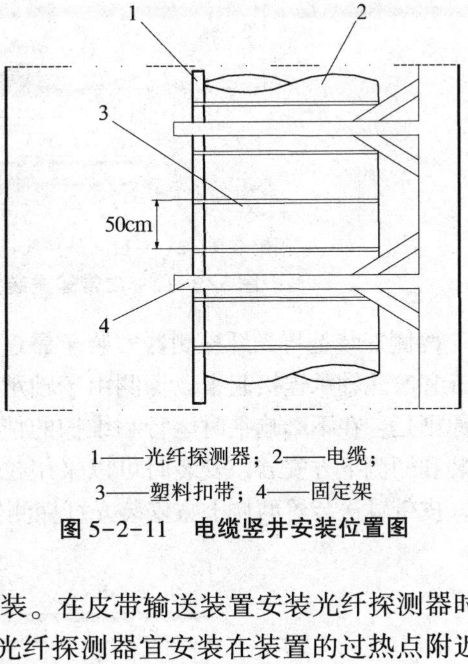

1——光纤探测器；2——电缆；3——塑料扣带；4——固定架

图 5-2-11　电缆竖井安装位置图

4. 皮带输送装置光纤探测器的安装。在皮带输送装置安装光纤探测器时，在不影响平时运行和维护的情况下，光纤探测器宜安装在装置的过热点附近。具体有三种安装方式：正上方安装、两侧上方安装和两侧下方安装。

正上方安装方式是在传送带宽度不超过 3m 的条件下，用一根光纤探测器来保护。光纤探测器直接固定于距传送带中心正上方不大于 2. 25m 的附属件上。附属件可以是一根吊线，也可以借助于现场原有固定物。吊线的作用是提供一个支撑件。每隔 50~75m 用一个拉线螺栓来固定吊线，每隔 1m 用一个紧固件将光纤探测器和吊线卡紧。吊线的材料宜选用不锈钢丝，其单根长度不宜超过 150m（在条件允许时可用镀锌钢丝来代替），安装方法如图 5-2-12 所示。

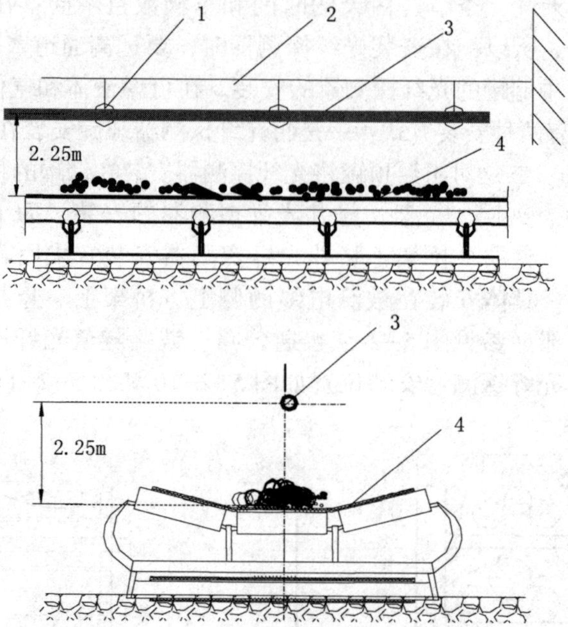

1——固定卡具；2——拉（吊）线；3——光纤探测器；4——传送带

图 5-2-12 皮带输送装置正上方安装示意图

两侧安装是将光纤探测器安装于靠近传送带的两侧，可将感温电缆通过导热板和滚珠轴承连接起来以探测由于轴承摩擦和煤粉积累引起的过热。一般安装原则是：在不影响平时运行和维护的情况下，根据现场情况可采用两侧上方安装和两侧下方安装。安装时可以采用拉线吊装，也可以采用设置光缆支架安装。皮带输送装置两侧上方安装光纤探测器的方法如图 5-2-13 所示。

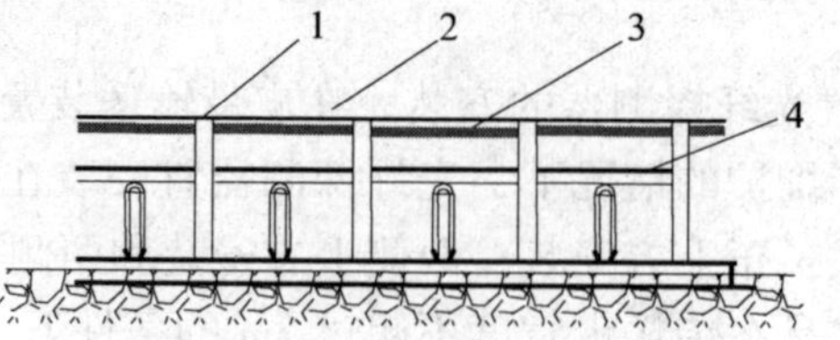

1——固定卡具；2——拉（吊）线；3——光纤探测器；4——传送带；5——安装支架

图 5-2-13 皮带输送装置两侧上方安装示意图

将光纤探测器安装在皮带输送装置左右两侧的下方，通常采用每隔 1m 设置一个光缆安装支架的方式，也可以采用拉线吊装。具体可依据工程实际确定。

皮带输送装置两侧下方安装光纤探测器的方法如 5-2-14 所示。

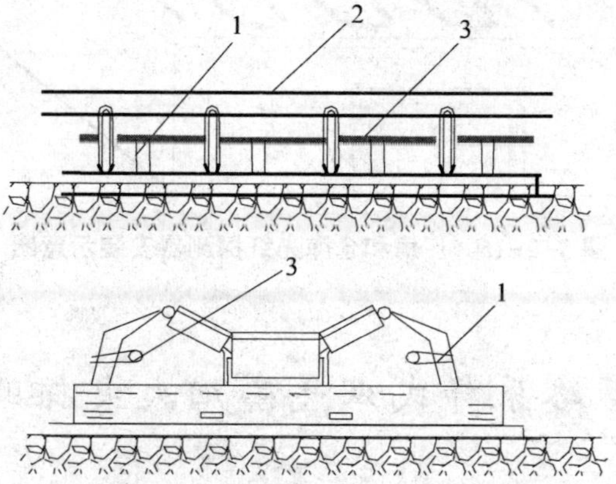

1——安装支架；2——传送带；3——光纤探测器

图 5-2-14　皮带输送装置两侧下方安装示意图

5. 变压器体、电缆接头部位光纤探测器的安装。为了提高系统的空间探测分辨能力，在对变压器体、电缆接头等重点部位处安装光纤探测器时，可以将光纤探测器盘绕成环，形成温度探测环，把探测环安装在变压器的表面、电缆接头的表面。

为了使探测环能够准确探测被测点的温度，并且不产生额外的光功率损耗，探测环的长度应不小于 2m，环的弯曲半径应不小于光纤外径的 20 倍。

6. 大跨度工业厂房、仓库光纤探测器的安装。光纤探测器可以安装在空间净高度不大于 8m 的大跨度工业厂房、仓库及民用建筑场所。安装位置可以根据被保护对象的火灾发生发展的特点进行选择。一般可以采用顶棚装、墙壁装、沿货架方向的水平、正弦波安装等。顶棚安装是最常见的安装方式，安装时，光纤探测器距离墙壁、梁边不大于 3m，光缆之间的水平距离不应大于 6m。具体如图 5-2-15 所示。

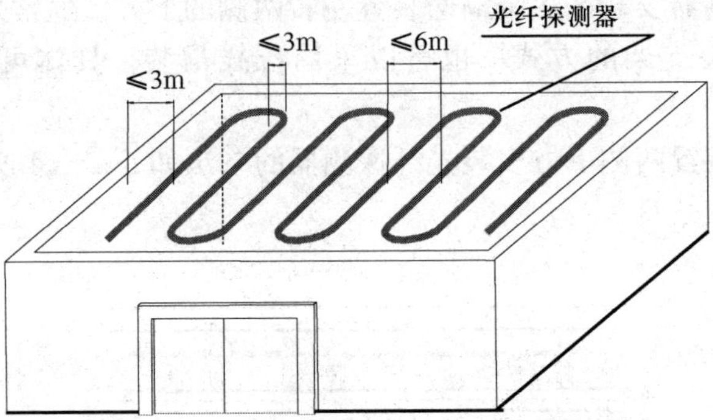

图 5-2-15 厂房和仓库光纤探测器安装示意图

第三节 管路采样式吸气感烟火灾探测报警系统

内容提要：本节主要介绍管路采样式吸气感烟火灾探测报警系统的构成、原理及其设计应用基本要求。

由传统被动式火灾探测设备组成的火灾自动报警系统，在安装空间高度、空气循环气流、火灾早期预警功能等方面存在局限性。对于特殊重要的场所，如电信机房、计算机房和控制中心等部位，需要克服环境气流和换气影响，同时要求报警在火灾发生之前进行。在这类场所，可采用管路采样式吸气感烟火灾探测报警系统。

一、管路采样式吸气烟雾探测系统

吸气式烟雾探测技术作为一种先进的极早期火灾烟雾探测技术，进入我国已经有十余年的历史了。最初的设计目的在于保护计算机房、电气开关柜等价值昂贵且要求绝对安全的设备。

（一）吸气式烟雾探测技术

吸气式烟雾探测技术又称空气采样极早期烟雾探测技术，它是利用吸气泵/风扇通过预先布置好的采样孔和采样管道抽取保护区内的空气，并通过一个高精度吸气式探测器（简称探测器）对空气样品进行分析处理，实现火灾探测的技术。

吸气式烟雾探测技术是基于光学空气监控技术和微处理器技术基础上产生的主动式烟雾探测技术。它完全改变了传统的“守株待兔”式（被动等待烟雾进入探测器）的烟雾探测方式，而具有许多传统烟雾探测系统不具备的特性（探测部位不通电、可隐蔽安装等）。其设计思路是实现火灾初期（明火之前）出现过热、阴燃或气溶胶生成阶段的探测和报警，其报警时间可比传统的火灾探测系统提前很多，从而有效地消灭火灾隐患于火灾发生之前，使火灾的损失降到最低。

吸气式烟雾探测技术包含了一套稳定可靠的烟雾探测系统，这套系统在空气流量较高的环境下，仍具有非常高的烟雾探测能力。而随着吸气式烟雾探测技术的不断发展，它已经超出了最初的保护高风险设施的应用领域。应用范围包括计算机房（数据中心）、通信机房、洁净厂房、电力系统、仓库、博物馆/档案馆、古建筑、地铁、医院及高大空间建筑等重要场所。

（二）管路采样式吸气烟雾探测系统

管路采样式吸气烟雾探测系统由采样管（网）、排气管、吸气式探测器（简称探测器）等组成。探测器是管路采样式吸气烟雾探测系统的心脏，其结构依据探测原理的不同而异，但通常由吸气泵、过滤器、激光探测腔、控制电路、显示和编程电路等组成。管路采样式吸气烟雾探测系统的组成如图 5-3-1 所示。

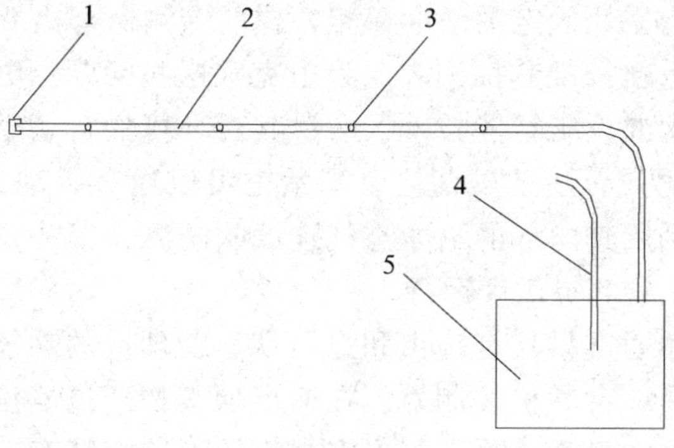

1——末端帽；2——采样管（网）；3——采样点；4——排气管；5——吸气式探测器

图 5-3-1　管路采样式吸气烟雾探测系统基本构成图

探测器的吸气泵通过采样管（网），从被保护区内连续采集空气样品送入探测器中。空气样品经过过滤器组件滤去灰尘颗粒后进入激光腔，在激光腔内利用激光照射空气样品时，其中烟雾粒子所造成的散射光被接收器接收。接收器将光信号转换成电信号后送到探测器的控制电路。信号经处理后转换为烟雾浓度值，该数值以数字或可视发光条的形式显示出来；同时，根据烟雾浓度以及预设的报警阈值，产生一个对应的输出信号。

1. 末端帽是采样管末端的封盖。封盖上也可开末端孔，开孔孔径一般为

3~6mm。

2. 采样管（网）是安装在探测区域内，用于传送空气样品的管道。采样管通常使用内径为20~22mm，坚固难燃的红色PVC管、CPVC管、HFT管、ABS管或钢管、铜管等。为保证气流尽可能畅通，必须使用曲率半径在40~200mm之间的弯头。

3. 采样点是位于采样管上需要开孔（采样孔）的部位。采样点处通常有红色的标志。采样孔用于对探测区内的空气样品进行采样，采样孔的孔径一般为2~5mm。

4. 排气管是将探测器排出的采样空气输送到采样区的管道。吸气式烟雾探测系统设置排气管，是为了保持探测器采集的空气样品均匀和保持吸、排气压力均衡。

5. 吸气式探测器简称探测器，是管路采样式吸气烟雾探测系统的信号处理器。

早期的吸气式探测器都是固定灵敏度的。这些探测器输出被校准到某个已知值，报警阈值也预先根据调试时的现场环境被设定为一固定值。这种系统不能自动适应现场环境的变化，因此很容易给人造成“高灵敏度就是高误报”的印象。所有采用固定灵敏度探测方式的探测器都需要在每年维护的同时，还可能需要重新校准其探测腔。为了克服这些问题，更先进的探测器采用了自动学习技术或人工智能技术，通过其对环境的自动学习，将探测器的报警阈值设定在比较合适的数值上，当然也可以通过手动方式调整灵敏度。这种探测器通常利用其内部的洁净空气连续吹洗激光镜头，使得激光腔免受污染，从而保持长期高灵敏度运行。

早期的探测器通常只具有输出和显示烟雾物理量的功能，而新型智能化的探测器本身就是一台微机控制器，在输出烟雾物理量电信号的同时，还具有声光报警、复位、静音、隔离等火灾报警控制器的特有功能。因此，新型智能化的探测器能够独立使用。

（三）管路采样式吸气探测器的类型与运用

吸气式探测器（简称探测器）依据不同的划分标准，可以分为以下几类：

1. 按照样品的检测方式不同分类。

探测器按照空气样品的检测方式不同，分为光散射型、云室型和粒子计数型。

（1）光散射型探测器。

空气样品持续不断地通过一个发出高能脉冲光源的探测腔，任何空气样品中的烟雾颗粒都将导致该光源发生散射，并由一个固态光源接收器来分析散射光强度，散射光强度同烟雾颗粒浓度成一定的比例关系，将散射光强度的变化转换成电信号，从而实现烟雾探测。

光散射型探测器对闷烧颗粒和电线电缆过载的阴燃颗粒有很好的灵敏度，特别适合在需要早期探测的场合下应用。但是这类探测器容易受到灰尘的干扰，因此需要增加过滤设备、电子除尘装置等。

（2）云室型探测器。

空气样品持续不断地通过充满水蒸气的探测腔，因任何空气样品中的微小烟雾粒子都会使水蒸气在其周围凝结成大小均匀的水滴，然后可采用 LED 脉冲光源定期测量水滴的数量。

云室型探测器对火焰燃烧颗粒有很好的反应，但对闷烧型烟雾颗粒以及类似属性的烟雾颗粒反应不灵敏，因此限制了它作为早期烟雾探测器的使用范围。另外，由于云室腔内的水滴会被消耗，所以需要经常维护。

（3）粒子计数型探测器。

空气样品持续不断地通过一股激光束，然后测量每一烟雾颗粒引起的光散射，这样就可以得到一个与穿越激光光束的烟雾颗粒数量有关的输出。粒子计数系统对闷烧颗粒和电线电缆过载阴燃颗粒都很灵敏，但由于其输出同空气流量成比例，所以对空气流速控制要求很高。

2. 按照响应阈值范围灵敏度不同分类。

探测器按照响应阈值范围灵敏度不同，分为普通型、灵敏型和高灵敏型。

（1）普通型吸气式感烟探测器的响应阈值范围大于 2% obs/m。

（2）灵敏型吸气式感烟探测器的响应阈值范围在 0.8%～2% obs/m 之间。

（3）高灵敏型吸气式感烟探测器的响应阈值范围小于 0.8% obs/m。

探测器的响应阈值范围用遮光率来衡量，其数量体现了探测器的响应灵敏度。烟雾的遮光率是烟雾对光线的遮挡程度，用空气中烟雾含量或浓度的百分数表示，计量单位为 obs/m。通过该计量单位可以看出，响应灵敏度是该数量级浓度的烟雾在 1m 的距离上，遮挡住通过光线的对应百分数。

探测器是管路采样式吸气烟雾探测系统的心脏，探测器的响应灵敏度是管路采样式吸气烟雾探测系统是否灵敏的重要标志。但并不能说采用高灵敏型探测器就构成了高灵敏的管路采样式吸气烟雾探测系统。这是因为整体系统的灵敏度还与采样孔的数量有关。在采样管网的气流非常平衡、孔设计得非常均匀的条件下，采样孔的灵敏度与探测器的灵敏度之间具有如下关系：

采样孔的灵敏度＝探测器的响应阈值×采样孔数量

例如，使用一台阈值范围为 0.05% obs/m 的高灵敏型探测器，在采样管网上开了 100 个孔，则单个采样孔的灵敏度为 5% obs/m 时，会使系统响应；

而一台阈值范围为 0.5% obs/m 的探测器，如果只在采样管网上开 10 个孔，则单个采样孔的灵敏度也是 5% obs/m 时使系统响应。

从上面的数据可以看出，系统的采样孔越多，相对于每个采样孔的灵敏度就会越低。所以为了保证系统的可靠性和灵敏度，不允许无限制地开孔。其实很容易理解，开孔过多，使得每个采样孔的吸力会严重不足，将导致每个采样孔的实际灵敏度下降。通常的做法是一个吸气式探测器最大可以保护 $2000m^2$，最长可以安装 200m 采样管，采样管上最多可以开 100 个采样孔。

3. 按照报警功能构成方式不同分类。

探测器按照报警功能构成方式不同，分为探测型和探测报警型。

探测型吸气式烟雾探测器不具有复位、静音、隔离等功能，不能够脱离消防报警控制器而独立使用，所有对探测器的操作均要通过消防报警控制器来完成。

探测报警型吸气式烟雾探测报警器具有复位、静音、隔离等功能，可以独立使用，同时可以对报警信号进行本地或远程输出。

（四）吸气式烟雾探测的极早期探测特性

吸气式烟雾探测的极早期探测特性如图 5-3-2 所示。

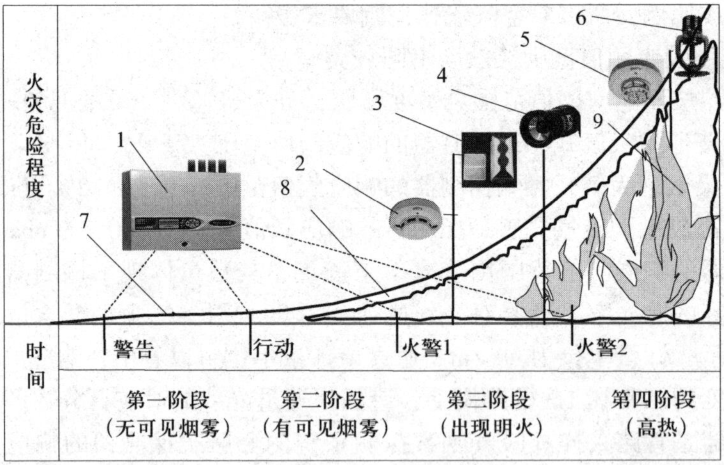

1——吸气式探测器；2——传统点型感烟火灾探测器；3——线型光束感烟火灾探测器；
4——火焰探测器；5——传统点型感温火灾探测器；6——玻璃球洒水喷头；
7——不可见烟雾曲线；8——可见烟雾曲线；9——明火

图 5-3-2　吸气式烟雾探测的极早期探测特性图

1. 第一级“警告”，表明系统已经检测出一些异常现象，应当进行检查；
2. 第二级“行动”，表明有火灾隐患存在，应开始采取措施；
3. 第三级“火警 1”，表明有较多烟雾出现或已经开始燃烧；

4. 第四级“火警 2”，表明火灾处于发展阶段，现场有强烈热辐射。

吸气式烟雾探测系统的四级报警，覆盖了火灾初期阶段的整个过程，即发热、冒烟、燃烧和高温。它不像传统点型感烟探测器那样要在产生一定可见烟雾后才能发出警报，而是在非常早的阶段就发现了火灾前兆。另外，吸气式烟雾探测系统各级报警阈值可任意设定。

二、管路采样式吸气感烟火灾探测报警系统

在实际工程中，管路采样式吸气烟雾探测系统很少独立使用，而是将管路采样式吸气烟雾探测系统接入传统火灾探测报警系统后，形成管路采样式吸气烟雾探测系统来使用。

（一）系统网络构成

依据工程需要和不同厂家产品的特点，将管路采样式吸气烟雾探测系统与传统火灾探测报警系统相结合，形成管路采样式吸气烟雾探测系统。管路采样式吸气烟雾探测系统有不同的网络构成方式。

1. 环路网络与开路网络。

为便于集中监控和统一管理，对于一座建筑物内安装有多台吸气式探测器设备时，需要组网。网络通过计算机利用专用管理软件完成所有设备的参数设定，以图形形式显示所有的报警和故障信息、显示报警地点、显示烟雾浓度变化曲线，储存打印所有事件记录等。

通常吸气式探测器具有 RS-485 通信接口，利用该接口可以形成环路网络或开路网络。图 5-3-3 所示是环路连接形成的本地管理网络模式。

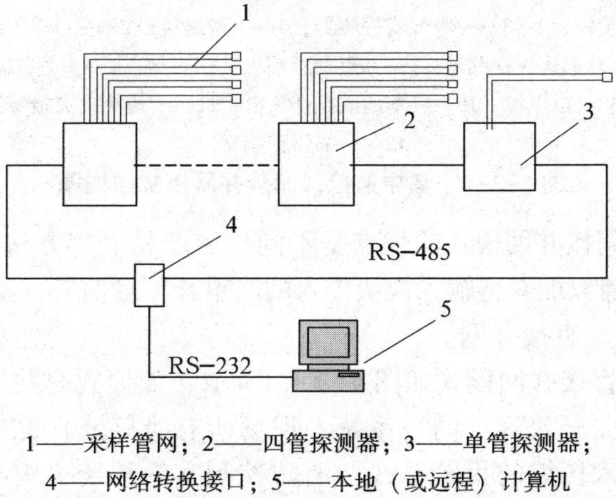

1——采样管网；2——四管探测器；3——单管探测器；
4——网络转换接口；5——本地（或远程）计算机

图 5-3-3　环路连接本地管理网络模式图

该网络是容错网络，即当一处接点损坏、断开时网络仍能正常工作，安全稳定性好。RS-485 接口可通过接口设备转变为 RS232 接口，经调制解调器，通过电话线向远方计算机发送报警信号和相关参数，并通过 RS232 接口提供开放的通信协议，使设备接入其他监控系统。

开路网络适用于设备间距较远、保护区域较大的场所。

2. 集中监控、间接并网。

集中监控、间接并网模式如图 5-3-4 所示。现场所有吸气式探测器通过 RS-485（两芯屏蔽信号）线连接成闭环网络，由布置在消防控制室的监控计算机进行显示和编程。同时利用现场吸气式探测器上的输出继电器，通过传统的接收输入编码模块，向消防控制室的火灾报警控制器提供相应报警信号。

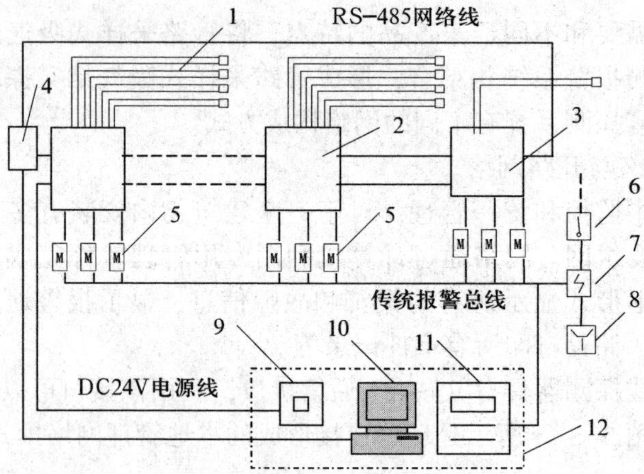

1——采样管网；2、3——吸气式探测器；4——网络接口；5——接收编码模块；
6——点型感温火灾探测器；7——点型感烟火灾探测器；8——手动报警按钮；
9——24V 供电电源；10——本地监控计算机；11——传统火灾报警控制器；
12——消防控制室

图 5-3-4 集中监控、间接并网模式结构图

集中监控、间接并网模式的优点是不同厂家产品兼容方法简单可靠；缺点是火灾报警控制器只能获得输入模块传入的简单开关量信号，监控信息不全面。

3. 统一管理、直接并网。

统一管理、直接并网模式如图 5-3-5 所示。该模式是将吸气式探测设备与传统探测设备完全兼容于同一系统。现场所有吸气式探测器各自独立占用地址码，直接接入传统的报警总线，消防控制室的传统火灾报警控制器通过报警总线直接管理（监控、显示和编程）每个吸气式探测器。控制室的计算机只起到辅助显示管理的作用。

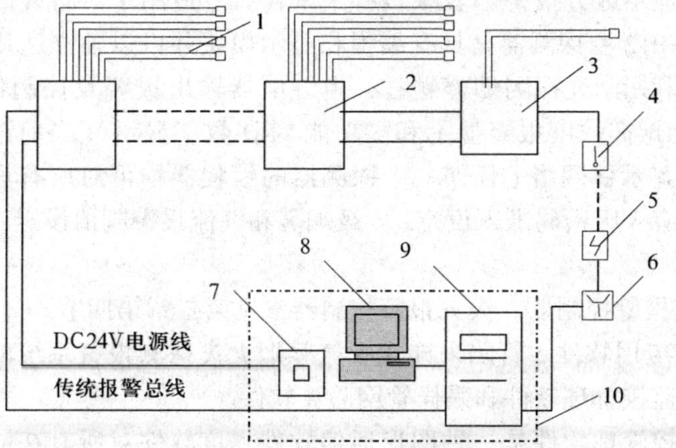

1——采样管网；2、3——吸气式探测器；4——点型感温探测器；5——点型感烟探测器；6——手动报警按钮；7——24V 供电电源；8——辅助计算机；9——传统火灾报警控制器；10——消防控制室

图 5-3-5　统一管理、直接并网模式结构图

吸气式探测设备与传统探测设备同时连接在总线上，这种方法的并网效果最完善、最彻底、最充分、最有效，但要求两种设备在软件和硬件技术上必须兼容，目前只有少数厂商生产兼有此两种技术的系列产品。

（二）系统主要设备的性能

管路采样式吸气感烟火灾探测报警系统主要设备包括采样管网、吸气式探测器（简称探测器）、火灾报警控制器、系统应用软件及电源、监控显示设备等。

1. 采样管网。采样管网是安装在保护现场，用于采集与传输空气样品的管道。常见的采样管网类型有标准管道采样、毛细管采样及回风采样等。标准管道采样是利用标准规格内径的管道布置在探测区的顶棚下、吊顶内、地板下或机柜上的管网采样方式；毛细管采样是利用毛细管从主干采样上分支出来，进入被保护区域内部的采样方式；回风采样是利用标准管道布置在强风气流的空调回风口或风道内、机械通风系统的回风栅网附近进行的集中采样。不同采样方式有不同的应用特点，在实际应用中，可以同时采用两种或多种采样方法，以达到最佳的检测效果。关于采样管网的相关内容将在本节之后的内容中介绍。

2. VLP-012 型探测器。VLP-012 型探测器是澳大利亚艾克利斯（原 VISION 系统）公司生产的 VLP（即 VESDA LaserPlus）系列产品之一。VESDA 是 Very Early Smoke Detection 的缩略语。VLP 系列探测器通常可接 4

根采样管，但不区分报警烟雾来自哪个采样管。适用于对打开的通透大空间保护。VLP-012型探测器是具有编程和显示模块并可以独立适用的标准探测器。探测器利用激光探测烟雾颗粒，由继电器输出报警及控制信号；具有4级20段光标烟雾浓度报警显示和多功能LED数字显示（当前浓度、报警阀值）及故障显示；网络上任何一个探测器的编程器均可对所有设备进行编程和查看，具有3级密码准入设定，4级烟雾和气流报警阀值设定，并具有自动学习功能。

3. 火灾报警控制器。火灾报警控制器参见第二章第四节。

4. 系统应用软件。管路采样式吸气感烟火灾探测报警系统的应用软件通常包括系统监控管理软件和采样管网验算软件。

系统监控管理软件是一种图形通信软件，该软件对所有在同一系统网络上的吸气式探测器实施编程、操作、维护、调试等管理活动，并确保网络系统设备正常运行。

采样管网验算软件是一套用于简化和优化采样管网设计的应用软件。在该软件界面下，通过输入采样管的长度、弯曲情况和采样孔情况等数据，模拟采样系统的实际情况，估算采样管网设计的可靠性，并给出相关参数的报告。

（三）系统适用范围

管路采样式吸气感烟火灾探测报警系统主要用于下列场所：

1. 具有高速气流的场所；

2. 点型感烟、感温火灾探测器不适宜的大空间、舞台上方、建筑高度超过12m或有特殊要求的场所；

3. 低温场所；

4. 需要进行隐蔽探测的场所；

5. 需要进行火灾早期探测的重要场所；

6. 人员不宜进入的场所。

另外，在灰尘比较大的场所，应选择具有过滤网和管路自动清洗功能的管路采样式吸气感烟火灾探测器；在管路采样式吸气感烟火灾探测器用于高度大于12m的空间场所，探测器的采样管宜采用水平和垂直结合的布管方式，应保证至少有2个采样孔在16m以下，且宜有2个采样孔设置在开窗或通风空调对流层下面1m处，同时可在回风口处设置起辅助报警作用的采样孔。

三、采样管网的设计

采样管网是管路采样式吸气感烟火灾探测报警系统中的现场设备。这部分设备都是打孔的管道，看似比较简单，但确实又含有较高的技术含量。例如，采样点布置在什么地方？采样点处开孔孔径多大？环境气流对管路采样式吸气感烟火灾探测报警系统的影响如何？

（一）采样管网的基本类型

采样管网是安装在探测现场内，用于采集和传送空气样品的管道。依据保护现场需要，采样管网的布置形式有多种，常见的有标准管道采样、毛细管采样及回风采样等。不同采样方式有不同的应用特点，在实际应用中，可以采用两种或多种采样方法，以达到最佳效果。

1. 标准管道采样。

标准管道采样是指利用内径 20～22mm、外径 25mm 的红色难燃塑料管或金属管，布置在探测区的顶棚下、吊顶内、地板下或机柜自然通风格栅处构成的管网采样方式。管道上按照传统点型感烟探测器的设置位置设置采样点，通过采样点开孔将现场空气样品传输到吸气式探测器内，并在采样管的末端安装末端帽，末端帽上也开有适当的孔，以平衡不同采样点的烟雾灵敏度。

（1）天花板下采样是将采样管水平安装于保护区天花板下。对于高大宽敞的大厅，由于空气对流会形成不同的空气烟雾分层，此时沿着墙壁设置一段竖管，并在不同的高度开采样孔。具体如图 5-3-6 所示。

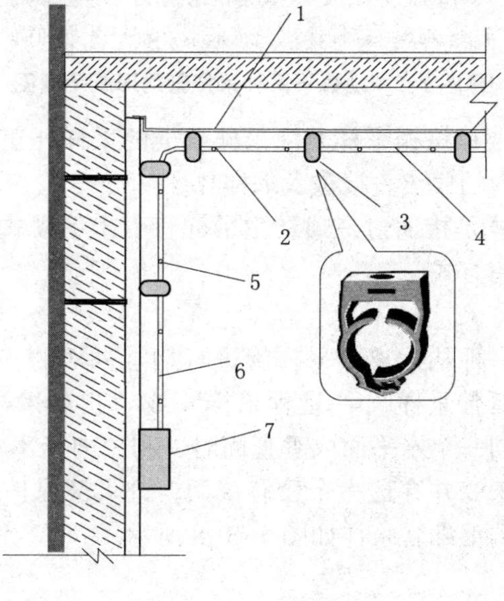

1——天花板；2——采样孔；3——安装卡；4——水平采样管；
5——竖管采样孔；6——竖直采样管；7——吸气式探测器

图 5-3-6　沿天花板下与墙侧采样示意图

天花板下采样时，采样孔的孔径一般为2~4mm，采样孔与天花板的距离为25~600mm，并使采样孔面向室内。采样点间的距离及相邻的管道间的距离不超过9m。

（2）天花板内和地板下采样通常用于计算机机房等场所。为了避免采样管网与地板下的线缆交错，可采用立式管道采样，具体如图5-3-7所示。

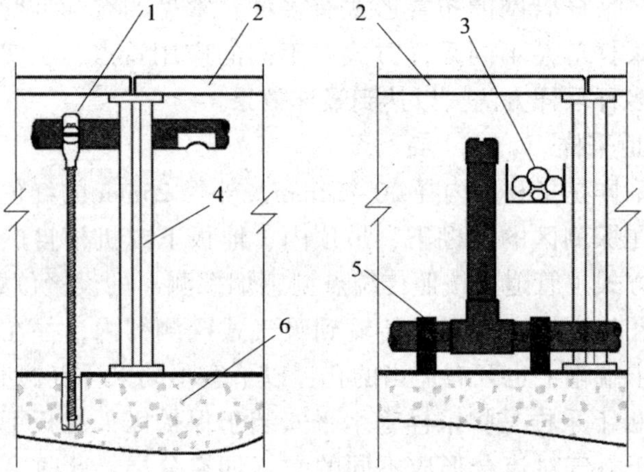

(a) 常用管网形式　　(b) 立式管形式

1——固定支架；2——防静电地板；3——电缆架；
4——地板支撑件；5——安装卡；6——水泥地面

图5-3-7　地板下两种采样管网形式示意图

（3）机柜自然通风格栅采样要使采样管上的采样孔正对着机柜上部的通风格栅，以便机柜内的气流直接进入采样孔。

（4）手杖式采样是指通过三通从主采样管引出手杖式采样点，末端在梁内贴顶板开孔采样的方式。

2. 毛细管采样。

毛细管采样是一种从远离主采样管进行烟雾采样的一种采样方式，所以毛细管采样又称“延伸采样”、“远程采样”或“扩展采样”。它是指当采样管道与采样点不在同一个水平面或垂直面时，利用内径不小于5mm的管道从主干采样上分支出来，并穿透一个已有截面，进入被保护区域（设备）内部的采样方式。典型的毛细管采样如图5-3-8所示。

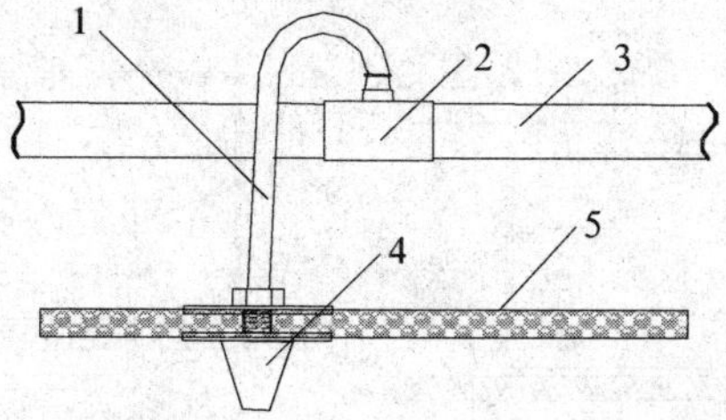

1——毛细管；2——三通适配器；3——主采样管；4——采样点装置；5——天花板

图 5-3-8　典型的毛细管采样示意图

毛细管采样以标准管道采样为前提，特别适用于当主采样管由于技术原因或者审美原因无法布置于保护区的情况。当采样管道采用毛细管布置方式时，毛细管长度不宜超过 4m。毛细管采样在实际应用中可变换为隐藏式采样、机柜内采样及下拉管采样等。

（1）隐藏式采样是指毛细管一端与主采样管相连，另一端灵活地穿过某些区域后隐藏于天花板突起处后，或缠绕过天花板檐口，或缠绕于灯具吊链上。具体举例如图 5-3-9 所示。

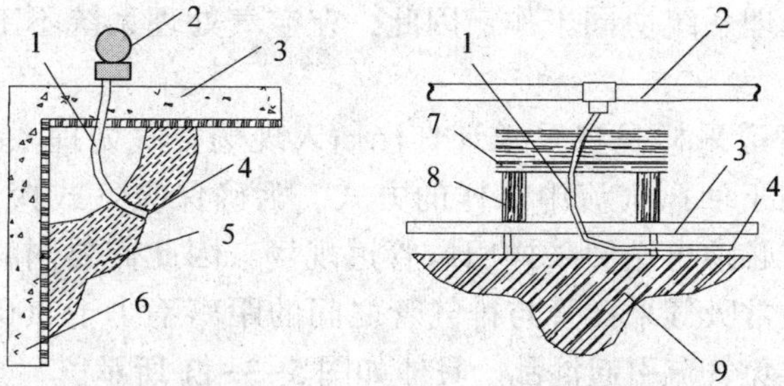

(a) 穿过檐口隐藏采样　　(b) 天花板下突起处隐藏采样

1——毛细管；2——主采样管；3——天花板；4——采样点；5——檐口；
6——墙体；7——支撑架；8——天花板梁；9——突起

图 5-3-9　隐藏式采样示意图

（2）机柜内采样是指利用毛细管采样方式，将毛细管伸入到被保护机柜内上部进行空气采样的方式。它特别适合于开关控制台、各种机柜、设备架等部位。

机柜内采样可以将主干采样管安装于机柜上面，然后将毛细管置于机柜内；也可从主干采样管分支出来的毛细管从机柜底部进入，但毛细管最后必须伸到机柜内的上部才能有效采样。两种形式具体如图 5-3-10 所示。

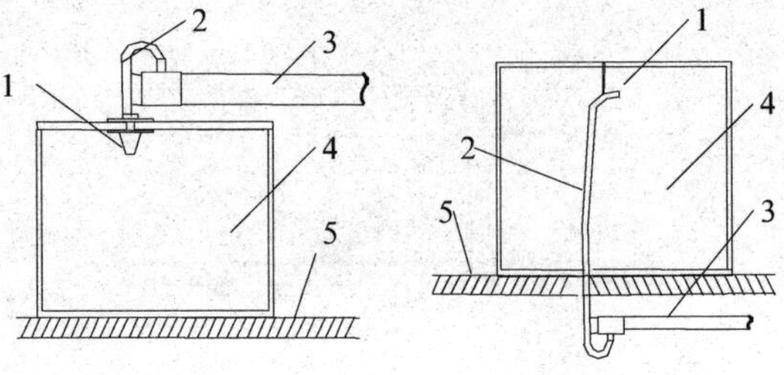

(a) 上端进入采样　　(b) 下端进入采样

1——采样点；2——毛细管；3——主采样管；4——机柜；5——地板

图 5-3-10　机柜内采样示意图

（3）下拉管采样方式是毛细管采样方法的一种变化形式，它通常用一根直径为 12.5mm 的下拉式直管，通过一个“T”形三通接口和变径与主干采样管相连。这种采样方法可用于天花板或机柜内采样，但缺乏毛细管系统的灵活性。

3. 回风采样。

回风采样又称一级采样，是指利用标准管道构成的采样管网布置在空调回风口或风道内、机械通风系统的回风栅网附近进行的集中采样。回风采样与现场的空气处理系统协同工作，因此，在空气处理系统不工作时将无法实施最佳探测。

（1）回风管道采样是将采样管直接插入现场空气处理系统的回风管内，使采样孔直接处于回风气流中采样的方式。为确保吸气式探测器运行稳定，采集的空气样品必须再送回采样回风管道现场，因此需要同时安装吸气采样管和排气管。通常吸气采样管与排气管之间的距离不小于 300mm，并且成斜对角放置，以避免气流引起混乱。具体如图 5-3-11 所示。

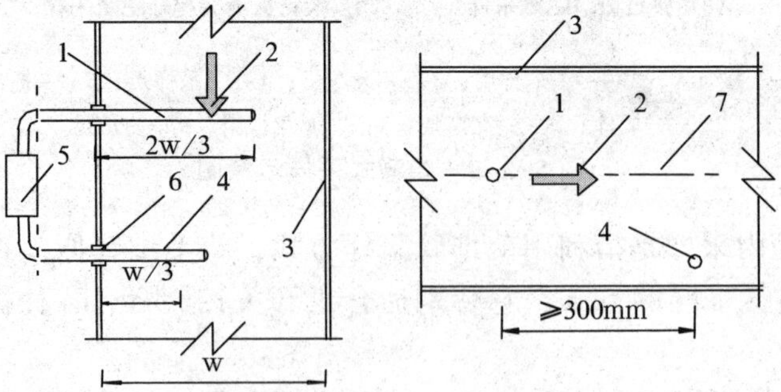

1——采样管；2——回风管道风向；3——回风管道壁；4——排气管；5——探测器；6——密封环；7——回风管道中心线

图 5-3-11　回风管道采样示意图

（2）回风格栅采样是在回风管道表面的格栅外部，安装两根或多根采样管进行采样的方式。回风格栅采样应将采样管放置于最佳气流处，采样孔要面向气流方向。通常采样的直径为 3mm，间距为 100mm；采样管要穿过格栅表面距离格栅 25~200mm；采样管末端必须使用无孔末端帽。具体如图 5-3-12 所示。

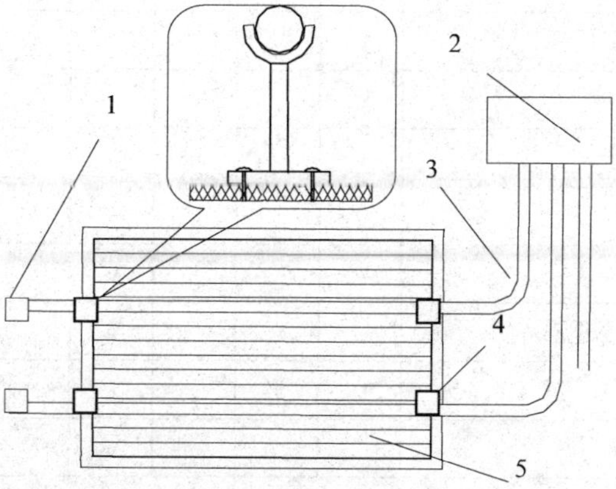

1——无孔末端帽；2——探测器；3——采样管；4——固定支架；5——回风格栅

图 5-3-12　回风格栅采样示意图

（二）采样方式选择

选择合适的采样方式，加上对现场勘测的认真分析，是设计一个合理采样管网的基础。最适合的采样方式可以提供最有效的采样，同时应兼顾现场调查结果、逻辑分区或物理分区。当选定的一种采样方式不能完全有效时，应当复合使用其他采样方式以保证最全面的保护。表 5-3-1 列出了不同场所（或部位）可供选择的采样方式。

表 5-3-1　不同场所采样方式选择举例表

场所	标准采样			毛细采样			回风采样	
	1	2	3	4	5	6	7	8
机房、电子设备室	√	√	√		√	√	√	√
洁净室		√					√	√
礼堂、前厅	√			√			√	√
仓库、电缆通道	√							
舞台、演播厅	√			√			√	√
古建筑		√		√				

续表

场所	标准采样			毛细采样			回风采样	
	1	2	3	4	5	6	7	8
图书馆、博物馆				√			√	√
无菌室				√			√	√
面粉加工厂	√				√	√		
制造车间	√		√		√	√	√	√
办公室	√	√		√			√	√
电站	√		√		√	√	√	√
学校	√			√				
电影院、剧院		√		√		√	√	√
超市	√	√		√			√	√
赌场				√		√		
注：1——吊顶下；2——吊顶内或地板下；3——机柜上；4——隐蔽式；5——机柜内；6——下拉管；7——回风管道内；8——回风格栅								

在表 5-3-1 中，同一场所有多种采样方式可供选择，但实际的环境条件会缩小选择范围，因此采样方法的最终决定因素往往是被保护区的现场调查结果。

采样方式选择仅仅为设计施工提供一些思路，并不必严格区别某种设计属于哪一种采样方式，如利用标准管采样方式的吊顶内采样，如图 5-3-13 所示，该设计是非常标准的典型设计，但在实际设计施工中依据现场调研，发现现场具有长期稳定工作的通风系统，于是略微调整为图 5-3-14 所示的设计，这虽然还是原来的标准管道，但实质上已经属于回风采样了。

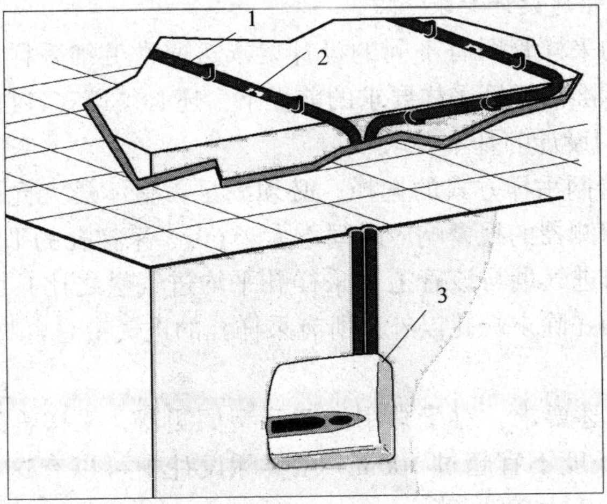

1——采样管；2——采样点（孔）；3——探测器

图 5-3-13　典型标准管（吊顶内）采样示意图

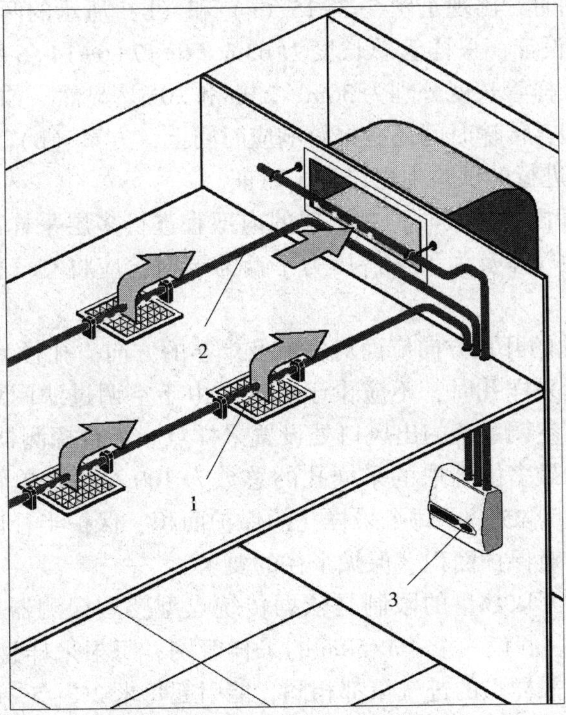

1——采样管；2——采样点（孔）；3——探测器

图 5-3-14　吊顶内设计的回风采样示意图

（三）采样管网设计要求

不同形式的采样管网有不同的设计要求。通常毛细采样和回风采样在遵从基本要求和标准采样管采样要求的前提下，还必须遵守各自的特殊要求。

1. 采样管网设计的基本要求。

（1）采样管网采样方式的选择，必须满足：整体最大允许烟雾传输时间不大于120s、探测器的报警响应时间不大于60s、采样孔的平衡度（最后一个非末端采样孔的进气量与该管道上采样孔平均进气量之比）大于70%、采样孔的气流分配率（除末端孔以外，所有采样孔的进气量总合与总进气量之比）大于70%。

为了满足上述要求，对于常用的四管型探测器，采样管的总长度不宜超过200m，单管长度不宜超过100m。在实际设计中可以有这样的组合：4m×50m、3m×65m、2m×100m等。

要取得最好的性能，必须尽可能使用多根较短的采样管，而不是一根较长的采样管。例如，在同一座长20m、宽20m、高8m的中危险级别设备库房内设计采样管网时，出现了图5-3-15（a）和（b）所示的两种设计方案。方案（a）为单管设计，采样管总长度为63m（6+17+6+14+6+14）；方案（b）为三管设计，采样管长度分别为30m、23m和30m。显然，如果最不利点位置起火，无论从烟雾传输时间还是报警响应时间上，方案（b）都明显优于方案（a）。这在实际进行的试验中也得到了验证。

（2）当仓库内有货架时，在货架的内部宜进行多层采样；当探测区域内有腐蚀性或毒性气体及为了保持压力平衡需要时，应将空气样品引回到被探测区域内。

（3）采样孔的开孔方向应面对气流及烟雾的方向，孔径为2~4mm。在单独的房间内设置采样孔时，不应少于2个。由于空调过滤网对烟雾颗粒的过滤作用，不宜在空调系统的出风口处设置采样点。一台探测器在总长度200m的采样管道上，最多能开取的采样孔的总数为100个。在单管上最多能开取的采样孔的总数为25个。每个采样孔的保护面积、保护半径应符合传统点型感烟火灾探测器对保护面积、保护半径的要求。

关于采样孔开取数量的限制是依据传统点型感烟探测器灵敏度2%~5% obs/m来确定的。假设一个4m×50m的采样管网，每根采样管均开有25个采样点，并且每个采样点的进气量都相同，能引起每米2%~5%遮挡率的烟雾从某一个采样点中被吸入，其余的99个采样点继续抽取没有污染的空气。可以理解为，当烟雾到达探测器时，会以1：99的比率被稀释。这就意味着，吸气式探测器必须对0.02%~0.05%的遮光率烟雾作出反应。而0.02%~0.05%

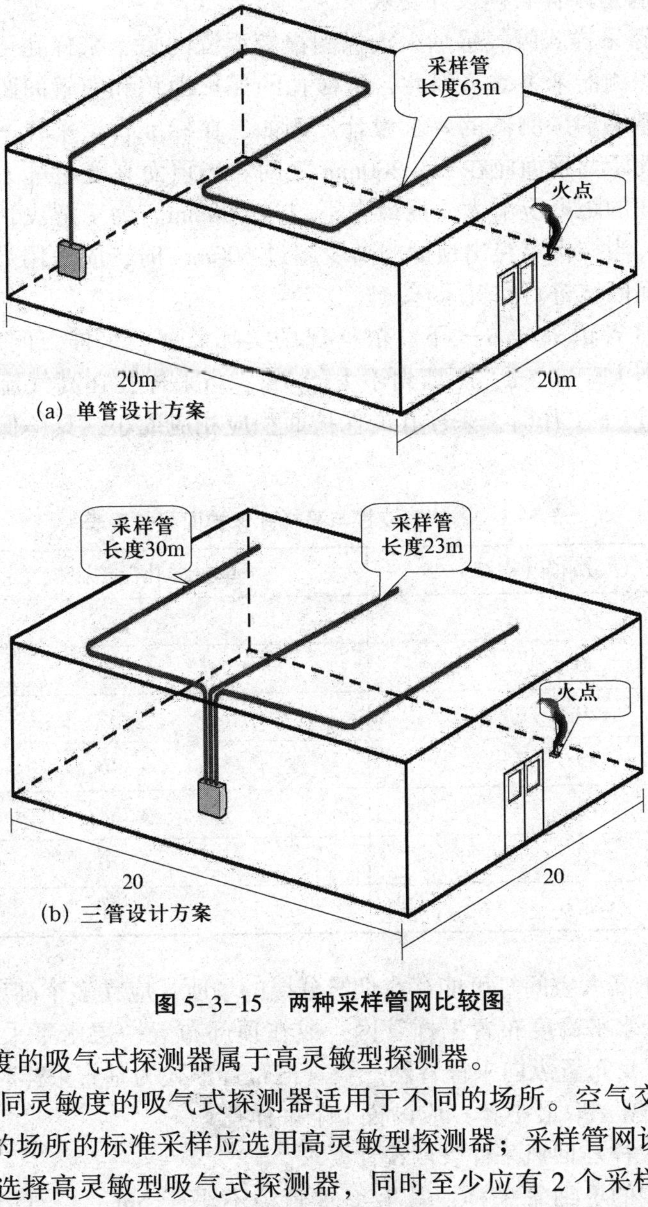

图 5-3-15　两种采样管网比较图

obs/m 灵敏度的吸气式探测器属于高灵敏型探测器。

（4）不同灵敏度的吸气式探测器适用于不同的场所。空气交换率大于等于 20 次/h 的场所的标准采样应选用高灵敏型探测器；采样管网设计高度超过 16m 时，应选择高灵敏型吸气式探测器，同时至少应有 2 个采样孔被布置在 16m 以下区域（2 个采样孔宜设置在开窗或通风空调对流层下面 1m 处）；灵敏度可调的高灵敏度管路采样式吸气感烟火灾探测器必须设置为高灵敏度。

（5）采样管网上所用的采样孔均应处于相同的气压环境中。当采样管道布置形式为垂直采样时，每 2℃温差或 3m 间隔（取最小者）应设置 1 个采样孔。

2. 标准管道采样管网设计要求。

（1）管路采样式吸气感烟火灾探测报警系统的每个采样孔可视作一个传统点型感烟探测器来考虑，因此，采样孔的保护面积和布置间距可按相同条件下传统点型感烟探测器的要求设计。例如，在标准管道采样吊顶下布置管网时，采样孔距离顶面应在 25~200mm 之间。当顶面高度超过 13m 时，采样孔与顶面之间的距离应增大，但最大不超过 600mm。为了解决顶棚梁对烟雾的阻挡问题，当结构梁突出顶棚的高度超过 600mm 时，应采用带弯头的手杖式立管对梁间区域进行空气采样。

（2）标准管道采样方式下，依据现场实际需要，采样点间隔为 1~9m，采样点距墙不大于 4.5m，距墙角不大于 7m。当采样孔在高气流环境（交换率>8.6 次/h）下工作时，采样孔的保护面积应相应缩小，具体保护面积见表 5-3-2 所示。

表 5-3-2 空气交换与采样孔保护面积关系表

现场空气交换率（次/h）	单采样孔保护面积（m^2）
60	12
30	23
20	35
15	46
12	58
10	70
≤8.6	81

（3）对于高大空间等可能存在烟雾分层的场所，应在多个高度进行采样。可采取在多个水平高度布置采样管网，或在顶部布置一层水平采样管网的同时，再向下垂直布置纵向采样管网。当管道布置形式为垂直采样时，每 2℃ 温差或每 3m 间隔（取最小者）应设置 1 个采样孔。

3. 毛细采样与回风采样管网设计要求。

（1）典型的毛细管采样，其毛细管管径不小于 5mm，长度最大不超过 4m，并且连接不同采样点的毛细管的长度应尽量一致。为保证气流速度和平衡采样管网络，毛细管的长度每增加 2m，其直径需增加 1mm。

（2）对于密闭的机柜，应将毛细采样管深入柜内进行采样；对于顶部具有通风口的机柜，应将采样管网布置在机柜上方。

（3）下拉管采样所使用的下拉支管内径通常为 12.5mm，并不要求太粗。

其目的在于减小下拉支管内部空间体积，因为较大的体积空间可能会延长反应时间。下拉支管最大长度为4m，并且必须使用开有合适孔径的末端堵头封堵。

(4) 采用回风采样方式时，每个采样孔的最大保护面积不宜超过$0.36m^2$。利用回风管道内采样时，应将探测器的采样管和排气管都插入到回风管道内部。

第四节　住宅建筑火灾自动报警系统

内容提要：本节主要介绍住宅建筑火灾自动报警系统的规定、类型、组成及其设计应用基本要求。

一、住宅建筑火灾自动报警系统的规定

(一) 住宅建筑火灾自动报警系统的分类

本着安全可靠、经济适用的原则，住宅建筑火灾自动报警系统可根据实际应用过程中保护对象的具体情况分为A类、B类、C类、D类四种类型：

1. A类系统可由火灾报警控制器、手动火灾报警按钮、家用火灾探测器、火灾声警报器、应急广播等设备组成。

2. B类系统可由控制中心监控设备、家用火灾报警控制器、家用火灾探测器、火灾声警报器等设备组成。

3. C类系统可由家用火灾报警控制器、家用火灾探测器、火灾声警报器等设备组成。

4. D类系统可由独立式火灾探测报警器、火灾声警报器等设备组成。

(二) 住宅建筑火灾自动报警系统的选择

在系统设计时，应结合建筑管理和消防设施设置情况，选择合适的系统构成。住宅建筑火灾自动报警系统的选择应符合下列规定：

1. 有物业集中监控管理且设有需联动控制的消防设施的住宅建筑应选用A类系统。

2. 仅有物业集中监控管理的住宅建筑宜选用A类或B类系统。

3. 没有物业集中监控管理的住宅建筑宜选用C类系统。

4. 别墅式住宅和已投入使用的住宅建筑可选用D类系统。

二、住宅建筑火灾自动报警系统的设计

（一）A 类系统的设计

A 类系统的设计应符合下列规定：

1. 系统在公共部位的设计应符合《火灾自动报警系统设计规范》（GB 50116-2013）的第 3~6 章的规定。

2. 住户内设置的家用火灾探测器可接入家用火灾报警控制器，也可直接接入火灾报警控制器。

3. 设置的家用火灾报警控制器应将火灾报警信息、故障信息等相关信传输给相连接的火灾报警控制器。

4. 建筑公共部位设置的火灾探测器应直接接入火灾报警控制器。

根据上述规定，A 类系统的设计有两种，可根据实际情况任选一种。

1. 住户内设置的家用火灾探测器直接接入火灾报警控制器，如图 5-4-1 所示。

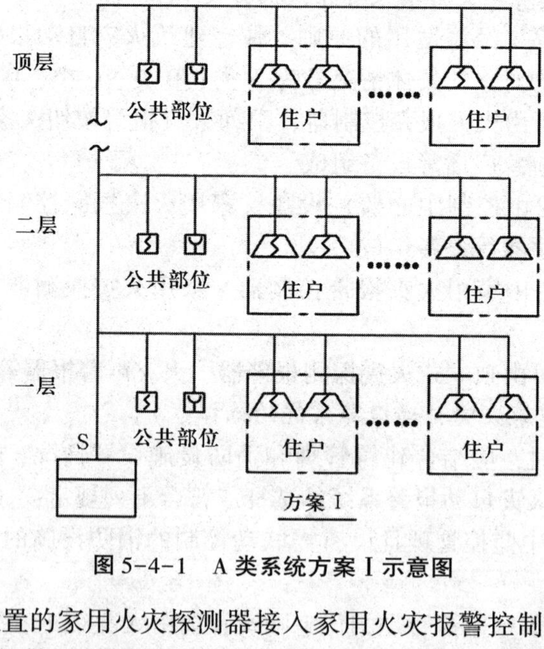

图 5-4-1　A 类系统方案 I 示意图

2. 住户内设置的家用火灾探测器接入家用火灾报警控制器，如图 5-4-2 所示。家用火灾报警控制器除连接住户内的家用感烟火灾探测器之外，还连接了空调温控器、电动窗帘控制器、被动红外入侵探测器、玻璃破碎探测器等设备，具有火灾报警、安全防范和舒适性控制等功能。家用火灾报警控制器分别通过报警总线和超 5 类网线与合用控制室的火灾报警控制器和管理服

务器相连。通过报警总线传递火灾报警信息，通过网线进行其他信息的交互。

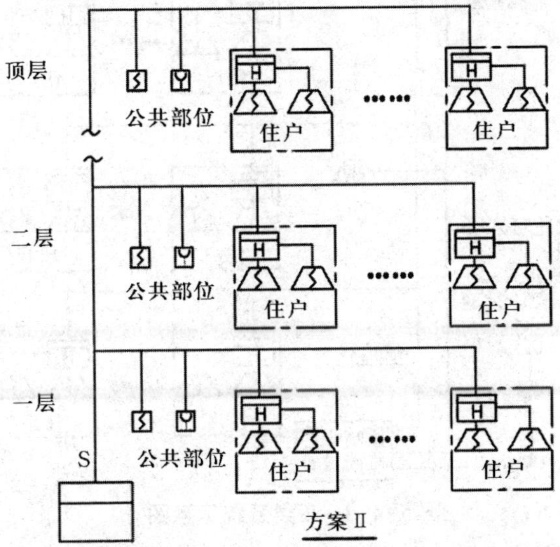

图 5-4-2 A 类系统方案Ⅱ示意图

（二）B 类系统的设计

B 类系统的设计应符合下列规定：

1. 住户内设置的家用火灾探测器应接入家用火灾报警控制器。

2. 家用火灾报警控制器应能启动设置在公共部位的火灾声警报器。

3. 设置在每户住宅内的家用火灾报警控制器应连接到控制中心监控设备，控制中心监控设备应能显示发生火灾的住户。

根据上述规定，B 类系统的设计如图 5-4-3 所示。居民住宅应设置家用火灾探测器和家用火灾报警控制器，且住宅物业管理中心应设置控制中心监控设备，对居民住宅的报警信号进行集中管理；当控制中心监控设备接收到居民住宅的火灾报警信号后，应启动设置在公共区域的火灾声警报器，提醒住宅内的其他居民迅速撤离。在 B 类系统中，可燃气体探测器可接入家用火灾报警控制器。家用火灾报警控制器通过超 5 类网线与中控室的控制中心监控设备相连，通过网线进行报警信息及其他信息的交互，家用火灾报警控制器或手动火灾报警按钮报警后由控制中心监控设备启动公共区域的火灾警报器。

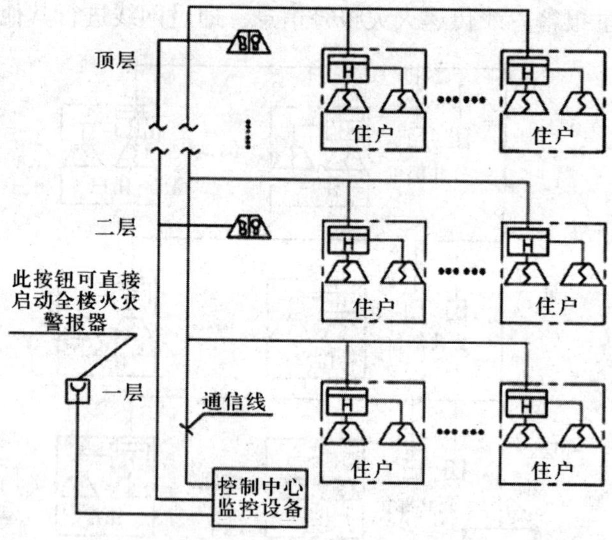

图 5-4-3 B 类系统示意图

（三）C 类系统的设计

C 类系统的设计应符合下列规定：

1. 住户内设置的家用火灾探测器应接入家用火灾报警控制器。

2. 家用火灾报警控制器应能启动设置在公共部位的火灾声警报器。

根据上述规定，C 类系统的设计如图 5-4-4 所示。住户内设置的家用火

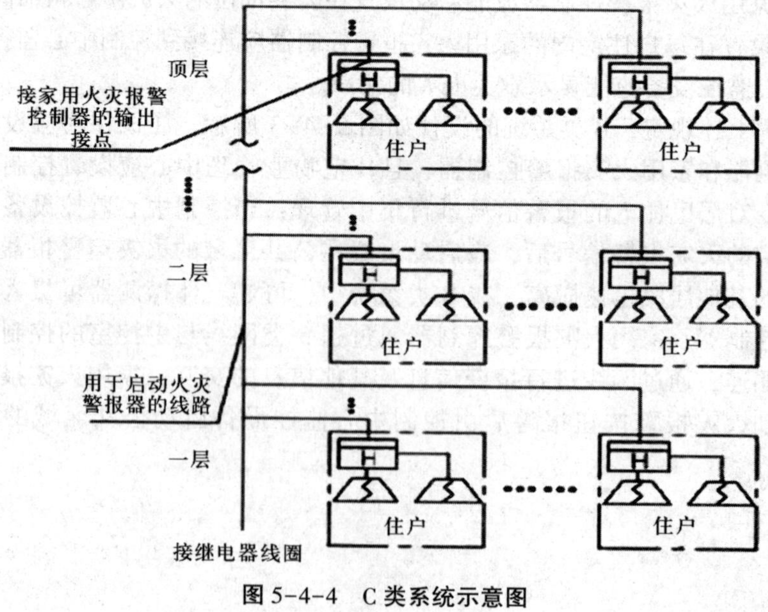

图 5-4-4 C 类系统示意图

灾探测器应接入家用火灾报警控制器。当住宅内发出火灾报警信号后，应启动设置在住宅公共区域的火灾声警报器，提醒住宅内的其他居民迅速撤离。在C类系统中，可燃气体探测器可接入家用火灾报警控制器。公共区域的火灾警报器由家用火灾报警控制器或手动火灾报警按钮报警直接启动。

(四) D类系统的设计

D类系统的设计应符合下列规定：

1. 有多个起居室的住户，宜采用互连型独立式火灾探测报警器（一个探测器报警，其余探测器同时报警）。

2. 宜选择电池供电时间不少于3年的独立式火灾探测报警器。

D类系统的设计如图5-4-5所示。

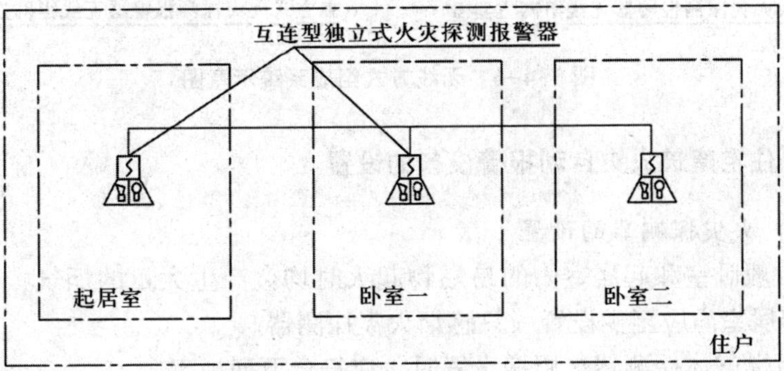

图5-4-5　D类系统示意图

(五) 采用无线方式组成系统的设计

在采用无线通信方式将独立式火灾探测报警器组成家用火灾安全系统时，尤其是对于已投入使用的住宅，可根据实际情况采用有线、无线或两者相结合的方式组建A类、B类或C类系统，在这种情况下，其设计应符合A类、B类或C类系统之一的设计要求。图5-4-6给出了3种无线方式组成系统的方案。

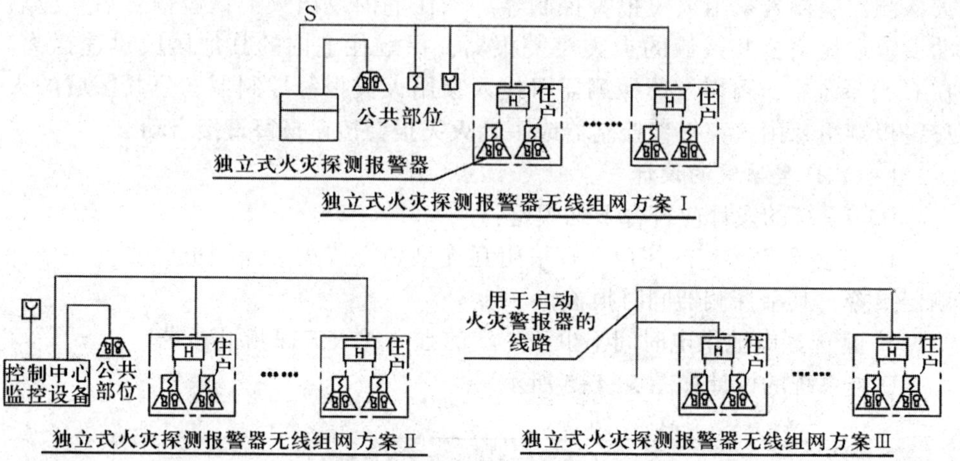

图 5-4-6 无线方式组成系统示意图

三、住宅建筑火灾自动报警设备的设置

（一）火灾探测器的设置

1. 一般卧室和起居室内的易燃物起火时均会产生大量的烟气，因此每间卧室、起居室内应至少设置一只感烟火灾探测器。

2. 可燃气体探测器在厨房设置时，应符合下列规定：

（1）使用天然气的用户应选择甲烷探测器，使用液化气的用户应选择丙烷探测器，使用煤制气的用户应选择一氧化碳探测器。因为不同的探测器适用于探测不同的气体，且传感器类型建议选择红外传感器或电化学传感器。

（2）连接燃气灶具的软管及接头在橱柜内部时，探测器宜设置在橱柜内部。

（3）甲烷探测器应设置在厨房顶部，丙烷探测器应设置在厨房下部，一氧化碳探测器可设置在厨房下部，也可设置在其他部位。因为不同燃气的密度不一样，有些气体的密度比空气小，如甲烷，一旦泄漏就会漂浮在住宅的顶部；而丙烷的密度比空气大，一旦泄漏就会下沉到厨房的下部，因此探测器应该根据用户选择的燃气设置在相应的部位。

（4）可燃气体探测器不宜设置在灶具正上方。

（5）可燃气体探测器一旦报警，一般情况下应直接联动关断燃气供应的阀门，所以宜采用具有联动关断燃气关断阀功能的可燃气体探测器。

（6）探测器联动的燃气关断阀宜为用户可以自己复位的关断阀，并应具有胶管脱落自动保护功能。如果采用用户自己不能复位的阀门，一旦用气时不慎导致报警器报警而联动关断了供气阀门，势必需要专业人员过来复位，这样就给人们的生活带来了不便，因此，建议选择用户自己能复位，且安装在燃气表后面的电动阀。胶管脱落自动保护功能就是当燃气胶管突然脱落时会迅速切断燃气供应，防止燃气的大面积泄漏。

（二）家用火灾报警控制器的设置

家用火灾报警控制器应独立设置在每户内，且应设置在明显和便于操作的部位。当采用壁挂方式安装时，其底边距地高度宜为1.3m~1.5m。具有可视对讲功能的家用火灾报警控制器宜设置在进户门附近，可以与可视对讲系统结合使用，也可以与防盗系统结合使用，设置在门口处方便布防和撤防。

（三）火灾声警报器的设置

住宅建筑在发生火灾时可能会影响到整个建筑内住户的安全，应该有及时的火灾警报或语音信号通知，以便有效引导有关人员及时疏散。为了使住户都能听到火灾警报和语音提示，要求住宅建筑公共部位设置的火灾声警报器应具有语音功能，且应能接受联动控制或由手动火灾报警按钮信号直接控制发出警报。每台警报器覆盖的楼层不应超过3层，且首层明显部位应设置用于直接启动火灾声警报器的手动火灾报警按钮。这样也为人员发现火灾后及时启动火灾声警报器提供了技术手段。

（四）应急广播的设置

住宅建筑内设置的应急广播应能接受联动控制或由手动火灾报警按钮信号直接控制进行广播。每台扬声器覆盖的楼层不应超过3层。广播功率放大器应具有消防电话插孔，消防电话插入后应能直接讲话。为了防止发生火灾时，供电中断而导致广播不能工作，广播功率放大器应配有备用电池，电池持续工作不能达到1h时，应能向消防控制室或物业值班室发送报警信息。为了保证消防人员到场后，能尽快且方便地使用广播指挥大家疏散，广播功率放大器应设置在首层内走道侧面墙上，箱体面板应有防止非专业人员打开的措施。

复习思考题：

1. 简述光栅光纤感温火灾探测报警系统的构成与原理。
2. 为什么说分布式光纤传感技术是比光栅光纤传感技术更加先进的传感技术？
3. 简述采样管网设计的基本要求。
4. 简述住宅建筑火灾自动报警系统的分类和选择。

第六章　系统的竣工验收与维护管理

内容提要：本章主要介绍火灾自动报警系统的竣工验收、启用条件、相关设备性能检查方法以及维护管理要点。

第一节　系统验收组织准备

内容提要：本节主要介绍火灾自动报警系统正式竣工验收之前，有关内部调试、内部验收的相关要求。

一、验收前的系统调试

（一）系统调试的一般要求

1. 火灾自动报警系统的调试，应在系统施工结束后进行。

2. 火灾自动报警系统调试前应具备相关文件及调试必需的其他文件。

3. 调试负责人必须由有资格的专业技术人员担任，所有参加调试的人员应职责明确，并应按照调试程序工作。

（二）系统调试前的准备工作

1. 调试前应按设计要求查验设备的规格、型号、数量、备品备件等。

2. 应按要求检查系统的施工质量。对属于施工中出现的问题，应同有关单位协商解决，并作文字记录。

3. 应按要求检查系统线路，对于错线、开路、虚焊和短路等应进行处理。

（三）火灾自动报警系统调试

1. 火灾自动报警系统调试，应对火灾探测器、区域火灾报警控制器、集中火灾报警控制器、火灾警报装置和消防控制设备等逐个进行单机通电检查，正常后方可进行系统调试。

2. 火灾自动报警系统通电后，应按现行国家标准《火灾报警控制器》（GB 4717-2005）的有关要求，对火灾报警控制器进行下列功能检查：

（1）火灾报警、操作级别、火警优先、自检功能；

（2）消音、复位功能；

（3）故障报警功能；

（4）检查屏蔽功能；

（5）报警记忆功能；

（6）电源自动转换和备用电源的自动充电功能；

（7）备用电源的欠压和过压报警功能。

3. 检查火灾自动报警系统的主电源和备用电源，其容量应分别符合现行有关国家标准的要求，在备用电源连续充放电 3 次后，主电源和备用电源应能自动转换。

4. 应采用专用的检查仪器对探测器逐个进行试验，其动作应准确无误。

5. 应分别用主电源和备用电源供电，检查火灾自动报警系统的各项控制功能和联动功能。

6. 火灾自动报警系统应在运行 120h 无故障后，按表 6－1－1 填写调试报告。

表 6-1-1　火灾自动报警系统调试报告

<table>
<tr><td>工程名称</td><td colspan="2"></td><td>工程地址</td><td colspan="3"></td></tr>
<tr><td>使用单位</td><td colspan="2"></td><td>联系人</td><td></td><td>电话</td><td></td></tr>
<tr><td>调试单位</td><td colspan="2"></td><td>联系人</td><td></td><td>电话</td><td></td></tr>
<tr><td>设计单位</td><td colspan="2"></td><td>施工单位</td><td colspan="3"></td></tr>
<tr><td rowspan="5">工程
主要设备</td><td>设备名称符号</td><td>数量</td><td>编号</td><td>出厂年月</td><td>生产厂</td><td>备注</td></tr>
<tr><td></td><td></td><td></td><td></td><td></td><td></td></tr>
<tr><td></td><td></td><td></td><td></td><td></td><td></td></tr>
<tr><td></td><td></td><td></td><td></td><td></td><td></td></tr>
<tr><td></td><td></td><td></td><td></td><td></td><td></td></tr>
<tr><td>施工有无
遗留问题</td><td colspan="2"></td><td>施工单位
联系人</td><td></td><td>电话</td><td></td></tr>
<tr><td>调试情况</td><td colspan="6"></td></tr>
<tr><td>调试人员
（签字）</td><td colspan="2"></td><td>使用单位人员
（签字）</td><td colspan="3"></td></tr>
<tr><td>设计单位
负责人（签字）</td><td colspan="2"></td><td>施工单位
负责人（签字）</td><td colspan="3"></td></tr>
</table>

年　　月　　日　　　　　　　　　　　　　　　　　　　　编号

二、内部验收

系统经过调试之后，应组织建设单位对工程进行内部验收。内部验收分为如下三个阶段进行：

1. 隐蔽工程中间验收。隐蔽工程完毕后，施工部门请建设单位（必要时请消防主管单位）、施工质量员进行检查验收，并按国家规范填写隐蔽工程中间验收报告。重大项目同时请公司质管部门参加验收。

2. 工程竣工内部验收。一般在工程竣工并试运行 5 日后，由施工部门组织施工负责人、设计人员、施工质量管理员共同按消防工程验收规范进行检查、试验、验收，并填写工程项目内部验收单。重大工程项目请公司质管部门参与验收。

3. 工程正式验收。正式验收前，施工部门应向建设单位提出验收申请。由建设单位主持，设计、施工、消防监督部门及质量管理有关人员共同参加进行验收，合格后由消防部门签发工程验收合格证。

上述消防验收检查项目，作为内部验收，抽样比例及数量应高于规范的要求（如表 6-1-2 所示）。

表 6-1-2 火灾自动报警（控制）系统内部验收细目表

序号	项目名称	抽样比例及数量
1	布线	每层楼抽查一处
2	火灾探测器	抽查 10%但不少于 10 只（不同类型的探测器分别按比例抽查）
3	手动火灾报警按钮	抽查 10%但不少于 10 只
4	区域报警控制器	抽查 50%但不少于 5 只
5	区域报警显示器	抽查 50%但不少于 5 只
6	报警阀	抽查 50%但不少于 5 只
7	喷头	抽查 10%但不少于 10 只
8	水流指示器、末端试水装置	抽查 50%但不少于 5 只
9	室内消火栓箱	抽查 20%但不少于 10 只
10	消火栓按钮	抽查 20%但不少于 10 只
11	灭火剂贮存容器	抽查 20%但不少于 10 只
12	防火卷帘、防火门	抽查 50%但不少于 5 只

续表

序号	项目名称	抽样比例及数量
13	送风口	每防火分区抽查一处
14	排烟口	每防火分区抽查一处
15	防排烟风机	抽查 20%但不少于 5 只
16	防火阀	抽查 20%但不少于 5 只
17	火灾事故广播	每层楼抽查一处
18	电话插孔	抽查 10%但不少于 10 只
19	火灾报警装置	抽查 20%但不少于 5 只
20	非消防电源切断	抽查 50%但不少于 5 只
21	应急照明、疏散指示	抽查 20%但不少于 5 只

内部验收时为了便于检查、试验和验收的操作，推荐采用“建设工程消防观感质量评定技术要求和质量评定表”和“火灾自动报警安装工程质量评定表”等方式。

“建设工程消防观感质量评定技术要求和质量评定表”（部分）如表 6-1-3 所示。

表 6-1-3　建设工程消防观感质量评定技术要求和质量评定表（部分）

序号	项目分项内容		重要度	主要技术要求	标准分	评定等级				
						一 100%	二 90%	三 80%	四 70%	五 0
1	火灾自动报警系统	火灾探测器	I	探测器选型及安装位置应正确、选型及灵敏度与环境场所应相适应，保护面积计算正确，探测器质量可靠	2		√			
2		区域报警控制器	I	控制器的选型及安装位置正确，在墙上安装时，其底边距地（楼）面高度不应小于 1.5m，安装牢固，不得倾斜，引入控制器的电缆或导线配线应整齐，绑扎成束，控制器各种功能应符合要求，正确可靠	2		√			

续表

序号	项目分项内容		重要度	主要技术要求	标准分	评定等级				
						一 100%	二 90%	三 80%	四 70%	五 0
3	火灾自动报警系统	集中报警控制器	Ⅰ	控制器的选型及安装位置正确，在墙上安装时，其底边距地（楼）面高度不应小于1.5m，安装牢固，不得倾斜，控制器端子箱布线整齐美观，端子板焊接牢固，接线标志明显，控制器各种功能应符合要求，正确可靠	3	√				
4		手动报警按钮	Ⅱ	安装位置正确并有防护措施，距地（楼）面1.5m高，接线牢固并有不小于10cm的余量，接线端部有明确的标志，在控制器和消防控制室应有特殊明确标志	1		√			
5		楼层显示、警报器、警铃	Ⅱ	显示器安装位置正确，显示明显，观察方便，警报器、警铃、音响洪亮，报警逻辑关系正确	1		√			
6		线路、管材、敷设	Ⅱ	导线管材选型正确，布线合理，导线分线标志明显，符合规范要求，吊线槽的吊杆直径不应小于6mm，导线接头应在接线盆内焊接，在管内不应有接头或扭结	1		√			
7		报警控制器、消防控制设备接地	Ⅱ	有专用接地线，接地点正确可靠，接地电阻符合规范要求	1	√				

续表

<table>
<tr><th rowspan="2">序号</th><th rowspan="2" colspan="2">项目分项内容</th><th rowspan="2">重要度</th><th rowspan="2">主要技术要求</th><th rowspan="2">标准分</th><th colspan="5">评定等级</th></tr>
<tr><th>一
100%</th><th>二
90%</th><th>三
80%</th><th>四
70%</th><th>五
0</th></tr>
<tr><td>8</td><td rowspan="4">火灾自动报警系统</td><td>报警控制器主、备电源</td><td>Ⅰ</td><td>控制器主、备电供电可靠，主电源引入线应直接与消防电源连接，严禁使用电源插头，主电源应有明显标志</td><td>1</td><td>√</td><td></td><td></td><td></td><td></td></tr>
<tr><td>9</td><td>水灭火控制柜</td><td>Ⅰ</td><td>设备选型及安装位置正确，安装牢固，不得倾斜，控制功能齐全，信号明显，符合设计要求</td><td>3</td><td></td><td>√</td><td></td><td></td><td></td></tr>
<tr><td>10</td><td>消防中心联动控制装置</td><td>Ⅰ</td><td>设备联动各种控制功能齐全，各种控制信号正确，符合规范和设计要求，安装牢固，放置位置合理</td><td>5</td><td></td><td>√</td><td></td><td></td><td></td></tr>
<tr><td>11</td><td>自动报警测试</td><td>Ⅰ</td><td>用加烟、加温测试器做试验，可靠性应达100%</td><td>4</td><td>√</td><td></td><td></td><td></td><td></td></tr>
</table>

长期以来，消防内部验收都是采取传统的定性验收方式，缺乏定量的评价标准，随意性大，为使消防内部验收具有严肃性和科学性，使验收既有定性的评价，又有定量的度衡，有人从定量方面采用观感评定计分的方法，根据消防设施设备应具有的安全性和可靠性，拟采用百分制和重要度两种形式进行综合评定，规定总分值为100分，重要度分Ⅰ、Ⅱ、Ⅲ级。

评定等级共分5个级别，一级指按技术标准要求达到100%，二级指按技术标准要求达到90%，三级指技术标准要求达到80%，四级指按技术标准要求达到70%，五级指达不到技术标准的基本要求为0分。根据上述两种评定的方法，按不同的内容类别归纳为48项，并按照不同项目的重要性分别规定不同的重要度和标准分值。在每个工程竣工验收或每个工程项目的每个消防单项验收时，均可按此表进行评定打分，验收每个工程项目、应有的消防项目内容就可进行评定。规定得分在85分以上为优良工程，70~85分为合格工程，70分以下为不合格工程。

重要度，即指该项内容在该建筑物中的重要性、作用和影响程度。从重要度方面评定，如果有一个Ⅰ级重要度被评级为五级，即可判断该工程为消防不合格工程；如果有两个Ⅱ级重要度被评定为五级，即可判断本工程为不合格工程；如果有一个Ⅱ级和两个Ⅲ级重要度被评为五级，即可判断该工程为不合格工程。

学界对上述定性且带有定量的度衡消防观感质量评定方法对于消防内部验收的科学性和公正性有所争议，认为有待商榷，但其作为安装施工单位内部验收不失为一种富有创意的好方式，在实践中可不断修改与完善。

在公安消防机构正式验收前，必须经由消防测试中心对已竣工的火灾自动报警及联动系统逐点进行测试，应准确无误；对不符合消防法规的部分，被测单位应及时整改，整改合格后复测，然后由测试中心出具测试报告交建设单位。

建设单位应向公安消防监督部门提出验收申请报告并应附有测试中心出具的测试报告，和由消防施工单位绘制的竣工图、设计变更记录、施工记录（含隐蔽工程验收记录）、检验记录（含绝缘电阻、接地电阻测试记录）、调试报告以及建设单位制定的消防安全制度、消防安全操作规程、消防值班安全责任人等。

第二节　系统验收要求与标准

内容提要：本节主要介绍自动报警系统竣工验收的要求与衡量标准。

火灾自动报警系统竣工时，必须经公安消防机构进行消防验收，未经验收或验收不合格的，不得投入使用。

一、火灾自动报警系统竣工验收时的一般要求

火灾自动报警系统的竣工验收是对系统施工质量的全面检查。必须按照《火灾自动报警系统施工及验收规范》（GB 50166-2007）的规定严格执行。火灾自动报警系统竣工验收时的一般要求如下：

1. 火灾自动报警系统竣工后，建设单位应负责组织施工、设计、监理等单位进行验收，验收不合格不得投入使用。

2. 火灾自动报警系统的竣工验收应包括下列装置：

（1）火灾报警系统装置（包括各种火灾探测器、手动火灾报警按钮、火灾报警控制器和区域显示器等）；

（2）消防联动控制系统（含消防联动控制器、气体灭火控制器、消防电

气控制装置、消防设备应急电源、消防应急广播设备、消防电话、传输设备、消防控制中心图形显示装置、模块、消防电动装置、消火栓按钮等设备）；

（3）自动灭火系统控制装置（包括自动喷水、气体、干粉、泡沫等固定灭火系统的控制装置）；

（4）消火栓系统的控制装置；

（5）通风空调、防烟排烟及电动防火阀等控制装置；

（6）电动防火门控制装置、防火卷帘控制器；

（7）消防电梯和非消防电梯的回降控制装置；

（8）火灾警报装置；

（9）火灾应急照明和疏散指示控制装置；

（10）切断非消防电源的控制装置；

（11）电动阀控制装置；

（12）消防联网通信；

（13）系统内的其他消防控制装置。

3. 在火灾自动报警系统验收前，建设单位应向公安消防监督机构提交验收申请报告，并附下列技术文件：

（1）系统竣工表（见表 6-2-1 所示）；

表 6-2-1　火灾自动报警系统竣工表

验收时间：________

工程名称			验收建筑名称		
隐蔽工程记录	验收报告	系统竣工图	设计更改	设计更改内容	工程验收情况
1. 有 2. 无	1. 有 2. 无	1. 有 2. 无	1. 有 2. 无		1. 合格 2. 基本合格 3. 不合格

主要消防设施

	产品名称	产品型号	生产厂家	数量	产品名称	产品型号	生产厂家	数量
消火栓系统	室内消火栓				水泵接合器			
	室外消火栓				气压水罐			
	消防水泵				稳压泵			

续表

通风空调系统	产品名称	产品型号	生产厂家	数量	产品名称	产品型号	生产厂家	数量
	风机				防火阀			
防排烟系统	方式／部位		1. 自然排烟 2. 机械排烟 3. 通风兼排烟	产品名称		产品型号	生产厂家	数量
	防烟楼梯间			防火阀				
	前室及合并前室			送风机				
	走道			排风机				
	房间			排烟阀				
	自然排烟口面积		机械排烟送风量		机械排烟排风量			
	m^2		m^3/h		m^3/h			
安全疏散系统	设施名称及有无状况			产品名称	产品型号		生产厂家	数量
	疏散标志	1. 有 2. 无		防火门				
	消防电源	1. 有 2. 无		防火卷帘				
	应急照明	1. 有 2. 无		消防电梯				
火灾报警系统	系统设计单位			施工单位				
	形式	1. 区域报警 2. 集中报警 3. 控制中心报警				设置部位		
	产品名称	产品型号	生产厂家	数量	产品名称	产品型号	生产厂家	数量
	感烟探测器				集中报警器			
	感温探测器				区域报警器			
	火焰探测器				事故广播			
					手动按钮			

续表

<table>
<tr><td rowspan="8">自动喷水灭火系统</td><td>系统设计单位</td><td colspan="2"></td><td colspan="2">系统施工单位</td><td colspan="3"></td></tr>
<tr><td>系统类型</td><td colspan="7">1. 喷雾水冷却设备 2. 喷雾水灭火设备 3. 喷洒水灭火设备</td></tr>
<tr><td>喷洒类型</td><td colspan="4">1. 干式 2. 湿式 3. 预作用 4. 开式</td><td>系统设置部位</td><td colspan="2"></td></tr>
<tr><td>产品名称</td><td>产品型号</td><td>生产厂家</td><td>数量</td><td>产品名称</td><td>产品型号</td><td>生产厂家</td><td>数量</td></tr>
<tr><td>喷洒头</td><td></td><td></td><td></td><td>水泵</td><td></td><td></td><td></td></tr>
<tr><td>水流指示器</td><td></td><td></td><td></td><td>稳压泵</td><td></td><td></td><td></td></tr>
<tr><td>报警阀</td><td></td><td></td><td></td><td>气压水罐</td><td></td><td></td><td></td></tr>
<tr><td>压力开关</td><td></td><td></td><td></td><td></td><td></td><td></td><td></td></tr>
<tr><td rowspan="8">七氟烷灭火系统</td><td>系统设计单位</td><td colspan="2"></td><td colspan="2">系统施工单位</td><td colspan="3"></td></tr>
<tr><td>系统类型</td><td></td><td>系统形式</td><td colspan="5">1. 全充满系统 2. 局部应用系统</td></tr>
<tr><td>系统设置部位</td><td colspan="7"></td></tr>
<tr><td>产品名称</td><td>产品型号</td><td>生产厂家</td><td>数量</td><td colspan="2">产品名称</td><td colspan="2">设置部位</td></tr>
<tr><td>喷头</td><td></td><td></td><td></td><td colspan="2">远程启动装置</td><td colspan="2"></td></tr>
<tr><td>瓶头阀</td><td></td><td></td><td></td><td colspan="2">联动启动装置</td><td colspan="2"></td></tr>
<tr><td>分配阀</td><td></td><td></td><td></td><td colspan="2">手动启动装置</td><td colspan="2"></td></tr>
<tr><td>储罐（储量/瓶）</td><td></td><td></td><td></td><td colspan="2">紧急制动</td><td colspan="2"></td></tr>
<tr><td rowspan="3">消防控制室</td><td>系统设计单位</td><td colspan="2"></td><td colspan="2">系统施工单位</td><td colspan="3"></td></tr>
<tr><td>控制室位置</td><td></td><td>控制室面积</td><td></td><td>耐火等级</td><td></td><td>出入口数量</td><td></td></tr>
<tr><td>应有控制功能数</td><td></td><td>实有控制功能数</td><td colspan="2"></td><td>缺何种控制功能</td><td colspan="2"></td></tr>
</table>

续表

其他灭火系统	系统设计单位			系统施工单位	
	系统设置部位				
	系统名称	系统类别	系统自动方式	用量和储量	工作压力
	二氧化碳灭火系统	1. 全充满 2. 局部应有	1. 自动 2. 半自动 3. 手动	(kg)	使用压力
	泡沫灭火系统	1. 低倍 2. 高倍 3. 氟蛋白 4. 抗溶性	1. 自动 2. 半固定 3. 移动式	(kg)	供给强度
	干粉灭火系统	1. 全充满 2. 局部应有	1. 自动 2. 半固定 3. 手动	(kg)	供给强度
	蒸汽灭火系统	1. 碳酸氢钠 2. 碳酸氢钾 3. 磷酸二氢铵 4. 尿素	1. 自动 2. 半固定 3. 移动式	(%)	供给强度
	氮气灭火系统	1. 全充满 2. 局部应有	1. 自动 2. 半固定 3. 手动	(kg)	使用压力
火灾应急广播系统	设计单位		施工单位		
	产品名称	型号规格	生产厂家	数量	
	扩音机				
	喇叭				
	备用扩音机				
消防通信设备	设计单位		施工单位		
	产品名称	规格型号	生产厂家	数量	
	对讲电话				
	电话插孔				
	外线电话				
	外线对讲机				

（2）系统竣工图；

（3）施工记录（包括隐蔽工程验收记录）；

（4）调试报告；

（5）管理、维护人员登记表。

4. 在火灾自动报警系统验收前，公安消防监督机构应对操作、管理、维护人员配备等情况进行检查。

5. 在火灾自动报警系统验收前，公安消防监督机构应进行施工质量复查。复查应包括下列内容：

（1）火灾自动报警系统的主电源、备用电源、自动切换装置等安装位置及施工质量；

（2）消防用电设备的动力线、控制线、接地线及火灾报警信号传输线的敷设方式；

（3）火灾探测器的类别、型号、适用场所、安装高度、保护半径、保护面积和探测器的间距；

（4）各种控制装置的安装位置、型号、数量、类别、功能及安装质量；

（5）消防应急照明和疏散指示控制装置的安装位置和施工质量。

二、火灾自动报警系统竣工验收检验标准

火灾自动报警系统竣工验收时的检验标准如下：

1. 消防用电设备电源的自动切换装置，应进行 3 次切换试验，每次试验均应正常。

2. 火灾报警控制器应按下列要求进行功能抽验：

（1）实际安装数量在 5 台以下者，全部抽验；

（2）实际安装数量在 6~10 台者，抽验 5 台；

（3）实际安装数量超过 10 台者，按实际安装数量 30%~50%的比例，但不少于 5 台抽验。抽验时每个功能应能重复 1~2 次，被抽验火灾控制器的基本功能应符合《火灾报警控制器》（GB 4717−2005）的功能要求。

3. 火灾探测器（包括手动报警按钮），应按下列要求进行模拟火灾响应试验和故障报警抽验：

（1）实际安装数量在 100 只以下者，抽验 20 只；

（2）实际安装数量超过 100 只者，按实际安装数量 10%~20%的比例，但不少于 20 只抽验。被抽验探测器的试验均应正常。

4. 室内消火栓的功能验收应在出水压力符合现行国家有关建筑设计防火规范的条件下进行，并应符合下列要求：

（1）工作泵、备用泵转换运行 1~3 次；

（2）消防控制室内操作启、停泵 1~3 次；

（3）消火栓处操作启泵按钮按 5%~10%的比例进行抽验。

以上室内消火栓的控制功能应正常，信号应正确。

5. 自动喷水灭火系统的抽验，应在符合现行国家标准《自动喷水灭火系统设计规范》的条件下，抽验下列控制功能：

（1）消防控制室内操作启、停泵 1~3 次；

（2）水流指示器、信号阀等按实际安装数量 30%~50%的比例进行抽检试验。

（3）压力开关、电动阀、电磁阀等需进行全部检验。

上述自动喷水灭火系统的控制功能、信号均应正常。

6. 七氟丙烷、泡沫、二氧化碳、干粉等灭火系统的抽验，应在符合现行有关系统设计规范的条件下，按实际安装数量的 20%~30%抽验下列控制功能：

（1）自动、手动启动和紧急切断试验 1~3 次；

（2）与固定灭火设备联动控制的其他设备（包括关闭防火门窗、停止空调风机、关闭防火阀、落下防火幕等）试验 1~3 次；

（3）抽一个防护区进行喷放试验（七氟丙烷系统应采用氮气等介质代替）。

上述气体灭火系统的试验控制功能、信号均应正常。

7. 电动防火门、防火卷帘的抽验，应按实际安装数量的 20%抽验，但不少于 5 樘，对于安装总数少于 5 樘的要全部检验，检验联动控制功能，其控制功能、信号均应正常。

8. 通风空调和防排烟设备风机要全部检验，阀门应按实际安装数量的 10%~20%抽验联动控制功能，其控制功能、信号均应正常。

9. 消防电梯的检验应进行 1~2 次人工控制和自动控制功能检验，非消防电梯应进行 1~2 次联动返回首层功能检验，其控制功能、信号均应正常。

10. 消防应急广播设备的检验，应按实际数量的 10%~20%进行下列功能检验：

（1）对所有广播分区进行选区广播，对共用扬声器进行强行切换；

（2）对扩音机和备用扩音机进行全负荷试验；

（3）检查应急广播的逻辑工作和联动功能。

上述功能应正常，语音应清楚。

11. 消防通信设备的检验，应符合下列要求：

（1）消防控制室与设备间所设的对讲电话进行 1~3 次通话试验；

（2）电话插孔按实际安装数量的 10%~20%进行通话试验；

（3）消防控制室的外线电话与另外一部外线电话模拟报警进行1~3次通话试验。

上述功能应正常，语音应清楚。

12. 上述各项检验项目中，当有不合格者时，应限期修复或更换，并进行复验。复验时，对有抽验比例要求的，应进行加倍试验。复验不合格者，不能通过验收。

第三节　火灾自动报警系统启用与维护

内容提要： 本节主要介绍火灾自动报警系统的启用条件和定期维护检查、试验的基本要求。

单位应每月找有资质的设施维保单位进行维保，并如实填写维保记录。

一、火灾自动报警系统的启用条件

火灾自动报警系统的启用条件，首先是全套系统已经通过了消防监督部门的竣工验收，准予投入使用；其次是还必须具备下列条件：

1. 火灾自动报警系统的使用单位应有经过专门培训，并经过考试合格的专人负责系统的管理操作和维护。当系统更新时，要对操作维护人员重新进行培训，使其熟悉掌握新系统工作原理及操作规程后方可上岗。操作人员要保持相对稳定。

2. 火灾自动报警系统正式启用时，应具备下列文件资料：

（1）系统竣工图及设备的技术资料；

（2）系统操作规程及维护管理制度；

（3）系统操作员名册及相应工作职责；

（4）值班及维护管理制度；

（5）公安机构出具的有关法律文书。

3. 应建立火灾自动报警系统的技术档案。技术档案主要包括火灾自动报警系统设计的相关图纸、技术资料和与系统施工、调试、验收、运行维护等有关的各种技术资料、规章、记录等。还包括检验报告、合格证及相关材料。

4. 火灾自动报警系统应定期检查和试验，检查方式分为日检、季检和年检。

5. 火灾自动报警系统应保持连续正常运行，不得随意中断，以免造成严重后果。

二、火灾自动报警系统的维护保养

（一）定期维护检查和试验

在火灾自动报警系统投入运行后，每日应按表 6-3-1 的要求填写火灾自动报警系统运行日检登记表。

表 6-3-1　火灾自动报警系统运行日检登记表

项目 时间	设备运行情况		报警性质				报警部位、原因及处理情况	值班人			备注
	正常	故障	火警	误报	故障报警	漏报		时～时	时～时	时～时	

注：正常画√，有问题注明。

（二）每日检查

每日应检查火灾报警控制器（包括联动控制器）的功能，并按表 6-3-2 的要求填写日检登记表。

表 6-3-2　火灾报警控制器日检登记表

检查项目 时间	自检	消音	复位	故障报警	巡检	电源		检查人（签名）	备注
						主电源	备用电源		
检查情况			故障及排除情况				防火负责人		

注：正常画√，有问题注明。

（三）季度检查

火灾自动报警（包括联动控制）系统，每季度应检查和试验下列功能，并应按表 6-3-3 的格式填写季检登记表。

表 6-3-3　火灾自动报警系统季检登记表

单位名称		防火负责人	
日期	设备种类	检查试验内容及结果	检查人
仪器自检情况		故障及排除情况	备注

1. 采用专用检测仪器分期分批试验探测器的动作及确认灯显示。

2. 试验火灾报警装置的声光显示。

3. 试验水流指示器、压力开关等报警功能、信号显示。

4. 对备用电源进行 1~2 次充电放电试验，进行 1~3 次主电源和备用电源自动切换试验。

5. 用自动或手动检查下列消防控制设备的控制显示功能：

（1）防排烟设备（可半年检查一次）、电动防火阀、电动防火门、防火卷帘等的控制设备；

（2）室内消火栓、自动喷水灭火系统的控制设备；

（3）七氟丙烷、二氧化碳、泡沫、干粉等固定灭火系统的控制设备；

（4）消防应急广播、消防应急照明和疏散指示灯。

6. 强制消防电梯停于首层试验。

7. 消防通信设备应在消防控制室进行对讲通话试验。

8. 检查所有转换开关。

9. 强制切断非消防电源功能试验。

（四）年度检查

火灾自动报警系统每年应进行下列功能的检查和试验，并应按表 6-3-4 的格式填写年检登记表。

表 6-3-4　火灾自动报警系统年检登记表

单位名称		防火负责人	
日期	设备种类	检查试验内容及结果	检查人
仪器自检情况		故障及排除情况	备注

1. 每年应用专用检测仪器对所安装的火灾探测器试验1次；

2. 进行上述（三）季度检查中第3~9条的各项试验，其中第5条第（3）项可做模拟试验；

3. 试验消防应急广播设备的功能。

第四节　火灾探测报警及消防联动设备性能检测

内容提要：本节主要阐述火灾探测器、显示器、控制器、报警按钮等火灾探测报警系统设备，以及消防联动的现场设备检测方法。

火灾自动报警系统设备是确保人民生命安全和减少财产损失的重要设备。当设备在运行过程中出现故障或者设备参数出现变化时，应当由有资格的供应商检修。使用者通常只做日常维护与管理。火灾自动报警系统设备的维护与管理是一种技术管理，为了使这种管理达到预期的目标，现就设备性能的常规检测方法简要介绍。

对火灾自动报警系统设备进行现场监测、检查时，通常应将相关设备组成系统进行检验。如果已经投入使用，可直接进行检验。

一、点型感烟火灾探测器基本性能检测方法

目前，点型感烟火灾探测器按其探测原理分为点型离子感烟火灾探测器和点型光电感烟火灾探测器。点型离子感烟火灾探测器是根据电离原理进行火灾探测的，点型光电感烟火灾探测器是根据散射光、透射光原理进行火灾

探测的。

国家标准《点型感烟火灾探测器》（GB 4715-2005）规定了点型感烟火灾探测器的技术要求、试验方法和标志。该标准适用于一般工业与民用建筑中安装的根据散射光、透射光原理（光电感烟）和电离原理（离子感烟）工作的探测器。其他环境中安装的或使用其他工作原理的探测器，除特殊技术要求应由有关标准另行规定外，亦应执行该标准。《点型感烟火灾探测器》（GB 4715-2005）标准要求：当被监视区域发生火灾，其烟参数达到一定值时，探测器应输出火灾报警信号，同时启动探测器的报警确认灯或启动具有同等作用的其他显示器，显示信号应予保持，直至手动复原为止。

点型感烟火灾探测器现场性能检测项目、技术要求和可能出现的故障现象如表 6-4-1 所示。

表 6-4-1　点型感烟火灾探测器现场性能检测表

检查项目	技术要求	可能出现的故障现象
功能检查	当被监视区域烟参数达到报警条件时，点型感烟火灾探测器应输出火灾报警信号，红色报警确认灯应点亮，并保持至被复位	a. 未输出火灾报警信号； b. 红色报警确认灯未点亮； c. 报警确认灯不能保持至被复位

（一）点型感烟火灾探测器现场性能检测、检查方法

1. 确认点型感烟火灾探测器与制造商提供的火灾报警控制器连接并接通电源，使之处于正常监视状态。

2. 用加烟器向点型感烟火灾探测器施加烟气，观察与之相连的火灾报警控制器是否能发出声、光火灾报警信号，并指示报警部位。

3. 火灾报警控制器发出火灾报警信号后，观察点型感烟火灾探测器的红色报警确认灯是否点亮，并与非报警状态有明显区别。

4. 观察点型感烟火灾探测器的报警确认灯能否保持。然后复位火灾报警控制器，观察探测器的报警确认灯是否恢复至正常监视状态。

（二）点型感烟火灾探测器现场性能检测、检查中应注意的问题

1. 对点型感烟火灾探测器进行功能检查时，应将其与制造商提供的火灾报警控制器进行连接，组成系统后进行检查。加烟的过程应该慢慢进行，不宜一次性大量加入，这会造成点型感烟火灾探测器的污染。

2. 火警状态时复位火灾报警控制器，应该确认点型感烟火灾探测器中的烟排除干净。

3. 检查器具可采用标准加烟器，它能够向点型感烟火灾探测器施加试验

烟或气溶胶。试验烟也可由蚊香、棉绳、香烟等材料阴燃产生。

二、点型感温火灾探测器基本性能检测方法

国家标准《点型感温火灾探测器》（GB 4716-2005）规定了点型感温火灾探测器的技术要求、试验方法和标志。标准要求：当被监视区域发生火灾，其温度参数达到预定值时，探测器应输出火灾报警信号，同时启动探测器的报警确认灯或起同等作用的其他显示器，显示信号应予保持，直至手动复原为止。

点型感温火灾探测器现场性能检测项目、技术要求和可能出现的故障现象如表 6-4-2 所示。

表 6-4-2　点型感温火灾探测器现场性能检测表

检查项目	技术要求	可能出现的故障现象
功能检查	当被监视区域温度参数达到报警条件时，点型感温火灾探测器应输出火灾报警信号，红色报警确认灯应点亮，并保持至被复位	a. 未输出火灾报警信号； b. 红色报警确认灯未点亮； c. 报警确认灯不能保持至被复位

（一）点型感温火灾探测器现场性能检测、检查方法

1. 确认点型感温火灾探测器与制造商提供的火灾报警控制器连接并接通电源，使之处于正常监视状态。

2. 用热风机向点型感温火灾探测器的感温元件加热，观察与之相连的火灾报警控制器是否能发出声、光火灾报警信号，并指示报警部位。

3. 火灾报警控制器发出火灾报警信号后，观察点型感温火灾探测器的红色报警确认灯是否点亮，并与非报警状态有明显区别。

4. 观察点型感温火灾探测器的报警确认灯能否保持。然后复位火灾报警控制器，观察探测器的报警确认灯是否恢复至正常监视状态。

（二）点型感温火灾探测器现场性能检测、检查中应注意的问题

1. 对点型感温火灾探测器进行功能检查时，应将其与制造商提供的火灾报警控制器进行连接，组成系统后进行检查。

2. 在用热风机向点型感温火灾探测器的感温元件加热时，应注意温度不宜过高，以免造成探测器的塑料外壳变形。

3. 火警状态时复位火灾报警控制器，应该确认点型感温火灾探测器的感温元件的温度已经降到报警温度以下。

4. 检查器具可使用热风机，它能产生使点型感温火灾探测器报警的热气

流。点型感温火灾探测器的动作温度一般在54℃～78℃范围内，进行试验时，气流温度应大于80℃。

三、点型红外火焰探测器基本性能检测方法

火焰探测器是对火灾发出的火焰光辐射响应的探测器。点型红外火焰探测器是对火焰中波长大于850nm的红外光辐射响应的火焰探测器。由于光辐射的传播速度极快，因此，这种探测器对快速发生的火灾（尤其是可燃溶液和液休火灾）或爆炸能够及时响应，是对这类火灾早期通报火警的理想探测器。国家标准《特种火灾探测器》（GB 15631-2008）规定了波长大于850nm的点型红外火焰探测器的性能要求、试验方法和标志。标准对点型红外火焰探测器的性能要求是：当被监视区域发生火灾且火灾参数达到规定值时，其探测器应输出火灾报警信号，同时启动探测器的报警确认灯或起同等作用的其他显示器。

点型红外火焰探测器现场性能检测项目、技术要求和可能出现的故障现象如表6-4-3所示。

表6-4-3　点型红外火焰探测器现场性能检测表

检查项目	技术要求	可能出现的故障现象
功能检查	当被监视区域发生火灾并产生火焰，达到报警条件时，点型红外火焰探测器应输出火灾报警信号，红色报警确认灯应点亮，并保持至被复位	a. 未输出火灾报警信号； b. 红色报警确认灯未点亮； c. 报警确认灯不能保持至被复位

（一）点型红外火焰探测器现场性能检测、检查方法

1. 确认点型红外火焰探测器与火灾报警控制器可靠连接并接通电源，使其处于正常监视状态。

2. 将火焰光源（如打火机、蜡烛，火苗为4cm左右）置于距离探测器正前方1m处，静止或抖动，观察火灾报警控制器是否发出声、光火灾报警信号并正确指示报警部位，观察点型红外火焰探测器的报警确认灯是否点亮及其颜色（也可利用生产厂商提供的现场测试光源按其技术要求进行检查）。

3. 撤销火焰光源，复位火灾报警控制器，观察点型红外火焰探测器的报警确认灯变化情况。

（二）点型红外火焰探测器现场性能检查中应注意的问题

1. 对点型红外火焰探测器进行功能检查时，应将其与制造商提供的火灾报警控制器进行连接，组成系统后进行检查。

2. 检查器具可以是火焰光源，如打火机、蜡烛，火苗为4cm左右。

四、点型紫外火焰探测器基本性能检测方法

点型紫外火焰探测器现行有效的产品国家标准为《点型紫外火焰探测器》(GB 12791-2006)。该标准规定了波长范围低于300nm的点型紫外火焰探测器的技术要求、试验方法和标志。该标准适用于一般工业与民用建筑中安装的点型紫外火焰探测器，对于在特殊环境中安装的，具有特殊性能的探测器(如防爆或同时具有感温、感烟等复合性能)，除特殊性能要求应由有关标准另行规定外，也应执行该标准。该标准对点型紫外火焰探测器的性能要求是：当被监视区发生火灾且火灾参数达到规定值时，其紫外火焰探测器应能响应，并输出火灾报警信号，同时启动探测器的报警确认灯或起同等作用的其他显示器。

点型紫外火焰探测器现场性能检测项目、技术要求和可能出现的故障现象如表6-4-4所示。

表6-4-4 点型紫外火焰探测器现场性能检测表

检查项目	技术要求	可能出现的故障现象
功能检查	当被监视区域发生火灾并产生火焰，达到报警条件时，点型紫外火焰探测器应输出火灾报警信号，红色报警确认灯应点亮，并保持至被复位	a. 未输出火灾报警信号； b. 红色报警确认灯未点亮； c. 报警确认灯不能保持至被复位

点型紫外火焰探测器现场性能检测、检查方法与点型红外火焰探测器类似。

五、线型光束感烟火灾探测器基本性能检测方法

国家标准《线型光束感烟火灾探测器》(GB 14003-2005)规定了利用光束减弱原理来探测烟雾的火灾探测器的技术要求、试验方法及标志。该标准适用于相对部件间光路长度为1~100m，且最小光路长度不大于10m的光束感烟火灾探测器及带有探测热骚动功能的线型光束感烟火灾探测器。该标准要求：当被监视区域发生火灾且烟参数达到预定值时，线型光束感烟火灾探测器应输出火灾报警信号，同时启动探测器的报警确认灯或起同等作用的其他显示器。探测器的响应阈值应不小于0.5dB，响应阈值的比值 A_{max} ∶ A_{min} 不应大于1.6。

线型光束感烟火灾探测器现场性能检测项目、技术要求和可能出现的故

障现象如表 6-4-5 所示。

表 6-4-5　线型光束感烟火灾探测器现场性能检测表

检查项目	技术要求	可能出现的故障现象
功能检查	当被监视区域烟参数达到报警条件时，线型光束感烟火灾探测器应输出火灾报警信号，红色报警确认灯应点亮，并保持至被复位。线型光束感烟火灾探测器的响应阈值应不小于 0.5dB，响应阈值的比值 A_{max} ：A_{min} 不应大于 1.6	a. 未输出火灾报警信号； b. 红色报警确认灯未点亮； c. 报警确认灯不能保持至被复位； d. 响应阈值小于 0.5dB，响应阈值的比值 A_{man} ：A_{min} 大于 1.6

（一）线型光束感烟火灾探测器现场性能检测、检查方法

1. 确认线型光束感烟火灾探测器与火灾报警控制器可靠连接并接通电源，调节探测器的发射器部分和接收器部分之间的距离为 10m，并在同一轴线上，使其处于正常监视状态。

2. 放置一减光 0.9dB 的滤光片在光路中并尽可能靠近接收器（以减少滤光片内的散射影响）。如果 30s 内探测器发出火灾报警信号，记录其减光值小于 1.0dB，结束试验。

3. 逐渐增加滤光片的减光值，并将该滤光片放到尽可能靠近接收器的光路中，如果探测器在 30s 内发出火灾报警信号，记录探测器的响应阈值 A 为该减光值。当滤光片的减光值增加到 10dB 时，探测器在 1min 内仍不能发出火灾报警信号，则记录其减光值大于 10dB，并结束试验。

（二）线型光束感烟火灾探测器现场性能检测、检查中应注意的问题

1. 对线型光束感烟火灾探测器进行基本功能监督检查时，应将其与制造商提供的火灾报警控制器进行连接，组成系统后进行检查。

2. 如果对已经安装投入使用或准备投入使用的线型光束感烟火灾探测器进行现场性能检测，应切断与其连接的火灾报警控制器的控制输出功能，确保不会使受其控制的现场消防设备误动作，造成财产损失。

3. 检查器具通常使用滤光片和秒表。滤光片的减光值为 0.9~10.0dB。秒表的测量范围为 0~100s。

六、手动火灾报警按钮基本性能检测方法

手动火灾报警按钮是通过手动启动器件发出火灾报警信号的装置。现行有效的产品标准为《手动火灾报警按钮》（GB 19880-2005）。该标准适用于一般工业与民用建筑中安装的以按碎（下）或打碎启动零件操作方式动作的

报警按钮。对于以其他操作方式动作及有特殊技术要求的报警按钮，除特殊部分应符合有关标准外，亦应执行该标准。

（一）《手动火灾报警按钮》（GB 19880-2005）标准对手动火灾报警按钮的要求

1. 当现场发生火灾时，操作启动零件，报警按钮应能输出火灾报警信号，同时报警按钮的确认灯应点亮，并保持至报警状态被复位。

2. 报警按钮的外壳或面罩应符合下述规定：

（1）操作启动零件时不应对操作者产生伤害；

（2）报警按钮前面板覆盖面积（含操作面板）应大于 $6400mm^2$，操作面板面积应大于 $1000mm^2$；

（3）报警按钮按制造商规定的安装方式安装后，除操作面板和符号文字外，可视的表面颜色应为红色。

3. 报警按钮上的确认灯的颜色应为红色，确认灯点亮时在其正前方 2m 处，光照度不超过 500lx 的环境条件下，应清晰可见。

4. 启动零件不可重复使用的报警按钮应有专门测试手段，在不击碎启动零件情况下进行模拟报警及复位测试。

5. 报警按钮如具有其他启动或辅助功能，应至少有一常开或常闭接点，接点容量应在使用说明书中说明。

6. 试样启动零件动作后，电源和监视设备应在 10s 内发出火灾报警信号。

7. 报警按钮的动作性能应符合下述要求：

（1）不动作试验，启动零件不应动作，试样不应发出火灾报警或故障信号；

（2）动作试验，启动零件应动作，试样应发出火灾报警信号。

手动火灾报警按钮现场性能检测项目、技术要求和可能出现的故障现象如表 6-4-6 所示。

表 6-4-6 手动火灾报警按钮现场性能检测表

检查项目	技术要求	可能出现的故障现象
功能检查	按下手动报警按钮的启动零件，应输出火灾报警信号，红色报警确认灯应点亮，并保持至被复位	a. 未输出火灾报警信号； b. 红色报警确认灯未点亮； c. 报警确认灯不能保持至被复位

（二）手动火灾报警按钮现场性能检测、检查方法

1. 确认手动火灾报警按钮与制造商提供的火灾报警控制器连接并接通电

源，使之处于正常监视状态。

2. 以按碎（下）或打碎的方式触发手动火灾报警按钮的启动零件，观察与之相连的火灾报警控制器是否能发出声、光火灾报警信号，并指示报警部位。

3. 火灾报警控制器发出火灾报警信号后，观察手动火灾报警按钮的红色报警确认灯是否点亮，并与非报警状态有明显区别。

4. 观察手动火灾报警按钮的报警确认灯能否保持。更换或者复位手动火灾报警按钮的启动零件，然后复位火灾报警控制器，观察手动火灾报警按钮的报警确认灯是否恢复至正常监视状态。

（三）手动火灾报警按钮现场性能检测、检查中应注意的问题

1. 对手动火灾报警按钮进行功能检查时，应将其与制造商提供的火灾报警控制器进行连接，组成系统后进行检查。

2. 以按碎（下）或打碎的方式触发手动火灾报警按钮的启动零件时，注意手不要被划伤。

3. 火警状态时复位火灾报警控制器，应该确认手动火灾报警按钮的启动零件已经更换或者复位。

七、可燃气体探测器基本性能检测方法

可燃气体探测器现行有效的产品国家标准为 GB 15322.1-2003 至 GB 15322.6-2003。标准对测量范围为 0%~100%LEL 的点型可燃气体探测器、独立式可燃气体探测器、便携式可燃气体探测器，以及测量人工煤气的点型可燃气体探测器、独立式可燃气体探测器、便携式可燃气体探测器进行了定义、分类，并规定了技术要求、试验方法、标志、检验规则和使用说明书等。

可燃气体探测器的现场性能检测项目、技术要求和可能出现的故障现象如表 6-4-7 所示。

表 6-4-7　可燃气体探测器的现场性能检测表

检查项目	技术要求	可能出现的故障现象
功能检查	可燃气体探测器在被监视区域内的可燃气体浓度达到报警设定值时，应能发出报警信号	未发出报警信号

（一）可燃气体探测器的现场性能检测、检查方法

1. 确认点型可燃气体探测器与制造商提供的可燃气体控制器连接并接通电源，对于独立式或便携式可燃气体探测器，按制造商规定进行供电，使其处于正常监视状态。

2. 根据探测器探测的气体种类，选择相应的试验气体，并检查贮气瓶中的可燃性气体是否能正常释放。

3. 向可燃气体探测器的敏感元件部位释放可燃性气体。释放时，控制贮气瓶的释放流速不宜过快，对于点型可燃气体探测器，观察与之相连的可燃气体控制器是否能发出声、光报警信号，并指示报警部位。对于独立式或便携式可燃气体探测器，直接观察探测器是否能发出声、光火灾报警信号。

4. 检查独立式或便携式可燃气体探测器时，应按制造商规定的供电方式供电。

（二）在可燃气体探测器现场性能检测、检查中应注意的问题

1. 对可燃气体探测器进行功能检查时，应将其与制造商提供的可燃气体报警控制器连接并接通电源，组成系统后进行检查。

2. 释放贮气瓶中的试验气体时，应注意释放试验气体的流速不应过快。

3. 在检查中，应按探测器的标志上所注明的探测可燃气体的种类进行。

4. 检验器具要针对产品不同，配备符合下述浓度的、贮存在便于携带的贮气瓶或其他容器中的试验气体：

——甲烷的浓度为50%LEL；

——丙烷的浓度为50%LEL；

——氢气的浓度为1250×10^{-6}（体积分数）。

八、火灾报警控制器基本性能检测方法

火灾自动报警系统是实现火灾早期探测，发出火灾报警信号，并向各类消防设备发出控制信号完成各项消防功能的系统，一般由火灾触发器件、火灾警报装置、火灾报警控制器、消防联动控制系统等组成。火灾报警控制器作为火灾自动报警系统的控制中心，能够接收并发出火灾报警信号和故障信号，同时完成相应的显示和控制功能，是组成火灾自动报警系统的关键设备。

火灾报警控制器现行有效的产品国家标准为《火灾报警控制器》（GB 4717-2005）。该标准规定了火灾报警控制器的产品分类、技术要求、试验方法和标志。该标准适用于一般工业与民用建筑中安装的火灾报警控制器。其他环境中安装的具有特殊性能火灾报警控制器，除特殊技术要求应由有关标准另行规定外，亦应参照本标准。

（一）《火灾报警控制器》（GB 4717-2005）对火灾报警控制器的要求

1. 能为火灾报警控制器供电，也可为其连接的其他部件供电。

2. 能直接或间接地接收来自火灾探测器及其他火灾报警触发器件的火灾报警信号，发出声、光报警信号，指示火灾发生部位，并予保持；光报警信

号在火灾报警控制器复位之前应不能手动消除；声报警信号应能手动消除，但再次有火灾报警信号输入时，应能再启动。

3. 当火灾报警控制器内部，火灾报警控制器与火灾探测器、火灾报警控制器与起传输火灾报警信号作用的部件间发生故障时，应能在100s内发出与火灾报警信号有明显区别的声、光故障信号；声故障信号能手动消除（如消除后再发生故障不能启动，应有消音指示），光故障信号在故障排除之前应能保持；故障期间，如非故障回路有火灾报警信号输入，火灾报警控制器应能发出火灾报警信号。

4. 火灾报警控制器应有本机检查功能（以下称自检）。火灾报警控制器在执行自检功能时，应切断受其控制的外接设备，如火灾报警控制器进行每次自检所需时间超过1min或其不能自动停止自检功能，在自检期间，如非自检回路有火灾报警信号输入，火灾报警控制器应能发出火灾报警声、光信号。

5. 火灾报警控制器应具有显示或记录火灾报警时间的计时装置，其日计时误差不超过30s；仅使用打印机记录火灾报警时间时，应打印出月、日、时、分等信息。

6. 火灾报警控制器应能对其面板上的所有指示灯、显示器进行功能检查。

火灾报警控制器现场性能检测项目、技术要求和可能出现的故障现象如表6-4-8所示。

表6-4-8　火灾报警控制器现场性能检测表

检查项目	技术要求	可能出现的故障现象
基本功能	火灾报警控制器应能直接或间接地接收来自火灾探测器及其他火灾报警触发器件的火灾报警信号，10s内发出火灾报警声、光信号，指示火灾发生部位，记录火灾报警时间，并予以保持，直至手动复位	a. 10s内未发出火灾报警声、光信号； b. 不能指示火灾发生部位； c. 不能记录火灾报警时间； d. 火灾报警信号不能保持至复位
	当火灾报警控制器内部、控制器与其连接的部件间发生故障时，控制器应在100s内发出与火灾报警信号有明显区别的故障声、光信号，故障声信号应能手动消除，再有故障信号输入时，应能再启动；故障光信号应保持至故障排除	a. 100s内未发出与火灾报警信号有明显区别的故障声、光信号； b. 故障声信号不能手动消除； c. 故障声信号手动消除后，再有故障信号输入时，不能再启动； d. 故障光信号不能保持至故障排除

续表

检查项目	技术要求	可能出现的故障现象
基本功能	火灾报警控制器应能手动检查其面板所有指示灯（器）、显示器及音响器件的功能	不能手动检查其面板所有指示灯（器）、显示器及音响器件的功能
	火灾报警控制器的电源部分应具有主电源和备用电源转换装置。当主电源断电时，能自动转换到备用电源；主电源恢复时，能自动转换到主电源；应有主、备电源工作状态指示	a. 无主电源和备用电源转换装置； b. 主电源断电时，不能自动转换到备用电源； c. 主电源恢复时，不能自动转换到主电源； d. 无主、备电源工作状态指示

（二）火灾报警控制器现场性能检测、检查方法

1. 确认火灾报警控制器与火灾探测器和手动火灾报警按钮可靠连接并接通电源，使其处于正常监视状态（正常监视状态指火灾报警控制器在电源正常供电条件下，无火灾报警、故障报警、屏蔽、监管报警、自检等发生时所处的工作状态）。

2. 操作手动火灾报警按钮的启动零件使其动作，同时用秒表开始计时，观察火灾报警控制器在10s内是否发出声、光火灾报警信号。如发出火灾报警信号，观察火警指示灯是否点亮、能否指示火警部位、是否明确指示该报警是手动火灾报警按钮报警，以及记录火警时间等情况。

3. 复位火灾报警控制器，使其处于正常监视状态后，拆下一只探测器或手动火灾报警按钮，同时用秒表开始计时100s。观察火灾报警控制器在100s内是否发出故障声、光信号以及指示故障部位情况。并记录从探测器或按钮被拆下到发出故障声、光信号的时间间隔。

4. 操作消音功能，检查是否能手动消除故障声信号。再拆下另外一只探测器或手动火灾报警按钮，观察故障声信号能否再次启动。

5. 在故障没有被排除前，观察故障信息和故障光信号的保持情况。

6. 复位火灾报警控制器，使其处于正常监视状态。手动操作火灾报警控制器的自检机构，观察控制器面板上所有指示灯（器）、显示器点亮情况以及音响器件的声响情况。

7. 切断火灾报警控制器的主电源，使其由备用电源供电，再恢复主电源供电，查看控制器的电源转换功能和电源工作状态指示情况。

（三）在火灾报警控制器现场性能检测、检查中应注意的问题

1. 对火灾报警控制器进行基本功能监督检查时，应将其与制造商提供的

火灾报警触发器件（如火灾探测器、手动火灾报警按钮）进行连接，组成系统后运行检查。

2. 对已经安装投入使用或准备投入使用的火灾报警控制器进行现场性能检测时，应切断其控制输出功能，确保不会使受其控制的现场消防设备误动作，造成财产损失。

九、火灾显示盘基本性能检测方法

火灾显示盘是火灾报警指示设备的一部分。它是接收火灾报警控制器发出的信号，显示发出火警部位或区域，并能发出声、光火灾信号的装置。

（一）《火灾显示盘》（GB 17429-2011）对火灾显示盘的要求

1. 火灾显示盘应能接收与其连接的火灾报警控制器发出的火灾报警信号，并在火灾报警控制器发出火灾报警信号后 3s 内发出火灾报警声、光信号，显示火灾发生部位；火灾报警声信号应能手动消除，当再有火灾报警信号输入时，应再次启动；火灾报警光信号应保持至火灾报警控制器复位。

2. 当接收的火灾报警信号为手动火灾报警按钮报警信号时，火灾显示盘应能显示该火灾报警信号为手动火灾报警按钮报警。

3. 火灾显示盘应设有专用火警总指示灯，火灾显示盘处于火灾报警状态时，该指示灯应点亮。

4. 火灾显示盘应能显示其设定区域范围内的所有火灾报警信息。采用显示器显示火灾报警信息时，如不能同时显示所有火灾报警信息，应显示首个火灾报警信息。后续火灾报警信息应能手动查询，每手动查询一次，只能查询一个火灾报警部位及相关信息，查询结束 1min 内，应自动返回显示首个火灾报警信息；采用自动循环显示方式显示后续火灾报警信息时，每次应显示一条完整的火灾报警信息，首个火灾报警信息应在显示器顶部或采用独立的显示器单独显示，手动查询应操作优先。

5. 除火灾报警控制器的复位操作外，对火灾显示盘的任何操作均不应影响其接收和发出火灾报警信号。

6. 火灾显示盘应有手动检查其音响器件、面板上所有指示灯等的工作状态的功能。自检时间超过 1min 或不能自动停止自检时，如有信号输入，应自动指示相应的状态，并显示相应的信息。

火灾显示盘现场性能检测项目、技术要求和可能出现的故障现象如表 6-4-9 所示。

表 6-4-9 火灾显示盘现场性能检测表

检查项目	技术要求	可能出现的故障现象
基本功能	火灾显示盘应能接收来自火灾报警控制器的火灾报警信号，发出声、光报警信号，指示火灾发生部位，并予以保持	a. 不能接收来自火灾报警控制器的火灾报警信号； b. 不能发出声、光报警信号； c. 不能指示火灾发生部位； d. 声、光报警信号不能保持至复位

（二）火灾显示盘现场性能检测、检查方法

1. 确认火灾显示盘与连接了火灾报警触发器件的火灾报警控制器连接并接通电源，使其处于正常监视状态。

2. 通过火灾报警触发器件使火灾报警控制器发出火灾报警信号，观察火灾显示盘声、光报警信号及部位指示情况。当接收到的火灾报警信号为手动火灾报警按钮报警信号时，火灾显示盘应能显示该火灾报警信号为手动火灾报警按钮报警。观察声、光报警信号能否保持至火灾报警控制器复位。

十、可燃气体报警控制器基本性能检测方法

可燃气体报警控制器与点型可燃气体探测器连接组成可燃气体报警系统，能够接收来自点型可燃气体探测器的报警信号和故障信号，同时完成相应的显示和控制功能。其质量和功能的好坏直接影响系统能否正常运行，起到应有的防爆、防火作用。

可燃气体报警控制器按其容量可分为单路可燃气体报警控制器和多路可燃气体报警控制器。按其结构可分为台式可燃气体报警控制器、柜式可燃气体报警控制器和壁挂式可燃气体报警控制器。按其防爆性能可分为防爆型可燃气体报警控制器和非防爆型可燃气体报警控制器。

（一）国家标准《可燃气体报警控制器》（GB 16808-2008）的要求

该标准规定了可燃气体报警控制器的技术要求、试验方法、产品分类和标志。该标准适用于一般工业与民用建筑中安装的可燃气体报警控制器。其他环境中安装的具有特殊性能的可燃气体报警控制器，除特殊技术要求应由有关标准另行规定外，亦应执行本标准。

对可燃气体报警控制器现场性能检测、检查时，对已经安装投入使用或准备投入使用的可燃气体报警控制器进行现场性能检测时，应切断其控制输出功能，确保不会使受其控制的现场消防设备误动作，造成财产损失。另外，

进行报警试验时，尽量避免使用高浓度气体长时间接触探测器，以免探测器精度受到影响。

（二）可燃气体报警控制器现场性能检测、检查方法具体

1. 对可燃气体报警控制器进行现场检查时，应将其与制造商提供的点型可燃气体探测器进行连接，使其处于正常监视状态，组成系统进行检验（正常监视状态指火灾报警控制器在电源正常供电条件下，无火灾报警、故障报警、隔离、自检等发生时所处的工作状态）。

2. 对可燃气体探测器施加一定浓度的可燃气体使其动作，观察可燃气体报警控制器是否发出声、光报警信号。如发出报警信号，观察报警指示灯是否点亮、能否指示报警部位，以及记录报警时间等情况。

3. 复位可燃气体报警控制器，使其处于正常监视状态后，拆下一只可燃气体探测器，同时用秒表开始计时。观察可燃气体报警控制器在 100s 内是否发出故障声、光信号以及指示故障部位情况。

4. 操作消音功能，检查是否能手动消除故障声信号。再拆下另外一只可燃气体探测器，观察故障声信号能否再次启动。

5. 在故障没有被排除前，观察故障信息和故障光信号的保持情况。

6. 复位可燃气体报警控制器，使其处于正常监视状态。手动操作可燃气体报警控制器的自检机构，观察控制器面板上所有指示灯（器）、显示器点亮情况以及音响器件的声响情况。

7. 切断可燃气体报警控制器的主电源，使其由备用电源供电，再恢复主电源供电，查看控制器的电源转换功能和电源工作状态指示情况。

可燃气体报警控制器现场性能检测项目、技术要求和可能出现的故障现象如表 6-4-10 所示。

表 6-4-10　可燃气体报警控制器现场性能检测表

检查项目	技术要求	可能出现的故障现象
基本功能	可燃气体报警控制器应能直接或间接地接收来自可燃气体探测器的报警信号，发出声、光报警信号，指示报警部位，记录报警时间，并予以保持，直至手动复位	a. 未发出报警声、光信号； b. 不能指示报警部位 c. 不能记录报警时间； d. 报警信号不能保持至复位

续表

检查项目	技术要求	可能出现的故障现象
基本功能	当与其连接的部件间、主/备电源发生故障时，可燃气体报警控制器应在100s内发出与报警信号有明显区别的故障声、光信号，故障声信号应能手动消除，再有故障信号输入时，应能再启动；故障光信号应保持至故障排除	a. 100s内未发出与报警信号有明显区别的故障声、光信号； b. 故障声信号不能手动消除； c. 故障声信号手动消除后，再有故障信号输入时，不能再启动； d. 故障光信号不能保持至故障排除
	可燃气体报警控制器应能手动检查其面板所有指示灯（器）、显示器和音响器件的功能	不能手动检查其面板所有指示灯（器）、显示器和音响器件的功能
	可燃气体报警控制器的电源部分应具有主电源和备用电源转换装置。当主电源断电时，能自动转换到备用电源；主电源恢复时，能自动转换到主电源；应有主、备电源工作状态指示	a. 无主电源和备用电源转换装置； b. 主电源断电时，不能自动转换到备用电源； c. 主电源恢复时，不能自动转换到主电源； d. 无主、备电源工作状态指示

十一、火灾声和/或光警报器基本性能检测方法

火灾声和/或光警报器有时简称声光警报器，是指在火灾发生时，为火灾现场的人员以及与消防相关的人员提供警示声、警示光信号的警报器产品。火灾声和/或光警报器主要安装在人员比较密集的场所和区域、重要的消防设施所在地。对火灾声警报器来说，其重要的性能指标是声压级（A计权）的大小；对火灾光警报器来说，其重要的性能指标是闪光频率的大小和可见程度。

（一）《火灾声和/或光警报器》（GB 26851-2011）的要求

1. 按用途可分为火灾声警报器、火灾光警报器、火灾声光警报器等。按使用场所可分为室内型（包括住宅内使用、非住宅内使用）和室外型。

2. 室外型和非住宅内使用室内型火灾声警控制器的声信号至少在一个方向上3m处的声压级应不小于75dB（A计权），且在任意方向上3m处的声压级应不大于120dB（A计权）。

3. 住宅内使用室内型火灾声警报器的声信号，从开始发出至达到稳定，应采用从低到高变化的方式运行，且从开始发出至稳定的时间应为 3~5s。开始发出的声信号在任意方向上 3m 处的声压级应不大于 45dB（A 计权），达到稳定后的声信号至少在一个方向上 3m 处的声压级应不小于 75dB（A 计权），且在任意方向上 3m 处的声压级应不大于 120dB（A 计权）。

4. 采用变调的火灾声警报器的变调周期应为 0.2~5.0s。

5. 具有语音警报功能的火灾声警报器应采用 1 个周期警报音—2 个周期语音—1 个周期警报音或 1 个周期警报音—1 个周期语音—1 个周期警报音的反复循环报警方式。

6. 火灾光警报器的闪光频率应为 1~2Hz。

7. 火灾光警报器的光信号在 100~500lx 环境光线下，25m 处应清晰可见。

（二）火灾声和/或光警报器现场性能检查方法

1. 确认火灾声和/或光警报器按制造商规定的供电方式供电，使其发出火灾声和/或光警报信号，在其正前方 3m 水平处用声级计（A 计权）测量其声压级，在 25m 处观察其光信号。

2. 检查中应选择标准的声级计和照度计。声级计的测量范围为 0~120dB（A 计权），照度计的测量范围为 0~500lx。

室外型和非住宅内使用室内型火灾声和/或光警报器现场性能检测项目、技术要求和可能出现的故障现象如表 6-4-11 所示。

表 6-4-11　火灾声和/或光警报器现场性能检查表

检查项目	技术要求	可能出现的故障现象
功能检查	火灾声和/或光警报器的声信号在其正前方 3m 水平处的声压级（A 计权）应在 75~120dB 范围内；光信号在 100~500lx 环境光线下，25m 处应清晰可见	声压级（A 计权）小于 75dB 或大于 120dB； 25m 处不清晰可见

十二、消防联动控制设备基本性能检测方法

消防联动控制设备是接收火灾报警控制器或其他火灾触发器件发出的火灾报警信号，根据设定的控制逻辑发出控制信号，控制各类消防设备实现相应功能的控制设备。消防联动控制设备具有监视其自身和与其连接的部件故障功能并发出声、光故障信号，是组成消防联动控制系统的核心设备，其质量和功能的好坏直接影响系统的运行。

（一）《消防联动控制系统》（GB 16806-2006）的要求

1. 消防联动控制设备可为与其直接相连的设备或其部件供电。

2. 消防联动控制设备应能按设定的逻辑直接或间接控制其连接的各类受控消防设备，并设独立的启动总指示灯；只要有受控设备启动信号发出，该启动总指示灯应点亮。

3. 消防联动控制设备应能接收来自火灾报警控制器件的火灾报警信号，显示报警区域，发出火灾报警声、光信号，报警声信号应能手动消除，报警光信号保持至消防联动控制设备复位。

4. 消防联动控制设备在接收到火灾报警信号后，应在3s内发出启动信号；发出启动信号后，应有光指示，指示启动设备名称和部位，记录启动时间和启动设备总数。光指示应保持至消防联动控制器复位。特殊情况需要设置延时时间时，最大延时时间不应超过10min，如有关标准、规范另有规定，应按有关标准、规定执行。

5. 消防联动控制设备在接收到火灾报警信号后，应按有关标准所规定的逻辑关系和要求输出和显示相应控制信号，完成相应的控制功能。

6. 消防联动控制设备应能以手动和自动两种方式完成各项控制功能，能指示手动或自动操作方式的工作状态，控制状态应不受复位操作影响。在自动方式操作过程中，手动插入操作优先。

7. 当发生下列故障时，中心设备应在100s内发出与火灾报警信号有明显区别的声、光故障信号，故障声信号应能手动消除，再有故障信号输入时，应能再启动；故障光信号应保持至故障排除：

（1）消防联动控制设备与火灾报警控制器之间的连接线断路、短路和影响功能的接地；

（2）消防联动控制设备与触发器件之间的连接线断路、短路和影响功能的接地（短路时发出报警信号除外）；

（3）消防联动控制设备与独立使用的直接手动控制单元之间的连接线断路、短路和影响功能的接地；

（4）总线式消防联动控制设备与输出/输入模块间连接线断路、短路和影响功能的接地；

（5）给备用电源充电的充电器与备用电源间连接线的断路、短路；

（6）备用电源与其负载间连接线的断路、短路；

（7）消防联动控制设备主电源欠压。

对于（1）、（2）类故障，应能指示出部位，对于（3）、（4）、（5）、（6）、（7）类故障应能指示出类型。消防联动控制设备应能对本机及其面板上所有指示灯、显示器进行功能检查。

8. 消防联动控制设备应具有电源转换功能。当主电源断电时，能自动转换到备用电源；当主电源恢复时，能自动转换到主电源；主、备用电源应有工作状态指示，主电源应有过流保护措施。主、备电源的转换应不使消防联动控制器误动作。

9. 消防联动控制设备应具有显示或记录火灾报警和受控设备的动作时间的功能，其日计时误差不超过 30s；使用打印机记录时间时，应打印出月、日、时、分等信息，但不能仅使用打印机记录现场设备启动时间。

对消防联动控制设备进行基本功能监督检查时，应将其与制造商提供的火灾报警控制器和模块进行连接，组成系统进行。如对已经安装投入使用或准备投入使用的消防联动控制设备进行现场性能检测时，应根据情况切断受其控制的特殊消防设备，可用万用表检测与消防联动控制设备连接的模块动作情况，确保不会使受其控制的现场消防设备误动作，造成财产损失。消防联动控制设备现场性能检测项目、技术要求和可能出现的故障现象如表 6-4-12 所示。

表 6-4-12　消防联动控制设备现场性能检测表

检查项目	技术要求	可能出现的故障现象
基本功能	消防联动控制设备应能直接或间接控制其连接的各类消防设备，消防联动控制设备发出启动信号后，应有光指示（包括点亮启动总指示灯），指示启动设备名称和部位，记录启动时间和启动设备总数；确认控制设备动作后，反馈指示灯应点亮。消防联动控制设备应能接收来自火灾报警控制器的相关火灾报警信号，显示报警区域，发出火灾报警声、光信号	a. 不能直接或间接控制其连接的各类消防设备； b. 发出启动信号后，无光指示（包括未点亮启动总指示灯）； c. 不能指示启动设备名称和部位； d. 控制设备动作后反馈指示灯未点亮； e. 未记录启动时间和启动设备总数； f. 不能接收来自火灾报警控制器的相关火灾报警信号，显示报警区域，发出火灾报警声、光信号
	当消防联动控制设备内部、消防联动控制设备与其连接的部件间发生故障时，应在 100s 内发出与火灾报警信号有明显区别的故障声、光信号，故障声信号应能手动消除，再有故障信号输入时，应能再启动；故障光信号应保持至故障排除	a. 100s 内未发出与火灾报警信号有明显区别的故障声、光信号； b. 故障声信号不能手动消除； c. 故障声信号手动消除后，再有故障信号输入时，不能再启动； d. 故障光信号不能保持至故障排除

续表

检查项目	技术要求	可能出现的故障现象
基本功能	消防联动控制设备应能手动检查其面板所有指示灯（器）、显示器的功能。在执行自检功能期间，受其控制的设备均不应动作	a. 不能手动检查其面板所有指示灯（器）、显示器的功能； b. 在执行自检功能期间，受其控制的设备动作
	消防联动控制设备的电源部分应具有主电源和备用电源转换装置。当主电源断电时，能自动转换到备用电源；主电源恢复时，能自动转换到主电源；应有主、备电源工作状态指示	a. 无主电源和备用电源转换装置； b. 主电源断电时，不能自动转换到备用电源； c. 主电源恢复时，不能自动转换到主电源； d. 无主、备电源工作状态指示

（二）消防联动控制设备现场性能检测、检查方法

1. 对消防联动控制设备进行现场检查时，如果消防联动控制设备还未安装，应将其与制造商提供的火灾报警控制器和模块进行连接，组成系统进行检验。如果已经安装，准备或已经投入使用的，可直接通电开通后进行检验。同时填写“消防联动控制设备产品质量现场检查表”。

2. 确认消防联动控制设备配接制造商提供的连接了火灾报警触发器件的火灾报警控制器，并在至少两个不同部位或不同报警区域配接有反馈功能的负载，接通电源，使其处于正常监视状态。通过火灾报警触发器件使火灾报警控制器发出火灾报警信号，观察消防联动控制设备发出火灾报警声、光信号情况。

3. 分别在自动和手动工作方式下，使消防联动控制设备发出启动信号，观察控制设备状态、负载启动情况以及启动总指示灯点亮情况；检查指示启动设备的名称和部位情况；控制设备动作后，检查反馈指示灯（或启动总指示灯）点亮情况；检查记录设备启动的时间情况。

4. 将消防联动控制设备复位，使其处于正常监视状态。将与其相连的某个负载断开，观察控制设备故障声、光信号，故障部位和类型区分情况。并记录从负载断开到发出故障声、光信号的时间间隔是否在 100s 内。

5. 手动消除故障声信号，再将另外某个负载断开，观察故障声信号能否再次启动。

6. 在故障没有被排除前，查看故障信息和故障光信号的保持情况。

7. 手动操作消防联动控制设备的自检机构，观察并记录控制器面板上所

有指示灯（器）、显示器点亮情况以及音响器件的声响情况。在自检期间，如相关的设备动作，则判为不合格。

8. 切断消防联动控制设备的主电源，使其由备用电源供电，再恢复主电源供电，查看其电源转换功能和电源工作状态指示情况。

十三、防火卷帘控制器基本性能检测方法

防火卷帘控制器是防火卷帘完成其防火、防烟功能所必需的重要电控设备。防火卷帘控制器由控制器主机（包括外设的手动控制装置）和速放控制装置构成，可以通过手动控制装置、配接的火灾探测器组发出的火灾报警信号和接收消防联动控制设备发出的联动控制信号控制防火卷帘的动作。

（一）《防火卷帘控制器》（GA 386-2002）的规定

1. 能为与其相连且要求其供电的部件供电。

2. 能通过手动控制装置控制防火卷帘执行上升、停止、下降动作，接收防火卷帘限位器反馈信号、控制防火卷帘执行相应动作，并发出卷帘动作声、光指示信号。

3. 能接收来自与其相连的消防联动控制设备的半降、全降控制信号，在3s内发出控制防火卷帘完成相应动作的信号，并发出防火卷帘动作声、光指示信号。

4. 防火卷帘控制器应配有备用电源，并满足下述要求：

（1）备用电源宜采用密封、免维护充电电池。

（2）电池容量应保证防火卷帘控制器在下述情况下正常可靠工作1h：防火卷帘控制器处于通电工作状态；提供防火卷帘控制器控制速放控制装置完成卷帘自重垂降、控制卷帘在中限位置停止、延时后，降至下限位置所需的电源。

（3）有防止电池过充电、过放电的功能；在不超过生产厂规定的电池极限放电情况下，应能在24h内对电池进行充电并使其恢复到正常状态。

5. 防火卷帘控制器应有主、备电源转换功能；主、备电源的工作状态应有指示，主电源应有过流保护措施。主、备电源的转换应不使防火卷帘控制器误动作。主电源容量应能保证防火卷帘控制器在输出控制防火卷帘动作信号条件下连续工作2h。

防火卷帘控制器现场性能检查项目、技术要求和可能出现的故障现象如表6-4-13所示。

表 6-4-13 防火卷帘控制器现场性能检查表

检查项目	技术要求	可能出现的故障现象
基本功能	防火卷帘控制器应能通过手动和自动控制方式控制防火卷帘执行上升、停止、下降动作，并发出卷帘动作声、光指示信号	a. 不能手动控制防火卷帘执行上升、停止、下降动作； b. 不能自动控制防火卷帘执行上升、停止、下降动作； c. 未发出卷帘动作声、光指示信号
	防火卷帘控制器的电源部分应具有主电源和备用电源转换装置。当主电源断电时，能自动转换到备用电源；主电源恢复时，能自动转换到主电源；应有主、备电源工作状态指示	a. 无主电源和备用电源转换装置； b. 主电源断电时，不能自动转换到备用电源； c. 主电源恢复时，不能自动转换到主电源； d. 无主、备电源工作状态指示
	防火卷帘控制器的备用电源应能提供控制器控制速放控制装置完成卷帘自重垂降、控制卷帘在中限位停止、延时后降至下限位置所需的电源	备用电源不能提供控制器控制速放控制装置完成卷帘自重垂降、控制卷帘在中限位停止、延时后降至下限位置所需的电源

（二）防火卷帘控制器现场性能检查

在检查过程中，注意受检防火卷帘控制器是否与卷门机或模拟卷门机负载以及火灾探测器组可靠连接。在检查备用电源时，应注意观察速放控制装置能否控制卷门机在中限位自动停止并延时。具体方法如下：

1. 对防火卷帘控制器进行现场检查时，如果防火卷帘控制器还未安装，应将其与制造商提供的卷门机或模拟卷门机负载以及由一只点型感烟火灾探测器和一只点型感温火灾探测器组成的火灾探测器组进行连接，组成系统进行检验。如果已经安装，准备或已经投入使用的，可直接通电后进行检验。

2. 确认防火卷帘控制器与卷门机或模拟卷门机负载以及由一只点型感烟火灾探测器和一只点型感温火灾探测器组成的火灾探测器组可靠连接并接通电源，使其处于正常监视状态。

3. 如受检防火卷帘控制器所控制的卷门机处于上限位（如卷门机未处于上限位，则操作手动控制装置的上升按键，使卷门机回到上限位），操作手动控制装置的下降按键，卷门机应执行下降动作；在降到下限位后，卷门机应自动停止运行；然后，操作手动控制装置的上升按键，卷门机应回到上限位并自动停止运行；再操作手动控制装置的下降按键。在卷门机下降运行过程中，操作手动控制装置的停止按键，卷门机应停止动作并保持停止状态；再操作手动控制装置的上升（下降）按键，卷门机应执行相应的动作，直至到达上限位（下限位）自动停止运行。在卷门机动作过程中（无论是上升动作还是下降动作），操作手动控制装置的停止按键应可重复、多次进行。在卷门机动作过程中（无论是上升动作还是下降动作），观察防火卷帘控制器是否发出动作声、光指示信号。

4. 使卷门机处于上限位，使用热风机向点型感温火灾探测器的感温元件加热，观察与之相连的防火卷帘控制器所控制的卷门机是否能执行全降动作，即下降动作到下限位时自动停止动作。复位防火卷帘控制器，使卷门机回到上限位，使用加烟器向点型感烟火灾探测器施加烟气，在点型感烟火灾探测器发出火灾报警信号后，观察与之相连的防火卷帘控制器所控制的卷门机是否能执行半降动作，即下降到中限位时自动停止动作并保持停止状态；再使用热风机向点型感温火灾探测器的感温元件加热，观察卷门机是否能执行全降动作。

5. 切断防火卷帘控制器的主电源，使其由备用电源供电，再恢复主电源，检查主、备电源的转换、状态的指示情况。

6. 切断防火卷帘控制器的主电源和卷门机的电源，使控制器在备用电源供电的情况下，检查并记录控制速放控制装置动作情况。

十四、消防应急照明和疏散指示系统基本性能检测方法

消防应急照明和疏散指示系统，是指为人员疏散、消防作业提供照明和疏散指示的各类灯具，包括消防应急照明灯具和消防应急指示灯具。消防应急照明和疏散指示系统按应急供电形式分为：自带电源型、集中电源型、子母电源型。按用途分为：标志灯、照明灯（含疏散用手电筒）、照明标志复合灯。按工作方式分为：持续型、非持续型。按应急控制方式分为：集中控制型、非集中控制型。

消防应急照明和疏散指示系统现行有效的产品国家标准为《消防应急照明和疏散指示系统》（GB 17945-2010）。

消防应急照明和疏散指示系统现场性能检测、检查应在其处于正常工作状态下进行。在测量过放电保护启动瞬间电池两端电压时，如不能一次性测得，可将消防应急灯具再次接通主电源后迅速断开主电源，再测量终止电压。

消防应急灯具现场性能检测、检查中应采用标准检验器具：秒表和直流电压表。秒表的测量范围为0~90min。直流电压表测量范围为0~220V。

具体消防应急灯具现场性能检测、检查方法如下：

（一）基本功能检测

1. 接通消防应急灯具的主电源，使其处于主电工作状态。

2. 切断消防应急灯具的主电源，同时用秒表开始计时至消防应急灯具转入应急状态，测量消防应急灯具5s内是否能转入应急工作状态，并检查有无影响应急功能的开关，高危险区域使用的消防应急灯具的应急转换时间不大于0.25s。消防应急灯具的应急工作时间应不小于90min，且不小于灯具本身标称的应急工作时间。

3. 再次接通消防应急灯具的主电源，观察其是否能自动恢复到主电工作状态。

4. 在主电状态下，切断自带电源型和子母电源型消防应急灯具的电池、光源，检查指示灯的指示情况。使集中电源型消防应急灯具分别处于主电状态和应急状态，检查指示灯的指示情况。

（二）充、放电试验

使充电24h后的消防应急灯具转入应急工作状态，记录放电时间。用电压表测量在过放电保护启动瞬间电池两端电压（即终止电压），并与额定电压比较。

消防应急灯具现场性能检测项目、技术要求和可能出现的故障现象如表6-4-14所示。

表6-4-14 消防应急灯具现场性能检测、检查表

检查项目	技术要求	可能出现的故障现象
基本功能	自带电源型和子母电源型消防应急灯具应设主电、充电、故障状态指示灯，主电状态用绿色，充电状态用红色，故障状态用黄色。集中电源型消防应急灯具应设主电和应急电源状态指示灯，主电状态用绿色，故障状态用黄色，充电和应急状态用红色	未设置相应功能和颜色的状态指示灯
	消防应急灯具在主电源切断时应能在5s内转入应急状态，高危险区域使用的消防应急灯具的应急转换时间不大于0.25s，主电源恢复后，应自动恢复到主电工作状态	主电源切断5s内未转入应急状态；高危险区域使用的消防应急灯具的应急转换时间大于0.25s，主电源恢复后，不能自动恢复到主电工作状态
	不应设影响应急功能的开关	设置了影响应急功能的开关

续表

检查项目	技术要求	可能出现的故障现象
充、放电试验	未投入使用的消防应急灯具的应急工作时间应不小于 90min	应急工作时间小于 90min
	消防应急灯具应有过放电保护，电池放电终止电压应不小于额定电压的 80%（使用铅酸电池时，电池放电终止电压不应小于额定电压的 85%），放电终止后，在未重新充电条件下，即使电池电压回复，消防应急灯具也不应重新启动，且静态泄放电流不应大于 $10^{-5}C_5A$（铅酸电池为 $10^{-5}C_{20}A$）	无过放电保护； 电池放电终止电压小于额定电压的 80%（使用铅酸电池时，电池放电终止电压小于额定电压的 85%）放电终止后，在未重新充电条件下，即使电池电压回复，消防应急灯具重新启动，或静态泄放电流大于 $10^{-5}C_5A$（铅酸电池为 $10^{-5}C_{20}A$）

第五节　消防控制室运行管理

内容提要：本节简要介绍消防控制室的地位、功能以及相关技术要求。

一、消防控制室的地位与作用

消防控制室是建筑消防系统的控制和信息中心，也是火灾时灭火作战的指挥中心，具有十分重要的地位和作用。国家规范《建筑设计防火规范》（GB 50016-2014）等对消防控制室的设置范围、位置、建筑耐火性能都作了明确规定，并对其主要功能提出原则要求。在国家规范《火灾自动报警系统设计规范》（GB 50116-2013）中，则进一步对消防控制室的设备组成、安全要求、设备功能、设备布置、控制要求等作了具体规定。其规定，建筑物尤其是智能建筑中的火灾自动报警系统，应具备对室内消火栓系统、自动喷水灭火系统、防排烟系统、气体及泡沫灭火系统，以及防火卷帘、火灾警报装置和消防应急照明等的联动控制功能，并且联动控制要求一般按照实际消防工程需要来确定，对消防设备的联动控制操作及消防设备的运行监测是在消防控制室中实现的。

消防控制室对于建筑物而言，从消防控制的定义及其功能都处在消防中枢位置。在建筑设计防火规范中，对设有火灾自动报警控制器和消防控制设备，专门用于接收、显示处理火灾报警信号，控制有关消防设施的房间称为消防控制室。在国外的一些消防法规里，消防控制室也被称为消防中心。有的国家是把防盗报警、监视与消防管理室合为一室，合称“防灾中心”。鉴于楼宇自控、防盗报警和监视以及消防监控等的性质、任务以及法规依据都不一样，按照我国消防法规之规定，消防控制室应该独立设置，不应将楼宇自控、防盗防火合为一室。对消防控制室除了按照消防法规进行设计、安装外，还要依法进行管理，保证消防控制设备正常运行，确保消防安全。

二、消防控制室设置的依据

消防控制室是按照国家消防技术规范的规定设置的。所涉及的消防技术规范主要是指以下的建筑设计防火规范：《建筑设计防火规范》（GB 50016-2014）、《人民防空工程设计防火规范》（GB 50098-2009）、《汽车库、停车库、停车场设计防火规范》（GB 50067-1997）、《地下铁道设计规范》（GB 50157-2003）、《邮电建筑防火设计标准》（YD 5002-94）、《广播电视工程建筑设计防火标准》（GY 5067-2003）。

按照我国目前消防技术规范体系的分工，在建筑设计防火规范里，对火灾自动报警系统的设置及消防控制室的设置作出的规定和要求有：

1.《建筑设计防火规范》（GB 50016-2014）第 8.1.7 条规定，设置火灾自动报警系统和需要联动控制消防设备的建筑（群）应设置消防控制室；第 12.4.5 条规定，封闭段长度超过 1000m 的隧道，宜设置消防控制室。

2.《火灾自动报警系统设计规范》（GB 50116-2013）第 3.4.1 条规定，具有消防联动功能的火灾自动报警系统的保护对象中应设置消防控制室。

3.《人民防空工程设计防火规范》（GB 50098-2009）第 8.4.3 条规定，设有火灾自动报警系统、自动喷水灭火系统、机械防烟排烟设施等的人防工程，应设置消防控制室。同时还规定，消防控制室应设在地下一层，并应邻近直接通向地面的安全出口；消防控制室可设置在值班室、变配电室等房间内；当地面建筑设置有消防控制室时，可与地面建筑消防控制室合用。

4.《汽车库、修车库、停车场设计防火规范》（GB 50067-1997）第 9.0.9 条规定，设有火灾自动报警系统和自动灭火系统的汽车库、修车库应设置消防控制室，消防控制室宜独立设置，也可与其他控制室、值班室组合设置。

5. 在其他建筑设计防火规范里，对消防控制室的设置都作出了相应规定。

应当指出，消防控制室的设置对加强消防管理十分重要，其根本目的是保护国家和人身财产安全，减少火灾造成的财产损失，减少人身伤亡。随着我国经济建设的飞速发展，我国的火灾报警设备、自动消防设备都有很大发展，国家的消防法规也日趋完善；国家法规要求根据建筑的规模建立设备配套、管理人员认真负责、消防业务训练有素的消防控制室，加强消防设备的管理，保证消防设备行之有效，确保国家和人民生命财产安全。

三、消防控制室的构成与功能

我国消防法规明确规定，消防控制室的构成包括消防控制设备、消防管理组织和消防科学管理三项内容。按照法规要求，建筑消防设备应在建筑设计中，由有资质的设计单位按国家规范进行设计、选用；施工安装时，应由有消防工程施工资质的单位安装；建设单位应将设计、施工图纸报当地消防机构审核；工程竣工后，应经当地消防机构验收合格后方可使用。

火灾自动报警系统设计规范指出，消防控制室内设置的消防设备应包括火灾报警控制器、消防联动控制器、消防控制室图形显示装置、消防专用电话总机、消防应急广播控制装置、消防应急照明和疏散指示系统控制装置、消防电源监控器等。

从消防安全考虑，建立消防管理组织是消防法中防火安全责任制的具体落实。消防控制室的值班、维修管理人员在工程验收时应配备，特别是火灾自动报警系统的操作人员，上岗前应经过消防专业培训，熟练掌握系统的工作原理和操作规程，并经消防监督机关考试合格。

消防科学管理是根据单位的性质、建筑规模和有关系统的行政管理规定制定的消防控制室管理制度。消防管理制度应征求当地消防监督机关的意见，向当地消防机关备案，通过管理制度把消防控制室的消防控制设备和消防管理人员有机地联系起来。

根据建筑设计防火规范和火灾自动报警系统设计规范的规定和建筑的规模大小及使用性质，对消防控制室设置的位置、建筑结构、耐火等级、安全疏散、供电等级及室内照明等都有明确的技术要求。在建筑设计、电气安装和维护使用中都应严格遵守。

（一）消防控制室中的消防控制设备组成

消防控制室中的消防控制设备应由下列部分或全部控制装置组成：

1. 火灾报警控制器；
2. 自动灭火系统的控制装置；
3. 室内消火栓系统的控制装置；
4. 防烟、排烟系统及空调通风系统的控制装置；
5. 常开防火门、防火卷帘的控制装置；

6. 电梯回降控制装置；

7. 消防应急广播；

8. 火灾警报装置；

9. 消防通信设备；

10. 消防应急照明与疏散指示标志。

（二）消防控制室设备的控制方式与功能

1. 按照规范规定，消防控制设备的控制电源及信号回路电压宜采用直流24V。消防控制设备应根据建筑的形式、工程规模、管理体制及功能要求综合确定其控制方式，并应符合下列规定：

（1）单体建筑宜集中控制，即在消防控制室集中接收、显示报警信号，控制有关消防设备、设施，并接收、显示其反馈信号。

（2）大型建筑群宜采用分散与集中相结合控制，即可以集中控制的应尽量由消防控制室控制；不宜集中控制的，则采取分散控制方式，但其操作信号应反馈到消防控制室。

2.《火灾自动报警系统设计规范》（GB 50116-2013）规定，消防控制室的控制功能应符合下列基本要求：

（1）控制消防设备的启、停，并显示其工作状态。这包括各种进入消防联动控制盘上的控制装置，其中最主要的是消火栓泵、自动喷水灭火系统及气体固定灭火等系统的启、停控制和显示装置。

（2）除自动控制外，应能手动直接控制消防水泵、防烟排烟风机的启、停。这是自动消防系统的基本要求。按照自动消防系统设计要求，对消防水泵等固定灭火设备和防烟排烟风机必须设置人工手动控制装置，由工作人员直接控制水泵和风机的启、停；为保证启、停安全可靠，其控制线路应单独敷设，不宜与报警模块挂在同一个回路上。

（3）可显示火灾报警、故障报警的部位。

（4）应有显示被保护建筑的重点部位、疏散通道及消防设备所在位置的平面图或模拟图。

（5）可显示系统供电电源的工作状态。

（三）消防控制室的防火要求与室内设备布置

1. 由于消防控制室既是火灾自动报警系统的控制和信息中心，也是建筑火灾时灭火作战的指挥与信息中心。因此，消防控制室本身的防火安全尤为重要。在设计时，为保证其自身安全，消防控制室应符合下列具体安全要求：

（1）消防控制室的门应向疏散方向开启，且入口处应设置明显的标志；

（2）消防控制室的送、回风管在其穿墙处应设防火阀；

（3）消防控制室内严禁与其无关的电气线路及管路穿过；

（4）消防控制室周围不应布置电磁场干扰较强以及其他影响消防控制设备工作的设备用房。

2. 消防控制室也是控制室工作人员长期工作的场所，设备布置也非常重要。为保证火灾自动报警系统设备正常可靠工作，消防控制室内设备的布置应符合下列要求：

（1）设备面盘前的操作距离：单列布置时不应小于1.5m，双列布置时不应小于2m；

（2）在值班人员经常工作的一面，设备面盘至墙的距离不应小于3m；

（3）设备面盘后的维修距离不宜小于1m；

（4）设备面盘的排列长度大于4m时，其两端应设置宽度不小于1m的通道；

（5）集中火灾报警控制器（火灾报警控制器）安装在墙上时，其底边距地高度宜为1.3~1.5m，其靠近门轴的侧面距墙不应小于0.5m，正面操作距离不应小于1.2m。

（四）消防控制室通信与广播

1. 对于消防控制室中设置的火灾警报装置与消防应急广播控制装置，《火灾自动报警系统设计规范》（GB 50116-2013）规定，在火灾确认后，应及时向全楼发出火灾警报并通过广播指挥人员的疏散。为了避免人为的紧张，造成混乱而影响疏散，第一次警报和广播后，要根据火灾蔓延情况和需要进行疏散，且火灾警报装置与消防应急广播在设计和操作时应注意下列问题：

（1）火灾警报器的鸣响与消防应急广播应交替进行；

（2）火灾警报器的鸣响与消防应急广播应统一在消防控制室由值班主管发出指令；

（3）当确认火灾后，应同时向全楼进行广播。

2. 对于消防通信问题，根据我国通信条件和国外发达国家经验，消防控制室的专用消防通信设备以有线通信为主，有条件时配置一些无线通信设备也是必要的。《火灾自动报警系统设计规范》（GB 50116-2013）规定，消防控制室应设置消防通信设备并符合下列规范要求：

（1）消防控制室与消防泵房、主备配电室、通风排烟机房、电梯机房、区域报警控制器（或楼层显示器）及固定灭火系统操作装置处应设固定对讲电话；

（2）启泵按钮、报警按钮处宜设置可与消防控制室对讲的电话塞孔；

（3）消防控制室内应设置可向当地公安消防部门直接报警的外线电话。

对于电梯控制，规范要求消防控制室在火灾确认后，应能控制电梯全部停于首层，并接收其反馈信号。对电梯的控制有两种方式：一种是将所有电梯控制显示的副盘设在消防控制室，消防值班人员随时可直接操作；另一种是消防控制室自行设计电梯控制装置，火灾时，消防值班人员通过电梯控制装置向电梯机房发出火灾信号和强制电梯全部停于首层的指令。在一些大型公共建筑中，利用消防电梯前的感烟火灾探测器直接联动控制电梯，也是一种控制方式，但最好还是由消防中心进行控制。

四、消防控制室运行管理基本要求

消防控制室的功能决定了消防控制室的消防中枢地位。在国外的一些消防法规里，消防控制室也被称为消防中心。

"消防控制室必须昼夜 24 小时设专人值班；值班人员应坚守岗位，严禁脱岗；消防控制室值班人员必须持证上岗；值班人员要认真学习消防法律、法规，学习消防专业知识；值班人员必须熟练掌握消防设备的性能及操作规程，提高消防技能……"

以上都是为保证消防控制室正常运行的管理制度。消防控制室的日常管理制度非常重要，它由一些管理规定和设备维护保养的要求或表格构成。这方面内容可参见由消防局警官培训基地与广州智码信息有限公司联合出版的《消防控制室管理与运行》教学软件。《消防控制室管理与运行》比较全面地介绍了消防控制室运行管理的相关制度，是一套先进、实用的专业教学培训软件。

复习思考题：

1. 火灾自动报警系统正式竣工验收之前，系统调试的基本要求有哪些？
2. 火灾自动报警系统通电后，应按现行国家标准《火灾报警控制器》的有关要求，对火灾报警控制器进行哪些功能检查？
3. 火灾自动报警系统竣工后应验收的装置主要包括哪些？
4. 简述火灾自动报警系统的启用条件。
5. 简述火灾自动报警系统常用探测器件性能的检测方法。
6. 简述火灾报警控制器性能的检测方法。

第七章　消防运维宝云服务平台

内容提要：本章简要介绍通过物联网和云计算技术构建的消防运维宝云服务平台的构成、功能及运用等内容。

第一节　消防运维宝云服务平台系统概述

内容提要：本节简要介绍消防运维宝云服务平台的构架、特点、原理、功能等。

消防运维宝云服务平台主要具有消防设施实时监控系统、智能化跟踪维保服务、火灾报警处置系统以及三位全景原貌呈现管理系统的作用。消防运维宝云服务平台能够实时接收用户端消防物联网传输模块发送的消防设施异常状态信息，通过现场数据、语音电话等信息的分析来确定真实火警、严重故障、一般故障。

一、平台简介

（一）功能模块

消防运维宝云服务平台（以下简称云平台或平台）功能如图 7-1-1 所示。为实现其功能，云平台至少包含消防设备监控、消防水系统监控、火灾监控、消防监测、设备巡检、视频监控、实时维保等功能模块。

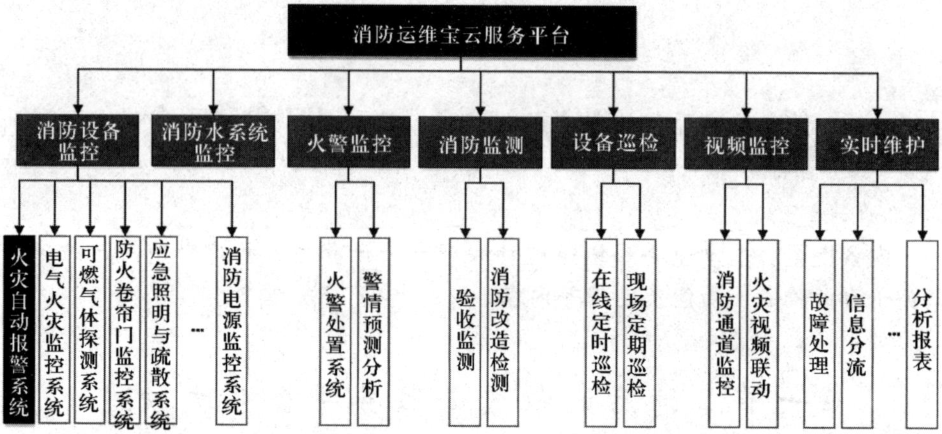

图 7-1-1 消防运维宝云服务平台功能图

（二）运行原理

云平台主要利用“感、传、知、用”等物联网技术手段，综合 RFID（射频识别）、无线传感、云计算、嵌入式、大数据等技术，通过互联网、无线通信网、专网等通信网络，将全国各个建筑物内消防控制中心的消防设施通过物联网模块进行连接，从而实现对建筑物内所有消防设施进行智能化感知、识别、定位、跟踪、监督和管理，通过信息处理、数据挖掘和态势分析进行实时监控，并将收集的各类动态数据按需推送给相关人员，实现实时、动态、互动、融合的消防信息采集、传递和处理，进一步提升信息主导、准确研判、主动防控水平。消防运维宝云服务平台数据采集、数据分析和数据应用的整体系统数据流状态如图 7-1-2 所示。

二、平台架构

云平台借助目前全球最先进的物联网开发平台（GE 通用电气、华为、中国联通均采用此平台）进行开发设计，平台已获得 ISO 27001：2005 信息安全管理体系认证，架构流程设计均符合 ISO 27001：2005 信息安全管理系统（ISMS）要求，并遵循信息技术服务管理（ITSM）要求。

平台支持百万级数量的消防工程同时接入，一个平台即可接入全国所有的消防工程，实现全国范围的消防设备运行大数据中心，中心采用云存储和热备份的方式保存数据，确保用户数据的安全。所有的系统访问均经过统一控制，用户的所有行为都全部被记录以作追踪查询，用户的操作仅限于根据其角色和责任而对其开放的权限数据、界面和操作动作。系统可以建立一个建筑消防监控中心，也可以在不同区域建立多个建筑消防监控中心。

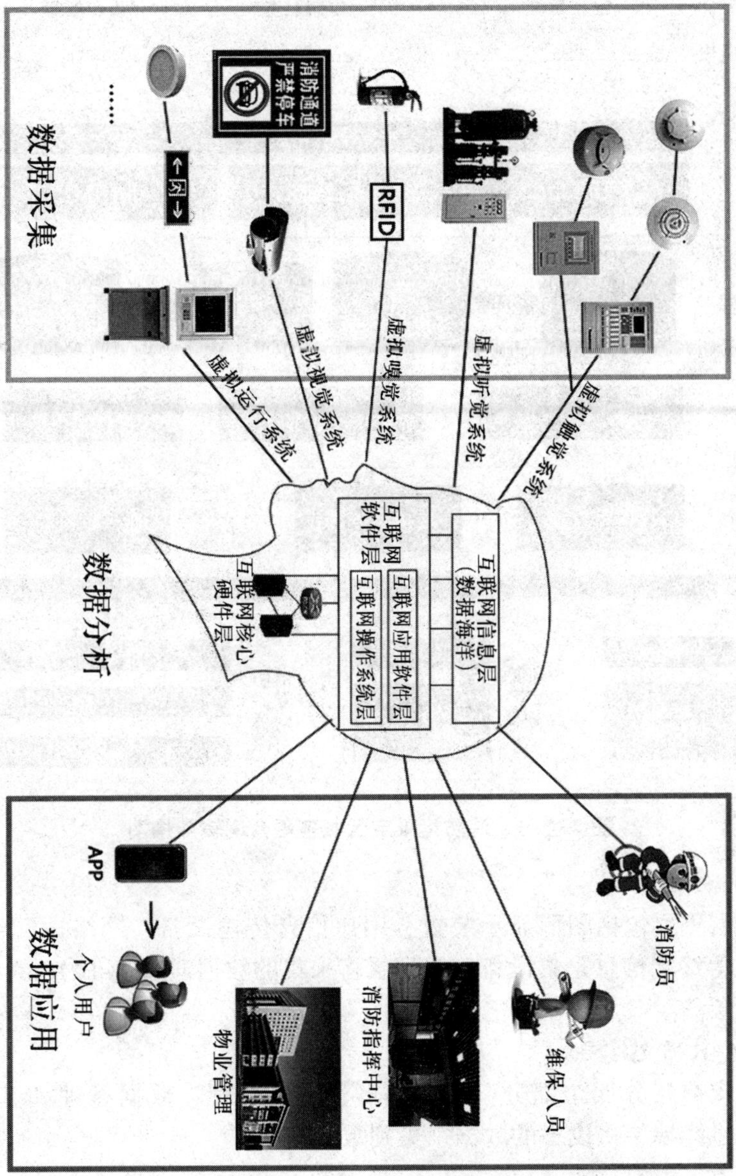

图 7-1-2　消防运维宝云服务平台系统数据流状态图

消防运维宝云服务平台逻辑架构如图 7-1-3 所示。

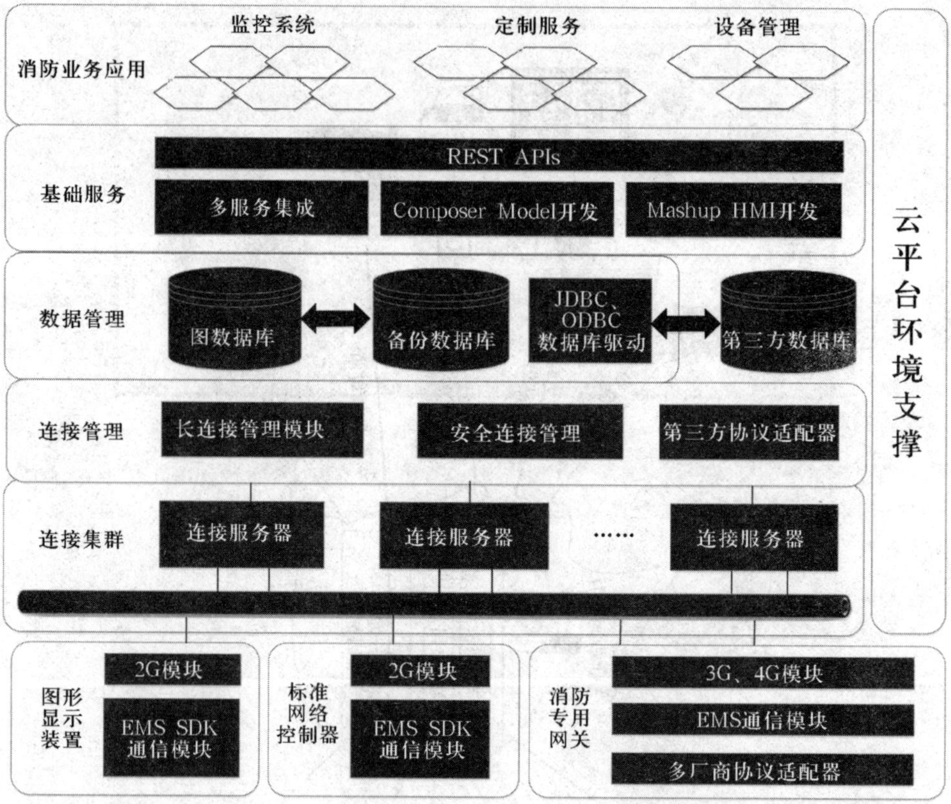

图 7-1-3 消防运维宝云服务平台逻辑架构图

（一）终端层

终端层主要包括图形显示装置、用户信息传输设备、网络适配器（无线或有线）等终端信息采集设备。终端层将采集的数据通过 TCP/IP 的方式传给数据支撑层。

（二）数据支撑层

数据支撑层分四个部分：连接集群、连接管理、数据管理和基础服务。主要是通过终端层将设备的数据采集到数据库中。

（三）应用层

应用层主要是针对消防业务的具体应用来实施。针对不同的业务、不同的用户以不同的数据和不同的展示方式来呈现。

依据上述架构要求，由中消云物联网研究院设计的云平台系统如图 7-1-4 所示。

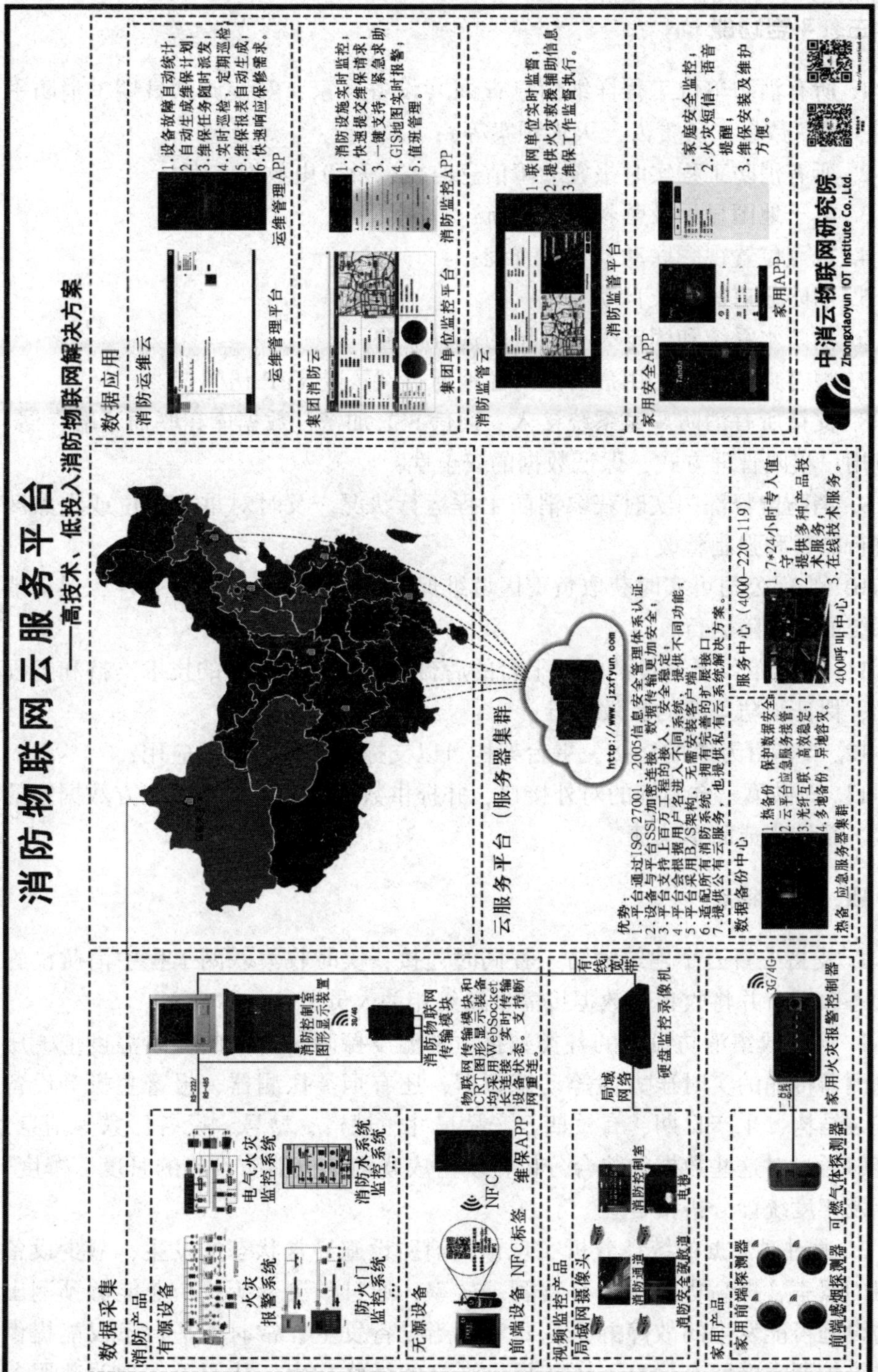

图7-1-4 云平台系统示意图

三、平台功能

1. 所有消防单位工程详细信息查询（设备厂家、安装调试日期、消防平面图、设备数量、负责人、灭火预案等）；

2. 所有消防工程实时报警故障信息监控以及历史数据查询；

3. 电子地图显示及营救路线导航；

4. 重点位置视频联动及实时查询；

5. 消防通道监控及自动取证；

6. 消防水系统和固定灭火系统的远程监控；

7. 瘦客户端模式，用户可随时随地通过网页或 APP 访问；

8. 支持所有消防厂家系统接入，通信 SSL 加密，数据库在联通云端存储、通过用户权限管理方式，保证数据的安全性；

9. 消防监督部门实时获取消防工程运行状况，及时对重点单位或重点区域进行监督和强制整改；

10. 维保公司可实时获取负责区域维保信息，提高服务的时效性，保证消防系统的无故障运行；

11. 使用单位可通过消防云平台的后台服务，获取更多的技术支持和远程协助，保证消防系统的有效运行；

12. 支持百万级的连接，平台架构可以支撑全国的消防云应用；

13. 提供第三方系统的对外接口，并提供数据库的备份和第三方数据库的配接，系统集成简单快捷。

四、平台特点

1. 支持上百万个建筑消防工程同时连接，实时收集联网工程中消防设施的动态数据，并将收集的数据按需发送给相关人员。

2. 同时收集消防设施的各类数据，如温度探测器传输的实时温度值、压力探测器传输的实时压力值等动态数据，还有烟雾探测器、报警主机等设备的安装结构、生产日期、有效期、产品尺寸、规格、型号、设备厂家等信息，并能够通过对这些数据的综合分析自动生成联网单位消防设施的月度、季度、半年及年度统计分析报告。

3. 通过对数据的统计分析实现预判消防设施异常状态的发生，减少设备停机的概率，提高售后服务日程管理效率；通过预测分析，企业能够预测出消防设施可能发生的故障并采取行动，当设备发生异常时，平台不仅能提供产品维护所需的所有信息，还能提供详细的维修指南，从而极大地改善服务效率和效果。

4. 同时监控火灾报警系统、电气火灾监控系统、消防电源监控系统、消防广播系统、应急照明系统、消火栓系统、消防水系统、防火门监控系统、卷帘门监控系统、可燃气体探测系统、气体灭火系统、消防通道、无源消防设施、人员定位等所有消防设施的动态数据。消防运维宝云服务平台兼容国内外大部分消防设备厂家的设备，平台可检测范围如图 7-1-5 所示。

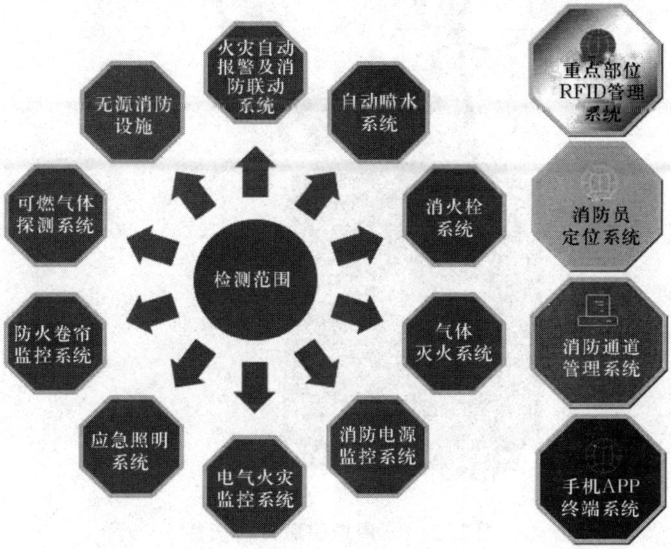

图 7-1-5　消防运维宝云服务平台检测范围

此外，平台可以对一些无人值守的消防控制室进行远程值班，保证消防设施正常运行，减少停机时间，确保消防安全。

第二节　云平台的传输设备

内容提要：本节简要介绍消防运维宝云服务平台传输设备的主要功能、性能指标、采集内容。

用户信息传输设备，用于接收各消防控制室的火灾报警信息及建筑消防设施运行状态信息，并将信息通过报警传输网络发送给物联网数据中心。传输设备安装在每个消防控制室内，支持多种通信方式，包括 TCP/IP 专用网络或公共网络、GPRS 移动数据网络等网络传输方式。图 7-2-1 所示的 TX3251

消防物联网传输模块是常用的用户信息传输设备。

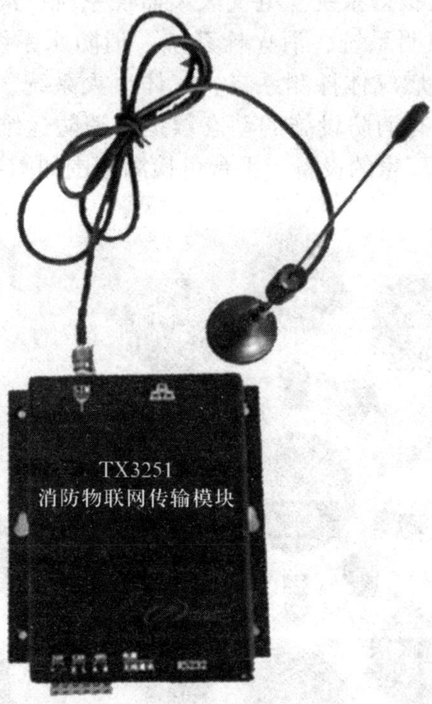

图 7-2-1　用户信息传输设备

TX3251 消防物联网传输模块具有适应性强的特点，应用时可结合用户现场的具体网络条件，选择合适的连接方式。利用该传输设备及火灾自动报警控制系统，组成用户端接入系统，接入到远程监控中心系统。

一、主要功能

1. 采用 32 位 CPU，支持对采集数据进行数据分析、运算处理、断网数据存储、服务请求、缓存、延时上传等功能。

2. 提供 RS232、RS485、开关量等多种接口方式与消防控制室的火灾探测报警系统进行连接，实时监测运行状态和火灾报警信息，并将信息通过报警传输网络发送给远程监控中心。

3. 通过采用 TCP/IP 工作方式，将各类信息传送至远程监控中心。

4. 通信链路监测自动化。无论是有线方式还是无线方式，用户信息传输设备采用动态监测技术对多个链路通信速度、质量进行评估，在发现线路故障、拥塞等情况时，可选择其他线路，确保报警信息快速准确地送达。

5. 报警协议多样化。用户信息传输设备具有强大的数字通信兼容能力，能够配接多种型号的国内外火灾报警控制器等消防设施。

6. 断点续传。当通信链路发生中断时，传输设备会将收到的信息保存在本地，保存记录达 10000 条，网络恢复后再将保存的信息同步到物联网监控中心。

二、信息接口

火灾自动报警控制系统终端为联网单位已有设备，用户信息传输设备具有广泛的接口适应性，可接驳大部分火灾自动报警控制系统，可连接以下输出接口类型的火灾自动报警控制系统：

1. RS232 串行接口；
2. RS485 串行接口。

三、采集内容

传输模块采集的内容主要包含：

1. 火灾自动报警信息。
2. 探测器详细信息（火警、故障）。
3. 探测器编号、探测器所在楼层、探测器所在房间、探测器的用途、探测器类型。
4. 探测器隔离和释放。
5. 设备启动和停动信息。
6. 模块编码、模块所在楼层、模块所在位置、模块类型、模块状态（启动、停动）。
7. 总线信息：总线位置、总线状态（故障、正常）。
8. 主备电信息：主电、备电、主电故障、备电故障、主电恢复、备电恢复。
9. 火灾报警控制系统与消防联网综合控制器的连接：正常、断开。

四、性能指标

1. 响应时间：从火警触发到报警监控中心接收显示的时间：
   a. GPRS 方式：不大于 10s；
   b. 以太网方式：不大于 7s。
2. 数据传输方式：TCP。
3. 通信接口：RS232 或 RS485。

4. 环境温度：0℃～40℃。
5. 相对湿度：≤95%，不凝露。
6. 输入电压范围：12～28V 宽电压输入，功耗<7W。
7. 尺寸：150mm×100mm×25mm。
8. 安装方法：壁挂/粘贴。
9. 天线规格：30cm 吸盘高增益天线；频率范围：700M～2.7G。